Marktrisiken

Jürgen Kremer

Marktrisiken

Portfoliotheorie und Risikomaße

2. Auflage

Jürgen Kremer
RheinAhrCampus Remagen
Hochschule Koblenz RheinAhrCampus Remagen
Remagen, Deutschland

ISBN 978-3-662-67145-0   ISBN 978-3-662-67146-7 (eBook)
https://doi.org/10.1007/978-3-662-67146-7

Die Deutsche Nationalbibliothek verzeichnet diese Publikation in der Deutschen Nationalbibliografie; detaillierte bibliografische Daten sind im Internet über http://dnb.d-nb.de abrufbar.

© Springer-Verlag GmbH Deutschland, ein Teil von Springer Nature 2018, 2023
Das Werk einschließlich aller seiner Teile ist urheberrechtlich geschützt. Jede Verwertung, die nicht ausdrücklich vom Urheberrechtsgesetz zugelassen ist, bedarf der vorherigen Zustimmung des Verlags. Das gilt insbesondere für Vervielfältigungen, Bearbeitungen, Übersetzungen, Mikroverfilmungen und die Einspeicherung und Verarbeitung in elektronischen Systemen.
Die Wiedergabe von allgemein beschreibenden Bezeichnungen, Marken, Unternehmensnamen etc. in diesem Werk bedeutet nicht, dass diese frei durch jedermann benutzt werden dürfen. Die Berechtigung zur Benutzung unterliegt, auch ohne gesonderten Hinweis hierzu, den Regeln des Markenrechts. Die Rechte des jeweiligen Zeicheninhabers sind zu beachten.
Der Verlag, die Autoren und die Herausgeber gehen davon aus, dass die Angaben und Informationen in diesem Werk zum Zeitpunkt der Veröffentlichung vollständig und korrekt sind. Weder der Verlag, noch die Autoren oder die Herausgeber übernehmen, ausdrücklich oder implizit, Gewähr für den Inhalt des Werkes, etwaige Fehler oder Äußerungen. Der Verlag bleibt im Hinblick auf geografische Zuordnungen und Gebietsbezeichnungen in veröffentlichten Karten und Institutionsadressen neutral.

Planung/Lektorat: Iris Ruhmann
Springer Gabler ist ein Imprint der eingetragenen Gesellschaft Springer-Verlag GmbH, DE und ist ein Teil von Springer Nature.
Die Anschrift der Gesellschaft ist: Heidelberger Platz 3, 14197 Berlin, Germany

Für Alexander und Ulrike

Vorwort zur 2. Auflage

Für die zweite Auflage wurde der Text an zahlreichen Stellen im Detail verbessert, es wurden bekannt gewordene Fehler korrigiert und es wurden einige neue Übungsaufgaben aufgenommen. Darüber hinaus wurde ein Abschnitt zu univariat und multivariat normalverteilten Zufallsvariablen in den Text eingefügt.

In der zweiten Auflage wurde die Darstellung des Value at Risk mithilfe von Wertänderungs- bzw. Verlustverteilungen formuliert und nicht, wie in der ersten Auflage, auf Renditeverteilungen gegründet. Die hier vorliegende Formulierung passt einerseits gut zum Konzept der kohärenten Risikomaße, welche ebenfalls mithilfe von Wertänderungsverteilungen definiert werden. Andererseits ist die Verwendung von Renditen dann problematisch, wenn Finanzinstrumente oder Risikofaktoren, wie beispielsweise Zinsen, Werte kleiner oder gleich null annehmen, so wie das aktuell der Fall ist.

Am Ende jedes Kapitels finden Sie vor den Übungsaufgaben einen Abschnitt *Das Wichtigste im Überblick,* in dem die wesentlichen Begriffsbildungen, Konzepte und Resultate des jeweiligen Kapitels in knapper Form zusammengestellt wurden.

Die Übungsaufgaben sollen Sie dabei unterstützen, mit dem dargebotenen Stoff vertraut zu werden und umgehen zu können. In Kap. 5 finden Sie vollständige Musterlösungen. Zum Buch steht Ihnen darüber hinaus auf YouTube eine Playlist mit Lehrvideos zur Verfügung.

Ich bedanke mich wieder gerne und herzlich bei Frau Dr. Annika Denkert und bei Frau Iris Ruhmann vom Springer-Verlag für die wie immer ausgesprochen gute Zusammenarbeit.

Daun
1. Februar 2023

Jürgen Kremer

Vorwort zur 1. Auflage

In diesem Buch werden Konzepte zur Quantifizierung von Marktrisiken dargestellt. Im Rahmen der in Kap. 1 vorgestellten Portfoliotheorie werden Kapitalanlagen charakterisiert, die nach Vorgabe eines Risikos einen möglichst hohen Ertrag oder die nach Vorgabe eines Ertrags ein möglichst geringes Risiko erzielen. Dabei werden der Ertrag als der Erwartungswert und das Risiko als die Standardabweichung der Portfoliorendite definiert.

Für arbitragefreie Ein-Perioden-Modelle lassen sich optimale Portfolios auch mithilfe von Wahrscheinlichkeitsquotienten explizit angeben und die Martingalmaße vollständiger arbitragefreier Marktmodelle lassen sich umgekehrt mithilfe des Marktportfolios und der Kovarianzmatrix der klassischen Portfoliotheorie darstellen, was in Kap. 2 ausgeführt wird.

In Kap. 3 wird das wichtige Risikomaß Value at Risk vorgestellt, das den größten Verlust eines Portfolios quantifiziert, der mit einer vorgegebenen Wahrscheinlichkeit in einem vorgegebenen Zeitraum nicht überschritten wird. Neben der Delta-Normal-Methode zur näherungsweisen Berechnung des Value at Risk werden auch auf dieser Methode basierende Zerlegungen des Gesamtrisikos in Teilrisiken und Sensitivitäten des Value at Risk gegenüber Änderungen der Risikofaktoren behandelt.

Der Value at Risk macht keine Aussagen über die Verteilung der hohen Verluste und er ist im Allgemeinen nicht subadditiv. Die Formulierung von Eigenschaften, die ein gutes Risikomaß haben sollte, führt zum Konzept der kohärenten Risikomaße, die in Kap. 4 zusammen mit ihrem wichtigsten Vertreter, dem Expected Shortfall, vorgestellt werden. Der Expected Shortfall wird als kohärent nachgewiesen und seine Berechnung wird für normalverteilte und lognormalverteilte Auszahlungen explizit angegeben.

Meinem Kollegen Jochen Wolf danke ich herzlich für anregende Gespräche über die Themen des Buchs und für die Inhalte von Abschn. 4.5, die ich von ihm lernen durfte. Ich bedanke mich herzlich bei Frau Dr. Annika Denkert und bei Frau Agnes Herrmann vom Springer-Verlag für die wie immer ausgesprochen gute Zusammenarbeit.

Notation Im Folgenden wird das euklidische Skalarprodukt sowohl mit einem Punkt $\cdot$ als auch mit einer Klammer $\langle \cdot, \cdot \rangle$ notiert, d. h., für $x, y \in \mathbb{R}^n$ gilt

$$x \cdot y = \langle x, y \rangle = \sum_{i=1}^{n} x_i y_i.$$

Für $x \in \mathbb{R}^n$ schreiben wir $x > 0$, falls $x_i \geq 0$ für alle $i = 1, \ldots, n$ und $x_k > 0$ für wenigstens ein k gilt. Wir schreiben $x \gg 0$, falls x strikt positiv ist, d. h., falls $x_i > 0$ für alle $i = 1, \ldots, n$ gilt.

Inhaltsverzeichnis

1 Portfoliotheorie 1
   1.1   Ein-Perioden-Modelle und Portfolios 1
   1.2   Ertrag und Risiko 7
   1.3   Rendite und erwartete Rendite eines Portfolios 11
   1.4   Varianz und Standardabweichung der Portfoliorendite 13
   1.5   Kovarianz und Korrelation 17
   1.6   Diversifikation 20
   1.7   Allgemeine Portfolios 25
   1.8   Die klassische Darstellung des CAPM 33
   1.9   Systematisches und spezifisches Risiko 40
   1.10   Das Wichtigste im Überblick 44
   1.11   Aufgaben 44

2 Arbitragefreie Ein-Perioden-Modelle und das CAPM 51
   2.1   Die Bewertung von Auszahlungsprofilen 51
   2.2   Der Wahrscheinlichkeitsquotient 60
   2.3   CAPM und Varianzminimierung 65
   2.4   Das Wichtigste im Überblick 85
   2.5   Aufgaben 86

3 Value at Risk 89
   3.1   Wahrscheinlichkeitsräume und Zufallsvariablen 89
   3.2   Verteilungsfunktionen 92
   3.3   Quantile 104
   3.4   Normalverteilte Zufallsvariablen 107
   3.5   Der Value at Risk 110
   3.6   Die Varianz-Kovarianz-Methode 116
   3.7   Die Delta-Normal-Methode 117
   3.8   Berechnung der Sensitivitäten 118
   3.9   Sensitivitäten und Zerlegungen des Value at Risk 121

	3.10	Das Wichtigste im Überblick	126
	3.11	Aufgaben	127
4	**Kohärente Risikomaße**		**137**
	4.1	Definition und Eigenschaften kohärenter Risikomaße	137
	4.2	Der Value at Risk	141
	4.3	Der Expected Shortfall	144
	4.4	Der Expected Shortfall spezieller Verteilungen	152
	4.5	Vergleich von Value at Risk und Expected Shortfall	156
	4.6	Das Wichtigste im Überblick	159
	4.7	Aufgaben	160
5	**Lösungen der Aufgaben**		**163**
Literatur			**199**
Stichwortverzeichnis			**201**

Portfoliotheorie

In diesem Kapitel werden die Grundlagen der klassischen Portfoliotheorie und das Capital Asset Pricing Model (CAPM) dargestellt. Die zentrale Annahme der Portfoliotheorie besteht darin, dass Anleger ihre Investitionsentscheidungen ausschließlich auf die beiden Größen Ertrag und Risiko gründen. Dabei werden der Ertrag als der Erwartungswert und das Risiko als die Standardabweichung der Portfoliorendite quantifiziert. Die in der Portfoliotheorie berücksichtigten Risiken werden durch Schwankungen der Marktpreise der im Modell enthaltenen Finanzinstrumente verursacht, daher werden die betrachteten Risiken als Marktrisiken bezeichnet. Im Rahmen der Portfoliotheorie werden Kapitalanlagen, d. h. Portfolios, ermittelt,

- die bei vorgegebenem Risiko einen möglichst hohen Ertrag erzielen oder
- die bei vorgegebenem Ertrag ein möglichst geringes Risiko besitzen.

1.1 Ein-Perioden-Modelle und Portfolios

Den Modellrahmen der klassischen Portfoliotheorie bilden die Ein-Perioden-Modelle. Die Rendite eines Portfolios wird zwischen einem festen zukünftigen und dem aktuellen Zeitpunkt betrachtet. Dabei wird berücksichtigt, dass die zukünftige Entwicklung des Portfolios mit Unsicherheiten behaftet ist.

Ein-Perioden-Modelle

Das grundlegende Modell eines Wertpapiermarkts mit zwei Zeitpunkten wird **Ein-Perioden-Modell** oder einfach **Marktmodell** genannt und ist durch folgende Daten gekennzeichnet:

- Es gibt genau zwei Zeitpunkte, den Anfangszeitpunkt 0 und den Endzeitpunkt 1.
- Zum Zeitpunkt 1 wird genau ein Zustand oder Szenario ω_i, $i = 1, \ldots, K$, aus einer endlichen Menge
$$\Omega = \{\omega_1, \ldots, \omega_K\}$$
von K Zuständen eintreten. Zum Zeitpunkt 0 sind alle Zustände bekannt, nicht aber, welcher zum Zeitpunkt 1 realisiert werden wird.
- Im Rahmen des Modells werden N Wertpapiere $S^1, \ldots, S^N$ betrachtet. Es gibt zu diesen Wertpapieren einen Preisprozess $S = \{S_t = (S_t^1, \ldots, S_t^N) \mid t = 0, 1\}$, der die Preise der Wertpapiere zu den beiden Zeitpunkten 0 und 1 spezifiziert. Die Preise S_0^i, $i = 1, \ldots, N$, der Wertpapiere zum Zeitpunkt 0 sind Zahlen. Die Preise S_1^i, $i = 1, \ldots, N$, hängen dagegen vom eintretenden Zustand ab und sind Funktionen auf Ω,
$$S_1^i : \Omega \to \mathbb{R}.$$

$S_1^i(\omega)$ bezeichnet den Kurs des i-ten Wertpapiers zum Zeitpunkt 1 im Zustand $\omega \in \Omega$. Sowohl die Preise S_0^i als auch die Werte $S_1^i(\omega)$, $\omega \in \Omega$, sind den Investoren bekannt. Aber erst zum Zeitpunkt 1 entscheidet sich, welche Kurse $S_1^i(\omega)$ zu diesem Zeitpunkt tatsächlich realisiert werden, denn erst dann stellt sich heraus, in welchen Zustand $\omega \in \Omega$ der Finanzmarkt übergegangen ist.

Zum Zeitpunkt 0 sind also die K Zustände der Menge $\Omega = \{\omega_1, \ldots, \omega_K\}$ als Endzustände zum Zeitpunkt 1 möglich, und zum Zeitpunkt 1 wird genau einer dieser Zustände als Endzustand realisiert. Dies wird in Abb. 1.1 veranschaulicht. Das Aufspalten der Menge Ω in die Elementarzustände ω_1 bis ω_K bildet ein Strukturgerüst, das durch die Spezifikation

Abb. 1.1 Die Zustände eines Ein-Perioden-Modells

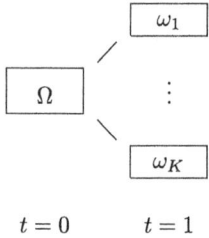

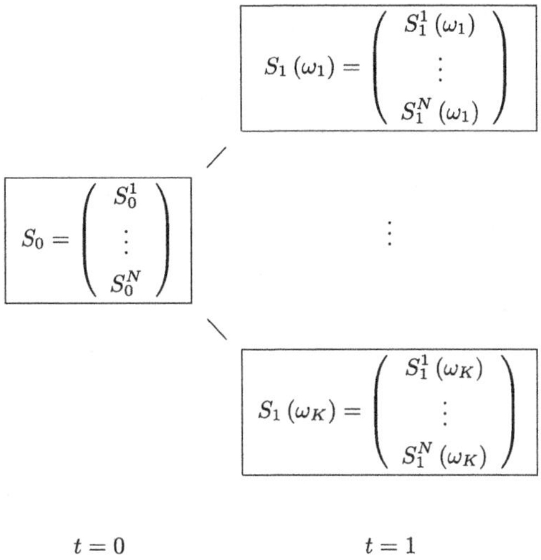

1.1 Ein-Perioden-Modelle und Portfolios

Abb. 1.2 Die Preise der Wertpapiere eines Ein-Perioden-Modells

$$S_0 = \begin{pmatrix} S_0^1 \\ \vdots \\ S_0^N \end{pmatrix}$$

$$S_1(\omega_1) = \begin{pmatrix} S_1^1(\omega_1) \\ \vdots \\ S_1^N(\omega_1) \end{pmatrix}$$

$$\vdots$$

$$S_1(\omega_K) = \begin{pmatrix} S_1^1(\omega_K) \\ \vdots \\ S_1^N(\omega_K) \end{pmatrix}$$

$t=0 \qquad t=1$

eines Preisprozesses zu einem Ein-Perioden-Modell ergänzt wird. Für jedes der Finanzinstrumente $S^1, \ldots, S^N$ ist sowohl zum Zeitpunkt 0 als auch für jeden Zustand $\omega \in \Omega$ zum Zeitpunkt 1 jeweils ein Preis vorzugeben. Abb. 1.2 veranschaulicht diese Ergänzung.

Beispiel 1.1 Wir betrachten das in Abb. 1.3 gezeigte Ein-Perioden-Modell mit den beiden Zuständen ω_1 und ω_2 zum Zeitpunkt 1. In das Strukturgerüst wurden die Daten für zwei Finanzinstrumente S^1 und S^2 eingefügt. Das erste Finanzinstrument S^1 besitzt zum Zeitpunkt 0 den Wert $S_0^1 = 1$. Zum Zeitpunkt 1 besitzt S^1 die Werte $S_1^1(\omega_1) = S_1^1(\omega_2) = 1{,}02$. Da hier die Kurse in beiden Zuständen übereinstimmen, entspricht dieses Finanzinstrument einer festverzinslichen Kapitalanlage. Im Beispiel beträgt der Zinssatz 2 %. Das zweite Finanzinstrument S^2 könnte als Aktie interpretiert werden, deren Kurs im ersten Szenario ω_1 vom Anfangskurs 10 auf den Wert 12 steigt und im zweiten Szenario ω_2 von 10 auf den Wert 9 sinkt. △

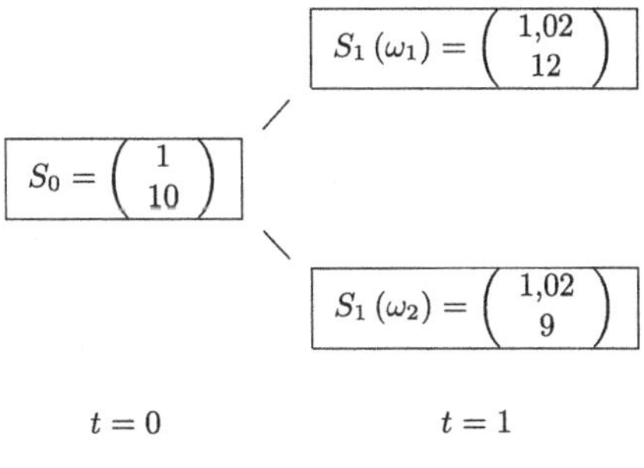

Abb. 1.3 Das Ein-Perioden-Modell des Beispiels 1.1

$$S_0 = \begin{pmatrix} 1 \\ 10 \end{pmatrix}$$

$$S_1(\omega_1) = \begin{pmatrix} 1{,}02 \\ 12 \end{pmatrix}$$

$$S_1(\omega_2) = \begin{pmatrix} 1{,}02 \\ 9 \end{pmatrix}$$

$t=0 \qquad t=1$

Formal werden Ein-Perioden-Modelle wie folgt definiert:

Definition 1.2 Ein Tupel $(S_0, S_1) = (b, D) \in \mathbb{R}^N \times M_{N \times K}(\mathbb{R})$ heißt **Ein-Perioden-Modell** mit **Preisvektor**

$$b = S_0 = \begin{pmatrix} S_0^1 \\ \vdots \\ S_0^N \end{pmatrix} \in \mathbb{R}^N$$

und **Auszahlungsmatrix**

$$D = (S_1(\omega_1), \ldots, S_1(\omega_K)) = \begin{pmatrix} S_1^1(\omega_1) & \cdots & S_1^1(\omega_K) \\ \vdots & & \vdots \\ S_1^N(\omega_1) & \cdots & S_1^N(\omega_K) \end{pmatrix} \in M_{N \times K}(\mathbb{R}).$$

Dabei bezeichnet $M_{N \times K}(\mathbb{R})$ die Menge aller reellen $N \times K$-Matrizen. Die Komponenten von D sind definiert durch $D_{ij} = S_1^i(\omega_j)$ für $i = 1, \ldots, N$ und $j = 1, \ldots, K$.

Die Schreibweise $(S_0, S_1) = (b, D)$ bedeutet, dass sich ein Ein-Perioden-Modell entweder durch die Anfangs- und Endkurse (S_0, S_1) oder auf äquivalente Weise auch durch $(b, D) \in \mathbb{R}^N \times M_{N \times K}(\mathbb{R})$ mithilfe einer Auszahlungsmatrix D beschreiben lässt. Aus einem vorgegebenen Tupel $(b, D) \in \mathbb{R}^N \times M_{N \times K}(\mathbb{R})$ lassen sich alle charakterisierenden Bestandteile eines Ein-Perioden-Modells ableiten. Die gemeinsame Anzahl der Zeilen von b und D entspricht der Anzahl der Finanzinstrumente, und die Anzahl der Spalten von D entspricht der Anzahl der Zustände des Modells. Der Vektor b wird als Preisvektor S_0 interpretiert, der die Preise aller N Finanzinstrumente zum Zeitpunkt 0 zusammenfasst, während die j-te Spalte von D als Preisvektor $S_1(\omega_j) = (S_1^1(\omega_j), \ldots, S_1^N(\omega_j))^t$ aufgefasst wird, der die Preise aller Finanzinstrumente zum Zeitpunkt 1 im Zustand ω_j repräsentiert.

Beispiel 1.3 Das Ein-Perioden-Modell des Beispiels 1.1 lässt sich mit Definition 1.2 schreiben als

$$(b, D) = \left(\begin{pmatrix} 1 \\ 10 \end{pmatrix}, \begin{pmatrix} 1{,}02 & 1{,}02 \\ 12 & 9 \end{pmatrix} \right).$$

△

Portfolios

Definition 1.4 Ein **Portfolio** ist eine Zusammenfassung von h^1 Finanzinstrumenten vom Typ S^1, h^2 Finanzinstrumenten vom Typ S^2, ... und h^N Finanzinstrumenten vom Typ S^N zu einer Gesamtheit. Formal wird ein Portfolio definiert als ein Vektor

$$h = \begin{pmatrix} h^1 \\ \vdots \\ h^N \end{pmatrix} \in \mathbb{R}^N,$$

1.1 Ein-Perioden-Modelle und Portfolios

wobei h^i als Stückzahl interpretiert wird, mit der das i-te Finanzinstrument S^i in der Gesamtheit vertreten ist.

Das Produkt $h^i S^i$ wird als **Position** des i-ten Finanzinstruments S^i im Portfolio h bezeichnet. Der **Wert** $V_0(h)$ des Portfolios h zum Zeitpunkt 0 lautet

$$V_0(h) = h^1 S_0^1 + \cdots + h^N S_0^N = h \cdot S_0. \tag{1.1}$$

Der **Wert** $V_1(h)$ des Portfolios h zum Zeitpunkt 1 hängt vom eintretenden Zustand $\omega_j \in \Omega$ ab. Daher gilt

$$V_1(h) = h \cdot S_1 = \begin{pmatrix} h \cdot S_1(\omega_1) \\ \vdots \\ h \cdot S_1(\omega_K) \end{pmatrix} \in \mathbb{R}^K. \tag{1.2}$$

Alternativ kann $V_1(h)$ als Abbildung von Ω nach $\mathbb{R}$ aufgefasst werden, wobei $V_1(h)(\omega) = h \cdot S_1(\omega)$ für $\omega \in \Omega$ definiert wird. Betrachten wir ein beliebiges Portfolio $h \in \mathbb{R}^N$, dann lassen sich die Werte $V_0(h)$ und $V_1(h)$ des Portfolios gemäß Abb. 1.4 veranschaulichen.

Enthält ein Portfolio eine negative Anzahl h^i einer Aktie S^i, dann bedeutet dies, dass $|h^i|$ Aktien S^i von einer Finanzinstitution geliehen und anschließend am Markt verkauft wurden. Damit hat derjenige, der die Aktien geliehen hat, Schulden in Höhe von $|h^i|$ Stücken dieser Aktie. Eine negative Stückzahl von Finanzinstrumenten in einem Portfolio entspricht also Schulden in diesem Finanzinstrument. Dies ist analog zu Schulden in einer Währung. Schulden werden gemacht, indem Geld geliehen und dann „verkauft", also gegen ein anderes Gut eingetauscht, wird. Entsprechend werden Geldschulden in einem Portfolio durch die negative Anzahl geschuldeter Einheiten des Geldes, also z. B. durch eine negative Euro-Stückzahl, ausgedrückt.

Gilt $h^i > 0$, dann wird $h^i S^i$ als **Long-Position** bezeichnet, d. h., der Portfolio-Inhaber hat die Position gekauft. Entsprechend wird $h^i S^i$ als **Short-Position** bezeichnet, wenn $h^i < 0$ gilt, wenn also der Portfolio-Inhaber diese Position verkauft hat.

Abb. 1.4 Portfoliowerte in Ein-Perioden-Modellen

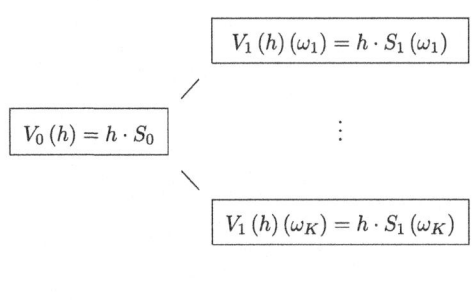

Lemma 1.5 *Sei (b, D) ein Ein-Perioden-Modell. Für jedes $h \in \mathbb{R}^N$ gilt*

$$V_0(h) = h \cdot b \tag{1.3}$$
$$V_1(h) = h \cdot S_1 = D^t h,$$

wobei

$$D^t = \begin{pmatrix} S_1^1(\omega_1) & \cdots & S_1^N(\omega_1) \\ \vdots & & \vdots \\ S_1^1(\omega_K) & \cdots & S_1^N(\omega_K) \end{pmatrix}$$

die Transponierte der Auszahlungsmatrix D bezeichnet.

Beweis Die erste Zeile in (1.3) folgt sofort aus (1.1). Nach (1.2) gilt $V_1(h) = h \cdot S_1$, also

$$h \cdot S_1 = \begin{pmatrix} h \cdot S_1(\omega_1) \\ \vdots \\ h \cdot S_1(\omega_K) \end{pmatrix}$$
$$= \begin{pmatrix} h^1 S_1^1(\omega_1) + \cdots + h^N S_1^N(\omega_1) \\ \vdots \\ h^1 S_1^1(\omega_K) + \cdots + h^N S_1^N(\omega_K) \end{pmatrix}$$
$$= D^t h.$$

$\square$

Beispiel 1.6 Wir legen das Modell des Beispiels 1.1 zugrunde und betrachten das Portfolio

$$h = \begin{pmatrix} -10 \\ 1 \end{pmatrix}.$$

Wird S^1 als festverzinsliche Kapitalanlage und S^2 als Aktie interpretiert, dann beinhaltet das Portfolio h neben einem Kredit von 10 Geldeinheiten den Bestand von einer Aktie. Mit diesen Daten gilt

$$V_0(h) = h \cdot S_0 = \begin{pmatrix} -10 \\ 1 \end{pmatrix} \cdot \begin{pmatrix} 1 \\ 10 \end{pmatrix} = 0$$

und

$$V_1(h) = h \cdot S_1 = D^t h = \begin{pmatrix} 1{,}02 & 12 \\ 1{,}02 & 9 \end{pmatrix} \begin{pmatrix} -10 \\ 1 \end{pmatrix} = \begin{pmatrix} 1{,}8 \\ -1{,}2 \end{pmatrix}.$$

Zum Zeitpunkt 0 besitzt das Portfolio h den Wert $V_0(h) = 0$, d. h., die Schulden in Höhe von 10 Geldeinheiten entsprechen gerade dem Wert der Aktie S^2 zum Zeitpunkt 0. Das Portfolio könnte also durch den Kauf der Aktie mithilfe der Kreditsumme realisiert worden sein.

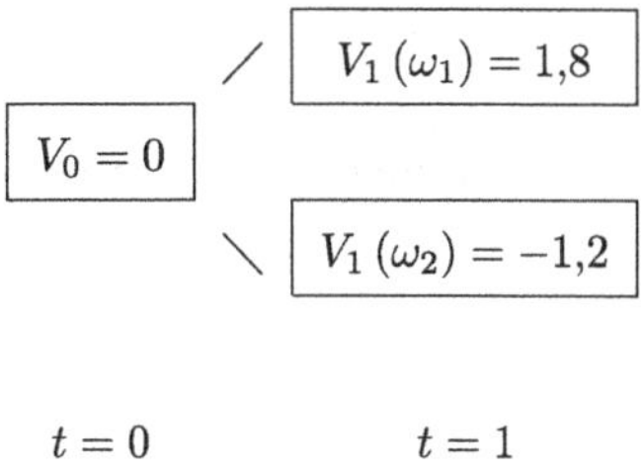

Abb. 1.5 Portfoliowerte des Beispiels 1.6

$V_0 = 0$

$V_1(\omega_1) = 1{,}8$

$V_1(\omega_2) = -1{,}2$

$t = 0 \qquad t = 1$

Zum Zeitpunkt 1 führt das Steigen des Aktienkurses im Szenario ω_1 zu einem positiven Wert $V_1(h)(\omega_1) = 1{,}8$ des Portfolios, während das Sinken des Aktienkurses im Szenario ω_2 einen negativen Wert $V_1(h)(\omega_2) = -1{,}2$ zur Folge hat, siehe Abb. 1.5. Im Zustand ω_2 reicht der Wert der Aktie von 9 Geldeinheiten nicht aus, um den Kreditbetrag plus Kreditzinsen in Höhe von $10{,}20$ zurückzuzahlen, sondern es besteht nach Liquidierung des Portfolios noch eine Zahlungsverpflichtung in Höhe von $1{,}20$. △

1.2 Ertrag und Risiko

Definition 1.7 In einem Marktmodell (S_0, S_1) sei $h \in \mathbb{R}^N$ ein Portfolio mit Anfangswert $V_0(h) > 0$. Dann ist die **Rendite**

$$R_h : \Omega \to \mathbb{R}$$

von h für $\omega \in \Omega$ definiert durch

$$R_h(\omega) = \frac{V_1(h)(\omega) - V_0(h)}{V_0(h)} = \frac{h \cdot (S_1(\omega) - S_0)}{h \cdot S_0}.$$

Definition 1.8 Sei Ω eine endliche Menge und sei

$$P : \Omega \to [0, 1]$$

eine Funktion auf Ω mit Werten im Intervall $[0, 1]$. Für eine beliebige Teilmenge $A \subset \Omega$ wird durch

$$P(A) = \sum_{\omega \in A} P(\omega)$$

eine Funktion auf der Potenzmenge $\mathcal{P}(\Omega)$, der Menge aller Teilmengen von Ω, definiert. Die auf diese Weise entstehende Funktion $P : \mathcal{P}(\Omega) \to [0, 1]$ heißt **Wahrscheinlichkeitsmaß**, wenn

$$P(\Omega) = 1$$

gilt. Das Tripel $(\Omega, \mathcal{P}(\Omega), P)$ wird **Wahrscheinlichkeitsraum** genannt. Eine Abbildung

$$X : \Omega \to \mathbb{R}$$

wird als **Zufallsvariable** auf $(\Omega, \mathcal{P}(\Omega), P)$ bezeichnet.

Aus der Definition folgt insbesondere

$$P(\{\omega\}) = P(\omega)$$

für alle $\omega \in \Omega$. Nach Definition 1.7 ist R_h eine Zufallsvariable auf $(\Omega, \mathcal{P}(\Omega), P)$, so wie auch S_1^i für jedes $i = 1, \ldots, N$ eine Zufallsvariable ist. Alternativ kann R_h auch als Vektor aufgefasst und in diesem Fall mit $R_h = \frac{D^t h}{h \cdot S_0} - 1 \in \mathbb{R}^K$ identifiziert werden, wobei D die zu S_1 gehörige Auszahlungsmatrix bezeichnet.

Sind X und Y Zufallsvariablen und ist $\lambda \in \mathbb{R}$, dann werden die Summe $X + Y$ von X und Y sowie das Vielfache λX von X für $\omega \in \Omega$ definiert durch

$$(X + Y)(\omega) = X(\omega) + Y(\omega)$$
$$(\lambda X)(\omega) = \lambda X(\omega).$$

Die Menge der Zufallsvariablen bildet mit diesen Operationen einen Vektorraum, wobei das Nullelement die Nullfunktion ist.

Definition 1.9 Der **Erwartungswert** $\mathbf{E}[X]$ einer Zufallsvariablen X ist definiert durch

$$\mathbf{E}[X] = \sum_{j=1}^{K} X(\omega_j) P(\omega_j).$$

Für Zufallsvariablen X und Y und für $\lambda \in \mathbb{R}$ gilt

$$\mathbf{E}[X + Y] = \mathbf{E}[X] + \mathbf{E}[Y]$$
$$\mathbf{E}[\lambda X] = \lambda \mathbf{E}[X],$$

also definiert der Erwartungswert eine reellwertige lineare Abbildung auf dem Vektorraum der Zufallsvariablen.

Die um ein Wahrscheinlichkeitsmaß P erweiterten Ein-Perioden-Modelle bezeichnen wir mit (S_0, S_1, P) oder auch mit (b, D, P).

Voraussetzung Für alle im Rahmen der Portfoliotheorie auftretenden Wahrscheinlichkeitsräume $(\Omega, \mathcal{P}(\Omega), P)$ wird vorausgesetzt, dass $P(\omega) > 0$ gilt für jedes $\omega \in \Omega$. Das bedeutet, dass nur solche Zustände modelliert werden, die mit positiver Wahrscheinlichkeit als Endzustände auftreten können.

Die erwartete Rendite

Definition 1.10 In einem Marktmodell (S_0, S_1, P) ist die **erwartete Rendite** $\mu_h \in \mathbb{R}$ eines Portfolios h mit $V_0(h) > 0$ definiert als der Erwartungswert der Rendite R_h von h, d. h.

$$\mu_h = \mathbf{E}[R_h] = \sum_{j=1}^{K} R_h(\omega_j) P(\omega_j).$$

Diese Größe ist im Rahmen der Portfoliotheorie das Maß für den **Ertrag** der Kapitalanlage h.

Varianz und Risiko

Definition 1.11 Die **Varianz** $\mathbf{V}[X]$ einer Zufallsvariablen X ist definiert durch

$$\mathbf{V}[X] = \mathbf{E}\left[(X - \mathbf{E}[X])^2\right] = \sum_{j=1}^{K} (X(\omega_j) - \mathbf{E}[X])^2 P(\omega_j).$$

$\sqrt{\mathbf{V}[X]}$ wird als die **Standardabweichung** von X bezeichnet.

Die Varianz und die Standardabweichung sind Maße für die Schwankungsstärke einer Zufallsvariablen um ihren Erwartungswert. Nach Definition gilt stets $\mathbf{V}[X] \geq 0$, und damit gilt auch $\sqrt{\mathbf{V}[X]} \geq 0$.

Lemma 1.12 $\mathbf{V}[X] = 0$ *gilt genau dann, wenn X konstant ist.*

Beweis Die Behauptung folgt unmittelbar aus der Definition und daraus, dass $P(\omega) > 0$ für jedes $\omega \in \Omega$ gilt. $\square$

Je stärker die Werte der Rendite R_h eines Portfolios h um den Erwartungswert $\mathbf{E}[R_h]$ schwanken, desto größer ist das Risiko, dass die in einem Zustand ω erzielte Rendite $R_h(\omega)$ von der erwarteten Rendite μ_h abweichen wird.

Definition 1.13 In einem Marktmodell (S_0, S_1, P) sei h ein Portfolio mit $V_0(h) > 0$. Die Standardabweichung der Rendite R_h von h,

$$\sigma_h = \sqrt{\mathbf{V}[R_h]}, \tag{1.4}$$

wird als **Volatilität** des Portfolios h bezeichnet und interpretiert als das **Risiko** von h.

Bemerkenswert ist, dass bei dem hier definierten Risikobegriff sowohl negative als auch positive – und damit in der Regel erwünschte – Abweichungen vom Erwartungswert einen Risikobeitrag liefern. Das Risiko wird durch (1.4) als *Ausmaß der Streuung um den Erwartungswert* definiert und entspricht damit *nicht* der intuitiven Bedeutung, die Risiko als die Gefahr des Eintreffens *ungünstiger* Umstände charakterisiert.

Es ist weder zwingend, das Risiko einer Investition in einer einzigen Zahl auszudrücken, noch ist es zwingend, als Definition für das Anlagerisiko die Standardabweichung der Rendite zu verwenden. Dennoch ist dieser Risikobegriff in der Praxis von großer Bedeutung und grundlegend in der Portfoliotheorie. Aus Lemma 1.12 folgt

Korollar 1.14 *Sei $h \in \mathbb{R}^N$ ein Portfolio mit $V_0(h) > 0$. Dann gilt $\mathbf{V}[R_h] = 0$ genau dann, wenn R_h konstant ist, und dies ist gleichbedeutend mit*

$$R_h(\omega) = \mu_h$$

für alle $\omega \in \Omega$. □

Rationale Investoren

Im Rahmen der Portfoliotheorie wird angenommen, dass Investoren folgende Eigenschaften besitzen, die sie als sogenannte *rationale Investoren* kennzeichnen:

1. *Nichtsättigung.* Ein Investor wird, sobald er die Möglichkeit zu weiteren Erträgen hat, diese auch realisieren.
2. *Risikoaversion.* Ein Investor wird die Risiken seiner Anlageentscheidungen stets so niedrig wie möglich halten.

Diese Anforderungen konkurrieren insofern miteinander, als dass ein Anleger in der Regel bereit sein muss, zusätzliche Risiken einzugehen, wenn er zusätzliche Erträge erzielen möchte. Investoren unterscheiden sich daher im Rahmen der Portfoliotheorie im Ausmaß ihrer Bereitschaft, Risiken einzugehen. Für einen *risikoaversen Anleger* müssen die Ertragschancen von Anlagen mit zunehmendem Risikoniveau überproportional steigen, damit er noch bereit ist, zusätzliche Risiken in Kauf zu nehmen. Demgegenüber wird ein *risikofreudiger Anleger* tendenziell seine Ertragschancen im Blick haben und eher bereit sein, Risiken zu akzeptieren.

Das μ-σ-Diagramm

Werden einer Investition die beiden Größen *erwartete Rendite* μ und *Risiko* σ zugeordnet, dann kann sie als Punkt $(\sigma, \mu) \in \mathbb{R}^2$ in einer Ebene repräsentiert werden. Die zugehörige Graphik wird μ-σ-Diagramm genannt.

Abb. 1.6 μ-σ-Diagramm

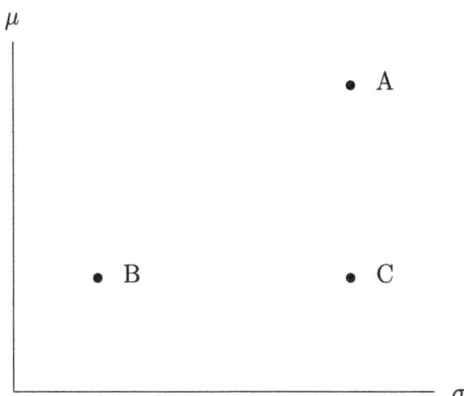

Haben Investoren in der Situation von Abb. 1.6 die Wahl zwischen den Anlagen B und C, dann wählen Sie B, weil beide Investitionen über den gleichen Ertrag verfügen, die Anlage B aber ein geringeres Risiko besitzt.

Bei einer Auswahl zwischen den Anlagen A und C wählen rationale Investoren die Anlage A, weil beide Investitionen das gleiche Risiko besitzen. Die Anlage A bietet aber gegenüber C einen höheren Ertrag.

Hat ein rationaler Investor jedoch die Auswahl zwischen den Investitionen A und B, dann liefert die Portfoliotheorie keine Entscheidungsgrundlage. Die Anlage A verfügt über einen höheren Ertrag als die Anlage B, aber sie besitzt auch ein höheres Risiko. Die Auswahl einer der beiden Investitionen hängt von der *Risikoeinstellung des Investors* ab.

1.3 Rendite und erwartete Rendite eines Portfolios

Für den Rest des Kapitels setzen wir $S_0^i > 0$ für alle $i = 1, \ldots, N$ voraus. Grundlegend für alles Folgende ist, dass sich dann die Rendite eines Portfolios als Linearkombination der Renditen der Finanzinstrumente des Portfolios darstellen lässt, wie wir nun sehen werden:

Lemma 1.15 *Angenommen, es gilt $V_0(h) > 0$ für ein Portfolio $h \in \mathbb{R}^N$. Dann gilt mit $w = (w_1, \ldots, w_N)$, $w_i = h^i S_0^i / V_0(h)$, $R = (R_1, \ldots, R_N)$ und $R_i = \left(S_1^i - S_0^i\right)/S_0^i$*

$$R_h = \sum_{i=1}^{N} w_i R_i = \langle w, R \rangle. \tag{1.5}$$

Beweis Die Behauptung folgt aus

$$V_1(h) - V_0(h) = h \cdot (S_1 - S_0) = \sum_{i=1}^{N} h^i S_0^i \frac{S_1^i - S_0^i}{S_0^i}$$

nach Division durch $V_0(h)$. □

Die Gewichte $w_i = h^i S_0^i / V_0(h)$ in (1.5) kennzeichnen den Bruchteil des Anfangskapitals, der in das i-te Finanzinstrument investiert wurde.

Lemma 1.16 *Für den Erwartungswert μ_h der Portfoliorendite R_h eines Portfolios h mit $V_0(h) > 0$ gilt*

$$\mu_h = \mathbf{E}[R_h] = \sum_{i=1}^{N} w_i \mu_i = \langle w, \mu \rangle, \tag{1.6}$$

wobei $\mu_i = \mathbf{E}[R_i]$ und $\mu = (\mu_1, \ldots, \mu_N)$ definiert wurde.

Beweis Dies folgt aus der Linearität des Erwartungswerts,

$$\mu_h = \mathbf{E}\left[\sum_{i=1}^{N} w_i R_i\right] = \sum_{i=1}^{N} w_i \mathbf{E}[R_i].$$

□

Wenn keine Leerverkäufe vorliegen, wenn also $w_i \geq 0$ gilt für alle $i = 1, \ldots, N$, dann liegt die erwartete Rendite μ_h eines Portfolios h zwischen der kleinsten und der größten erwarteten Rendite der im Portfolio vertretenen Finanzinstrumente:

Lemma 1.17 *Angenommen, für ein Portfolio h gilt $V_0(h) > 0$ und $w_i = h^i S_0^i / V_0(h) \geq 0$ für alle $i = 1, \ldots, N$. Dann folgt*

$$\mu_{\min} \leq \mu_h \leq \mu_{\max},$$

wobei

$$\mu_{\min} = \min\{\mu_i \mid i = 1, \ldots, N\}$$

und

$$\mu_{\max} = \max\{\mu_i \mid i = 1, \ldots, N\}$$

bezeichnet.

Beweis Wegen $w_i \geq 0$ für jedes $i = 1, \ldots, N$ gilt

$$w_i \mu_i \leq w_i \mu_{\max}.$$

1.4 Varianz und Standardabweichung der Portfoliorendite

Damit folgt

$$\mu_h = \sum_{i=1}^{N} w_i \mu_i$$

$$\leq \left(\sum_{i=1}^{N} w_i\right) \mu_{\max}$$

$$= \mu_{\max}$$

wegen $\sum_{i=1}^{N} w_i = 1$. Analog folgt $\mu_{\min} \leq \mu_h$. □

Beispiel 1.18 Sei h ein Portfolio, das aus den beiden Wertpapiere S^1 und S^2 besteht mit $V_0(h) > 0$. Werden 30 % des eingesetzten Kapitals in das erste Wertpapier und 70 % in das zweite investiert, dann gilt

$$R_h = 0{,}3 \cdot R_1 + 0{,}7 \cdot R_2$$

und

$$\mu_h = 0{,}3 \cdot \mu_1 + 0{,}7 \cdot \mu_2.$$

Im Falle $\mu_1 \leq \mu_2$ folgt

$$\mu_1 \leq \mu_h \leq \mu_2.$$ △

1.4 Varianz und Standardabweichung der Portfoliorendite

Auch die Varianz der Portfoliorendite lässt sich mithilfe der im Portfolio enthaltenen Finanzinstrumente ausdrücken. Dabei tritt ein bemerkenswerter Effekt zutage, der als *Diversifikation* bekannt ist und bedeutet, dass sich durch eine geeignete Mischung von Finanztiteln das Risiko eines Portfolios reduzieren lässt, ohne dass sich die erwartete Rendite in gleichem Maße verringert. Wie sehr sich das Risiko eines Portfolios absenken lässt, hängt vom Ausmaß der Gegenläufigkeit der Bestandteile des Portfolios ab und wird mithilfe der Konzepte *Kovarianz* und *Korrelation* formalisiert.

Lemma 1.19 *Angenommen, es gilt $V_0(h) > 0$ für ein Portfolio $h \in \mathbb{R}^N$. Dann gilt mit $w_i = h^i S_0^i / V_0(h)$ und mit $R_i = \left(S_1^i - S_0^i\right)/S_0^i$*

$$\mathbf{V}[R_h] = \sum_{i=1}^{N} \sum_{j=1}^{N} w_i w_j \mathbf{E}\left[(R_i - \mu_i)(R_j - \mu_j)\right]. \tag{1.7}$$

Beweis Mit (1.5) und (1.6) lässt sich die Varianz des Portfolios schreiben als

$$\mathbf{V}[R_h] = \mathbf{E}[(R_h - \mu_h)^2]$$
$$= \mathbf{E}\left[\left(\sum_{i=1}^{N} w_i (R_i - \mu_i)\right)^2\right]$$
$$= \mathbf{E}\left[\left(\sum_{i=1}^{N} w_i (R_i - \mu_i)\right)\left(\sum_{j=1}^{N} w_j (R_j - \mu_j)\right)\right]$$
$$= \sum_{i=1}^{N}\sum_{j=1}^{N} w_i w_j \mathbf{E}\left[(R_i - \mu_i)(R_j - \mu_j)\right],$$

was zu zeigen war. □

Definition 1.20 Die **Kovarianz Cov** (X, Y) zweier Zufallsvariablen X und Y ist definiert durch
$$\mathbf{Cov}(X, Y) = \mathbf{E}\left[(X - \mathbf{E}[X])(Y - \mathbf{E}[Y])\right]. \tag{1.8}$$

Lemma 1.21 *Es gilt*
$$\mathbf{Cov}(X, X) = \mathbf{V}[X] \tag{1.9}$$
und
$$\mathbf{Cov}(X, Y) = \mathbf{E}[XY] - \mathbf{E}[X]\mathbf{E}[Y].$$

Beweis (1.9) folgt unmittelbar aus (1.8). Weiter gilt aufgrund der Linearität des Erwartungswerts
$$\mathbf{Cov}(X, Y) = \mathbf{E}[XY - X\mathbf{E}[Y] - \mathbf{E}[X]Y + \mathbf{E}[X]\mathbf{E}[Y]]$$
$$= \mathbf{E}[XY] - \mathbf{E}[X]\mathbf{E}[Y].$$
□

Lemma 1.22 *Die Kovarianzfunktion* **Cov** *ist eine symmetrische, positiv semidefinite Bilinearform, d. h., für Zufallsvariablen X, Y, Z und für Zahlen α, β gilt*

Cov $(\alpha X + \beta Y, Z) = \alpha$**Cov**$(X, Z) + \beta$**Cov**$(Y, Z)$ *(Linearität im ersten Argument)*
Cov $(X, Y) = $ **Cov** (Y, X) *(Symmetrie)*
Cov $(X, X) \geq 0$ *(Positive Semidefinitheit)*

Beweis Die Aussagen folgen aus Lemma 1.21. □

1.4 Varianz und Standardabweichung der Portfoliorendite

Aus der Linearität im ersten Argument folgt mit der Symmetrie auch die Linearität im zweiten Argument, $\mathbf{Cov}(Z, \alpha X + \beta Y) = \alpha \mathbf{Cov}(Z, X) + \beta \mathbf{Cov}(Z, Y)$, und damit die Bilinearität.

Definition 1.23 Die $N \times N$-Matrix C, gegeben durch

$$C_{ij} = \mathbf{Cov}(R_i, R_j),$$

für $i, j = 1, \ldots, N$, heißt **Kovarianzmatrix** der Renditen.

Nach Lemma 1.22 ist C symmetrisch und positiv semidefinit.

Lemma 1.24 *Für die Varianz der Rendite R_h eines Portfolios h gilt*

$$\mathbf{V}[R_h] = \langle w, Cw \rangle,$$

also ist die Standardabweichung σ_h der Portfoliorendite, die als das Risiko von h interpretiert wird, gegeben durch

$$\sigma_h = \sqrt{\langle w, Cw \rangle} \tag{1.10}$$

Beweis Mit (1.7) und Definition 1.23 erhalten wir

$$\sigma_h^2 = \sum_{i=1}^{N} w_i \sum_{j=1}^{N} C_{ij} w_j$$

$$= \sum_{i=1}^{N} w_i (Cw)_i$$

$$= \langle w, Cw \rangle.$$

□

Die Zerlegung der Varianz der Portfoliorenditen

Während die erwartete Rendite eines Portfolios gleich der gewichteten Summe der erwarteten Renditen der Portfoliobestandteile ist, gilt ein analoger Zusammenhang für die Portfoliovarianz *nicht*. Die gewichtete Summe der Varianzen der Portfoliobestandteile bildet dagegen einen Teil der Portfoliovarianz, wie die folgende Zerlegung zeigt.

Mit den Bezeichnungen $\sigma_h^2 = \mathbf{V}[R_h]$, $\sigma_i^2 = \mathbf{V}[R_i]$ und $\sigma_{ij} = \mathbf{Cov}(R_i, R_j)$ kann die Portfoliovarianz geschrieben werden als

$$\sigma_h^2 = \underbrace{\sum_{i=1}^{N} w_i^2 \sigma_i^2}_{\text{Varianzanteil}} + \underbrace{\sum_{\substack{i,j=1 \\ i \neq j}}^{N} w_i w_j \sigma_{ij}}_{\text{Kovarianzanteil}}. \tag{1.11}$$

Der erste Summand der rechten Seite heißt *Varianzanteil,* der zweite Summand *Kovarianzanteil* der Portfoliovarianz. Der Varianzanteil lässt sich berechnen, wenn nur die Renditen der Bestandteile des Portfolios bekannt sind. Hier gehen, im Gegensatz zum Kovarianzanteil, keine Informationen über Beziehungen *zwischen* den Renditen der Portfoliobestandteile ein.

Beispiel 1.25 Sei $V = h \cdot S = h^1 S^1 + h^2 S^2$ der Wert eines Portfolios $h = (h^1, h^2)$ mit zwei Finanztiteln S^1 und S^2. Wir setzen $V_0(h) > 0$ voraus. Dann gilt

$$R_h = w_1 R_1 + w_2 R_2$$

mit $w_1 = h^1 S_0^1 / V_0(h)$ und $w_2 = h^2 S_0^2 / V_0(h)$. Setzen wir $w = w_1$, dann ist $w_2 = 1 - w$, und die erwartete Portfoliorendite lautet

$$\mu_h = w \mu_1 + (1 - w) \mu_2.$$

Für die Varianz der Portfoliorendite erhalten wir mit (1.11)

$$\sigma_h^2 = (w \sigma_1)^2 + ((1 - w) \sigma_2)^2 + 2w (1 - w) \sigma_{12}.$$

Hier ist also $(w \sigma_1)^2 + ((1 - w) \sigma_2)^2$ der Varianzanteil und $2w(1-w) \mathbf{Cov}(R_1, R_2)$ der Kovarianzanteil der Portfoliovarianz. △

Der relative Beitrag eines Wertpapiers zur Portfoliovarianz

Die Portfoliovarianz $\sigma_h^2 = \mathbf{V}[R_h]$ kann aufgrund der Linearität der Kovarianz in den Argumenten geschrieben werden als

$$\mathbf{V}[R_h] = \sum_{i=1}^{N} w_i \mathbf{Cov}(R_i, R_h).$$

Für $\mathbf{V}[R_h] > 0$ folgt also

$$1 = \sum_{i=1}^{N} w_i \beta_i,$$

wobei

$$\beta_i = \frac{\mathbf{Cov}(R_i, R_h)}{\mathbf{V}[R_h]} = \frac{\sigma_{ih}}{\sigma_h^2} \qquad (1.12)$$

mit $\sigma_{ih} = \mathbf{Cov}(R_i, R_h)$ definiert wurde. Damit kann der relative Beitrag des i-ten Wertpapiers zur Varianz des Portfolios h definiert werden als

$$w_i \beta_i.$$

Die Größe β_i wird als **Betafaktor** oder einfach als das **Beta** des i-ten Wertpapiers relativ zum Portfolio h bezeichnet.

1.5 Kovarianz und Korrelation

Zur Interpretation der Kovarianz betrachten wir die Gl. (1.8) für zwei Renditen R_1 und R_2, also

$$\begin{aligned}\mathbf{Cov}(R_1, R_2) &= \mathbf{E}[(R_1 - \mu_1)(R_2 - \mu_2)] \\ &= \sum_{j=1}^{K} P(\omega_j) \cdot (R_1(\omega_j) - \mu_1)(R_2(\omega_j) - \mu_2).\end{aligned}$$

Wegen $\mu_1 = \mathbf{E}[R_1]$ schwankt der Wert $R_1(\omega)$ in Abhängigkeit von $\omega \in \Omega$ um μ_1. Also ist der Wert $R_1(\omega_j) - \mu_1$ für gewisse ω_j negativ, während er für andere ω_j positiv ist. Entsprechendes gilt für R_2 und μ_2.

Angenommen, die Kurse der beiden Wertpapiere S^1 und S^2 verlaufen tendenziell parallel. Dies ist dann der Fall, wenn die durch die ω_j beschriebenen Marktszenarien einen grundsätzlich gleichartigen Einfluss auf die Kurse ausüben. So wirkt sich eine Erhöhung der Benzinpreise zwar unterschiedlich stark, jedoch in gleicher Weise negativ, auf den Absatz von Automobilen mit Verbrennungsmotoren aus. Eine Senkung der KFZ-Steuer wirkt sich dagegen auf den Automobilabsatz tendenziell positiv aus.

Formaler gilt: Ist für ein Szenario ω_j der Ausdruck $R_1(\omega_j) - \mu_1 < 0$, dann gilt in der Regel auch $R_2(\omega_j) - \mu_2 < 0$. Und ist für ein ω_j der Ausdruck $R_1(\omega_j) - \mu_1 > 0$, dann gilt in der Regel auch $R_2(\omega_j) - \mu_2 > 0$. In jedem dieser beiden Fälle gilt also

$$(R_1(\omega_j) - \mu_1)(R_2(\omega_j) - \mu_2) > 0.$$

Damit ist aber auch die Kovarianz als mit Wahrscheinlichkeiten gewichtete Summe derartiger Terme positiv.

Es gibt jedoch auch die umgekehrte Situation, dass die Kurse eines Wertpapiers tendenziell dann steigen, wenn die des anderen sinken, wie das etwa bei Aktien und Anleihen der Fall ist. In diesem Fall gilt, dass für ein Szenario ω_j der Ausdruck $R_1(\omega_j) - \mu_1$ in der Regel dann negativ ist, wenn für das zweite Wertpapier $R_2(\omega_j) - \mu_2 > 0$ gilt, und umgekehrt. In beiden Fällen erhalten wir

$$\bigl(R_1(\omega_j) - \mu_1\bigr)\bigl(R_2(\omega_j) - \mu_2\bigr) < 0,$$

und damit ist auch die Kovarianz negativ. Eine positive Kovarianz kann also als tendenzieller Gleichlauf zweier Wertpapiere interpretiert werden, während eine negative Kovarianz bedeutet, dass die Kurse tendenziell entgegengesetzt verlaufen.

Die betragsmäßige Größe der Kovarianz hängt jedoch nicht nur vom Gleich- oder Gegenlauf der betreffenden Kurse, sondern auch von der Größenordnung ihrer Renditen ab. Es lässt sich daher beispielsweise im Allgemeinen *nicht* folgern, dass eine große positive Kovarianz auf einen starken Gleichlauf der beiden zugehörigen Wertpapierkurse schließen lässt.

Die Korrelation

Wir werden im Folgenden die Kovarianz geeignet normieren, sodass auf diese Weise ein Maß für die Ausprägung des Gleich- oder Gegenlaufs von Kursrenditen erhalten wird.

Lemma 1.26 *Seien $X, Y : \Omega \to \mathbb{R}$ Zufallsvariablen auf einem endlichen Wahrscheinlichkeitsraum $(\Omega, \mathcal{P}(\Omega), P)$ mit $P(\omega) > 0$ für alle $\omega \in \Omega$. Dann definiert*

$$\langle X, Y \rangle = \mathbf{E}[XY] \tag{1.13}$$

ein Skalarprodukt auf dem Vektorraum der Zufallsvariablen. Dieses Skalarprodukt induziert die Norm

$$\|X\| = \sqrt{\langle X, X \rangle} = \sqrt{\mathbf{E}[X^2]}.$$

Insbesondere gilt für beliebige Zufallsvariablen X und Y die **Cauchy-Schwarzsche Ungleichung**

$$|\langle X, Y \rangle| \leq \|X\| \|Y\| \tag{1.14}$$

und es ist

$$\langle X, Y \rangle = \pm \|X\| \|Y\| \Leftrightarrow \|Y\| X = \pm \|X\| Y, \tag{1.15}$$

also tritt in der Cauchy-Schwarzschen Ungleichung die Gleichheit genau dann auf, wenn X und Y Vielfache voneinander sind.

Beweis Dass (1.13) ein Skalarprodukt definiert, ist leicht zu sehen. Daraus folgt bereits die Cauchy-Schwarzsche Ungleichung (1.14). Denn für $X = 0$ oder $Y = 0$ gilt offenbar $|\langle X, Y \rangle| = 0 = \|X\| \|Y\|$. Andernfalls definieren wir $e = \frac{X}{\|X\|}$ und $f = \frac{Y}{\|Y\|}$. Dann gilt $\|e\| = \|f\| = 1$ und

1.5 Kovarianz und Korrelation

$$0 \leq \|e \pm f\|^2$$
$$= \langle e \pm f, e \pm f \rangle$$
$$= \|e\|^2 \pm 2\langle e, f \rangle + \|f\|^2$$
$$= 2(1 \pm \langle e, f \rangle),$$

also

$$-1 \leq \langle e, f \rangle = \frac{1}{\|X\| \|Y\|} \langle X, Y \rangle \leq 1,$$

und das war zu zeigen. Weiter gilt

$$\| \|Y\| X - \|X\| Y \|^2 = 2 \|X\| \|Y\| (\|X\| \|Y\| - \langle X, Y \rangle),$$

woraus $\langle X, Y \rangle = \|X\| \|Y\| \Leftrightarrow \|Y\| X = \|X\| Y$ folgt. Der Nachweis von (1.15) für die Äquivalenz $\langle X, Y \rangle = -\|X\| \|Y\| \Leftrightarrow \|Y\| X = -\|X\| Y$ folgt analog.

Die Eigenschaft $\|Y\| X = \pm \|X\| Y$ in (1.15) bedeutet, dass X und Y Vielfache voneinander sind. Für $X = Y = 0$ gibt es nichts zu zeigen und für $X \neq 0$ ist $\|Y\| X = \pm \|X\| Y$ äquivalent zu

$$Y = \pm \frac{\|Y\|}{\|X\|} X. \qquad \square$$

Korollar 1.27 *Für Zufallsvariablen X, Y gilt*

$$|\mathbf{Cov}(X, Y)| \leq \sqrt{\mathbf{V}[X]} \sqrt{\mathbf{V}[Y]}.$$

und

$$\mathbf{Cov}(X, Y) = \pm \sqrt{\mathbf{V}[X] \mathbf{V}[Y]} \Leftrightarrow \sqrt{\mathbf{V}[Y]} (X - \mathbf{E}[X]) = \pm \sqrt{\mathbf{V}[X]} (Y - \mathbf{E}[Y]). \qquad (1.16)$$

Beweis Mit (1.14) folgt

$$|\mathbf{Cov}(X, Y)| = |\langle X - \mathbf{E}[X], Y - \mathbf{E}[Y] \rangle|$$
$$\leq \|X - \mathbf{E}[X]\| \|Y - \mathbf{E}[Y]\|$$
$$= \sqrt{\mathbf{V}[X]} \sqrt{\mathbf{V}[Y]}.$$

Die Äquivalenz (1.16) folgt aus (1.15). $\qquad \square$

Für beliebige Renditen R_i und R_j lautet die Cauchy-Schwarzsche Ungleichung mit $\sigma_{ij} = \mathbf{Cov}(R_i, R_j)$ und mit $\sigma_i = \sqrt{\mathbf{V}[R_i]}$

$$|\sigma_{ij}| = |\mathbf{Cov}(R_i, R_j)| \leq \sigma_i \sigma_j. \qquad (1.17)$$

Definition 1.28 Für $\mathbf{V}[X]\mathbf{V}[Y] \neq 0$ wird die Größe

$$\mathbf{Corr}(X, Y) = \frac{\mathbf{Cov}(X, Y)}{\sqrt{\mathbf{V}[X]}\sqrt{\mathbf{V}[Y]}}$$

die **Korrelation** zwischen X und Y genannt. Im Falle $\mathbf{Corr}(X, Y) = 0$ werden X und Y **unkorreliert** genannt.

Für $\mathbf{V}[X]\mathbf{V}[Y] \neq 0$ gilt also

$$-1 \leq \mathbf{Corr}(X, Y) \leq 1. \tag{1.18}$$

Angenommen, für zwei Renditen R_1 und R_2 mit $\sigma_1 \sigma_2 \neq 0$ gilt

$$\mathbf{Corr}(R_1, R_2) = \pm 1,$$

dann folgt aus (1.16)

$$\frac{R_2 - \mu_2}{\sigma_2} = \pm \frac{R_1 - \mu_1}{\sigma_1}.$$

Im Falle von $\mathbf{Corr}(R_1, R_2) = \pm 1$ sind also R_1 und R_2, und dann auch die zukünftigen Kurse S_1^1 und S_1^2 der beiden Wertpapiere, bis auf eine Konstante Vielfache mit positivem bzw. negativem Faktor voneinander. Dies und (1.18) motiviert, den Wert $\mathbf{Corr}(R_1, R_2)$ als Ausmaß des Gleichlaufs zwischen R_1 und R_2 und auch zwischen S^1 und S^2 zu interpretieren.

1.6 Diversifikation

Lemma 1.29 *Angenommen, für ein Portfolio h gilt $V_0(h) > 0$ und $w_i = h^i S_0^i / V_0(h) \geq 0$ für $i = 1, \ldots, N$. Dann folgt*

$$0 \leq \sigma_h \leq \sum_{i=1}^{N} w_i \sigma_i \leq \sigma_{\max},$$

wobei

$$\sigma_{\max} = \max\{\sigma_i \mid i = 1, \ldots, N\}$$

bezeichnet.

Beweis Zunächst gilt mit (1.17) und wegen $w_i \geq 0$ für alle $i = 1, \ldots, N$

1.6 Diversifikation

$$\sigma_h^2 = \sum_{i,j=1}^{N} w_i w_j \, \text{Cov}\,(R_i, R_j)$$

$$\leq \sum_{i,j=1}^{N} w_i w_j \sigma_i \sigma_j$$

$$= \left(\sum_{i=1}^{N} w_i \sigma_i\right)^2,$$

also

$$0 \leq \sigma_h \leq \sum_{i=1}^{N} w_i \sigma_i.$$

Wegen $\sum_{i=1}^{N} w_i = 1$ folgt weiter

$$\sum_{i=1}^{N} w_i \sigma_i \leq \left(\sum_{i=1}^{N} w_i\right) \sigma_{\max} = \sigma_{\max}.$$
$\square$

Seien h_1 und h_2 zwei Portfolios mit $V_0(h_1) > 0$ und $V_0(h_2) > 0$. Mit $V_t(h_1 + h_2) = V_t(h_1) + V_t(h_2)$ für $t = 0, 1$ gilt

$$R_{h_1+h_2} = \frac{V_1(h_1 + h_2) - V_0(h_1 + h_2)}{V_0(h_1 + h_2)}$$

$$= w_1 R_{h_1} + w_2 R_{h_2},$$

wenn $w_1 = \frac{V_0(h_1)}{V_0(h_1)+V_0(h_2)}$ und $w_2 = \frac{V_0(h_2)}{V_0(h_1)+V_0(h_2)}$ definiert wird. Daraus folgt mit Lemma 1.29

$$\sigma_{h_1+h_2} \leq w_1 \sigma_{h_1} + w_2 \sigma_{h_2}.$$

Für $\sigma_{h_1} = \sigma_{h_2} = \sigma$ spezialisiert sich diese Ungleichung zu

$$\sigma_{h_1+h_2} \leq \sigma.$$

Werden also die Portfolios h_1 und h_2 zu $h_1 + h_2$ aggregiert, dann ist das Risiko $\sigma_{h_1+h_2}$ des aggregierten Portfolios nicht größer als das Risiko σ der beiden Ausgangsportfolios.

Die Verringerung des Risikos durch eine Verteilung des anzulegenden Kapitals auf verschiedene Anlageformen wird **Diversifikation** genannt und im Folgenden anhand eines Portfolios, das nur aus zwei Wertpapieren besteht, genauer untersucht.

Portfolios aus zwei Wertpapieren

Wir betrachten zwei Wertpapiere S^1 und S^2 mit den Risiken $\sigma_1 > 0$ und $\sigma_2 > 0$. Für die Varianz σ^2 der Rendite eines Portfolios, das aus diesen beiden Wertpapieren mit nichtnegativen Kapitalanteilen $w_1 = w$ und $w_2 = 1 - w$ besteht, gilt mit $\rho = \mathbf{Corr}(R_1, R_2)$

$$\sigma^2 = (w\sigma_1)^2 + ((1-w)\sigma_2)^2 + 2w(1-w)\sigma_1\sigma_2\rho. \tag{1.19}$$

Für die erwartete Portfoliorendite μ folgt

$$\mu = \mu_2 + w(\mu_1 - \mu_2),$$

wenn μ_1 und μ_2 die erwarteten Renditen der beiden betrachteten Wertpapiere bezeichnen.

Der Fall $\rho = 1$
Für $\rho = 1$ lautet die Varianz des Portfolios

$$\sigma^2 = (w\sigma_1 + (1-w)\sigma_2)^2,$$

d. h.

$$\sigma = \sigma_2 + w(\sigma_1 - \sigma_2).$$

Die Risiken σ_1 und σ_2 der Einzelpapiere addieren sich gewichtet zum Gesamtrisiko des Portfolios. Bei $w = 0$ wird das gesamte Kapital in das zweite Wertpapier S^2 investiert, während bei $w = 1$ alles in S^1 investiert wird. Die Kurve, die im μ-σ-Diagramm durchlaufen wird, wenn w die Werte von 0 bis 1 annimmt, lautet

$$\begin{pmatrix} \sigma \\ \mu \end{pmatrix} = \begin{pmatrix} \sigma_2 \\ \mu_2 \end{pmatrix} + w \begin{pmatrix} \sigma_1 - \sigma_2 \\ \mu_1 - \mu_2 \end{pmatrix}.$$

Dies ist eine Geradengleichung, siehe Abb. 1.7.

Der Fall $\rho = -1$
Für $\rho = -1$ gilt

$$\sigma^2 = (w\sigma_1 - (1-w)\sigma_2)^2.$$

Daraus folgt

$$\begin{aligned}
\sigma &= |w\sigma_1 - (1-w)\sigma_2| \\
&= |-\sigma_2 + w(\sigma_1 + \sigma_2)| \\
&= \begin{cases} \sigma_2 - w(\sigma_1 + \sigma_2) & \left(0 \le w \le \frac{\sigma_2}{\sigma_1 + \sigma_2}\right) \\ -\sigma_2 + w(\sigma_1 + \sigma_2) & \left(\frac{\sigma_2}{\sigma_1 + \sigma_2} \le w \le 1\right). \end{cases}
\end{aligned}$$

1.6 Diversifikation

Abb. 1.7 Diversifikation in Abhängigkeit von der Korrelation zwischen R_1 und R_2

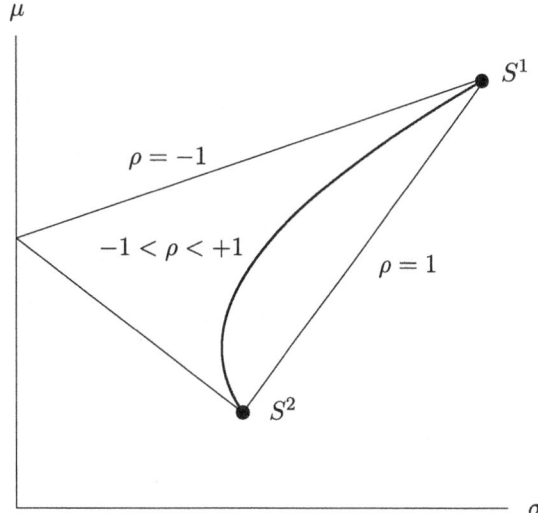

Für $w = \frac{\sigma_2}{\sigma_1+\sigma_2} \in (0, 1)$ gilt $\sigma = 0$, also lässt sich das Portfolio-Risiko durch eine geeignete Mischung der im Portfolio vorhandenen Wertpapiere vollständig ausschließen.

Aber musste die Reduktion des Risikos nicht durch eine entsprechende Reduzierung des erwarteten Ertrags dieses Portfolios erkauft werden? Nein, denn wir wissen nach Satz 1.17, dass die erwartete Rendite des Portfolios zwischen der niedrigsten und der höchsten erwarteten Rendite der Portfoliobestandteile liegt. Mit $\mu_{\min} = \min(\mu_1, \mu_2)$ und $\mu_{\max} = \max(\mu_1, \mu_2)$ gilt für die erwartete Portfoliorendite μ

$$\mu_{\min} \leq \mu \leq \mu_{\max} \text{ für jedes } w \in [0, 1].$$

Auf welcher Kurve werden im Falle $\rho = -1$ die beiden Punkte $\begin{pmatrix} \sigma_2 \\ \mu_2 \end{pmatrix}$ und $\begin{pmatrix} \sigma_1 \\ \mu_1 \end{pmatrix}$ im μ-σ-Diagramm miteinander verbunden, wenn das Kapital von S^2 nach S^1 umgeschichtet wird? Dazu betrachten wir zunächst $0 \leq w \leq \frac{\sigma_2}{\sigma_1+\sigma_2}$. In diesem Fall gilt $\sigma = \sigma_2 - w(\sigma_1 + \sigma_2)$. Zusammen mit $\mu = \mu_2 + w(\mu_1 - \mu_2)$ folgt

$$\begin{pmatrix} \sigma \\ \mu \end{pmatrix} = \begin{pmatrix} \sigma_2 \\ \mu_2 \end{pmatrix} + w \begin{pmatrix} -\sigma_1 - \sigma_2 \\ \mu_1 - \mu_2 \end{pmatrix}.$$

Dies ist eine Geradengleichung, die für $0 \leq w \leq \frac{\sigma_2}{\sigma_1+\sigma_2}$ die Punkte

$$\begin{pmatrix} \sigma_2 \\ \mu_2 \end{pmatrix} \text{ und } \begin{pmatrix} 0 \\ \frac{\sigma_2}{\sigma_1+\sigma_2}\mu_1 + \frac{\sigma_1}{\sigma_1+\sigma_2}\mu_2 \end{pmatrix}$$

miteinander verbindet.

Nun betrachten wir $\frac{\sigma_2}{\sigma_1+\sigma_2} \le w \le 1$. Für diesen Bereich gilt $\sigma = -\sigma_2 + w(\sigma_1 + \sigma_2)$, also
$$\begin{pmatrix} \sigma \\ \mu \end{pmatrix} = \begin{pmatrix} -\sigma_2 \\ \mu_2 \end{pmatrix} + w \begin{pmatrix} \sigma_1 + \sigma_2 \\ \mu_1 - \mu_2 \end{pmatrix}.$$

Dies ist ebenfalls ein Geradenabschnitt, der in diesem Fall die Punkte
$$\begin{pmatrix} 0 \\ \frac{\sigma_2}{\sigma_1+\sigma_2}\mu_1 + \frac{\sigma_1}{\sigma_1+\sigma_2}\mu_2 \end{pmatrix} \text{ und } \begin{pmatrix} \sigma_1 \\ \mu_1 \end{pmatrix}$$

miteinander verbindet. Auch dieser Fall wird in Abb. 1.7 veranschaulicht.

Der Fall $-1 < \rho < 1$
Wir schreiben (1.19) als
$$\sigma^2 = (w\sigma_1 + (1-w)\sigma_2)^2 - 2w(1-w)\sigma_1\sigma_2(1-\rho).$$

Für festes $-1 < \rho < 1$ und für $0 < w < 1$ gilt $2w(1-w)\sigma_1\sigma_2(1-\rho) > 0$, also
$$\sigma < w\sigma_1 + (1-w)\sigma_2.$$

Zu gegebenem $w \in [0, 1]$ ist die erwartete Portfoliorendite unabhängig von der Korrelation der Portfoliobestandteile und besitzt den Wert
$$\mu = w\mu_1 + (1-w)\mu_2.$$

Das bedeutet, dass die Kurve, die $\begin{pmatrix} \sigma_1 \\ \mu_1 \end{pmatrix}$ und $\begin{pmatrix} \sigma_2 \\ \mu_2 \end{pmatrix}$ in Abhängigkeit von w miteinander verbindet, *links von der Verbindungsgeraden* durch diese beiden Punkte liegt, siehe wiederum Abb. 1.7. Dies formalisiert den Effekt der **Diversifikation,** der darin besteht, dass durch eine Mischung das Portfoliorisiko reduziert werden kann, ohne in gleichem Ausmaß die erwartete Portfoliorendite zu verringern. Ein maximaler Diversifikationseffekt tritt bei einem Korrelationskoeffizienten von $\rho = -1$ auf. Nur in diesem Grenzfall ist die Reduktion des Portfoliorisikos auf null möglich. Bei einer Korrelation von $\rho = +1$ lässt sich dagegen kein Diversifikationseffekt erzielen. Die Korrelationskoeffizienten realer Portfolios liegen zwischen diesen beiden Extremwerten, und der Diversifikationseffekt ist umso ausgeprägter, je kleiner ρ ist.

1.7 Allgemeine Portfolios

Das globale Minimum-Varianz-Portfolio

Sei (S_0, S_1, P) ein Marktmodell und sei $w = (w_1, \ldots, w_N)$ ein Vektor von Portfoliogewichten mit

$$\sum_{i=1}^{N} w_i = \langle w, e \rangle = 1,$$

wobei $e = (1, \ldots, 1)$ definiert wurde. Bezeichnet C die Kovarianzmatrix der Renditen der Finanzinstrumente des Modells, dann ist die Varianz eines Portfolios mit Gewichtsvektor w gegeben durch $\langle w, Cw \rangle$. Zur Bestimmung des Portfolios mit der kleinsten Varianz setzen wir voraus, dass C positiv definit ist und betrachten die Lagrange-Funktion[1] $\mathcal{L} : \mathbb{R}^N \to \mathbb{R}$, gegeben durch

$$\mathcal{L}(x, \lambda) = \langle x, Cx \rangle + \lambda (1 - \langle x, e \rangle).$$

Dann gilt $\frac{\partial \mathcal{L}}{\partial \lambda}(x, \lambda) = 1 - \langle x, e \rangle$. Mit $e_i = (0, \ldots, \underset{i}{1}, \ldots, 0)$ gilt weiter

$$\langle x + he_i, C(x + he_i) \rangle = \langle x, Cx \rangle + 2h \langle e_i, Cx \rangle + h^2 \langle e_i, Ce_i \rangle,$$

und daher sind die übrigen partiellen Ableitungen der Lagrange-Funktion gegeben durch

$$\frac{\partial \mathcal{L}}{\partial x_i}(x, \lambda) = 2 \langle e_i, Cx \rangle - \lambda \frac{\partial}{\partial x_i} \langle x, e \rangle = 2(Cx)_i - \lambda.$$

An der Stelle $x = \frac{\lambda}{2} C^{-1} e$ gilt $\frac{\partial \mathcal{L}}{\partial x_i}(x, \lambda) = 0$ für alle $i = 1, \ldots, N$, und der Vektor

$$w = \frac{C^{-1} e}{\langle e, C^{-1} e \rangle} \qquad (1.20)$$

erfüllt zusätzlich die Randbedingung $\langle w, e \rangle = 1$. Das Portfolio mit der geringsten Varianz, das sogenannte **globale Minimum-Varianz-Portfolio**, ist daher charakterisiert durch die Portfoliogewichte (1.20), und der Ertrag μ_g und das Risiko σ_g dieses Portfolios sind mit $\mu = (\mu_1, \ldots, \mu_N)$ gegeben durch

$$\mu_g = \langle w, \mu \rangle = \frac{\langle \mu, C^{-1} e \rangle}{\langle e, C^{-1} e \rangle}, \qquad (1.21)$$

$$\sigma_g = \sqrt{\langle w, Cw \rangle} = \frac{1}{\sqrt{\langle e, C^{-1} e \rangle}}.$$

---

[1] Die Darstellung der Bestimmung von Extrema unter Nebenbedingungen mithilfe Lagranger Multiplikatoren findet sich in jedem Lehrbuch über mehrdimensionale Analysis, beispielsweise in Marsden/Tromba [20].

Markowitz-Kurven

Sei
$$H = \{x \in \mathbb{R}^N \mid \langle x, e \rangle = 1\}$$

die Hyperebene der Portfoliogewichte und sei $w : \mathbb{R} \to H$ eine Kurve mit Werten in H. Für $t \in \mathbb{R}$ haben die Komponenten von $w(t) = (w_1(t), \ldots, w_N(t))$ also die Eigenschaft

$$\sum_{i=1}^{N} w_i(t) = \langle w(t), e \rangle = 1. \tag{1.22}$$

Für die erwartete Rendite $m(t)$ und für das Risiko $s(t)$ eines Portfolios mit Gewichten $w(t)$ gilt

$$m(t) = \langle w(t), \mu \rangle$$
$$s(t) = \sqrt{\langle w(t), Cw(t) \rangle}.$$

Werden insbesondere Geraden in H betrachtet,

$$w(t) = ut + v \quad \left(u, v \in \mathbb{R}^N\right), \tag{1.23}$$

dann folgen aus (1.22) die Bedingungen $1 = \langle u, e \rangle t + \langle v, e \rangle$ für alle t, also

$$\sum_{i=1}^{N} u_i = \langle u, e \rangle = 0, \quad \sum_{i=1}^{N} v_i = \langle v, e \rangle = 1. \tag{1.24}$$

Weiter gilt für die erwartete Rendite $m(t)$ eines Portfolios mit Gewichten $w(t) = ut + v$

$$m(t) = \langle w(t), \mu \rangle \tag{1.25}$$
$$= \langle u, \mu \rangle t + \langle v, \mu \rangle$$
$$= a_1 t + a_0,$$

wobei

$$a_1 = \langle u, \mu \rangle, \quad a_0 = \langle v, \mu \rangle \tag{1.26}$$

definiert wurde. Für die Varianz $s^2(t)$ des Portfolios mit Gewichten $w(t)$ gilt

$$s^2(t) = \langle w(t), Cw(t) \rangle \tag{1.27}$$
$$= \langle u, Cu \rangle t^2 + 2 \langle u, Cv \rangle t + \langle v, Cv \rangle$$
$$= b_2 t^2 + 2 b_1 t + b_0,$$

1.7 Allgemeine Portfolios

wobei
$$b_2 = \langle u, Cu \rangle, \quad b_1 = \langle u, Cv \rangle, \quad b_0 = \langle v, Cv \rangle \tag{1.28}$$
definiert wurde.

Definition 1.30 Sei $w(t) = ut + v$ eine Gerade in der Hyperebene der Portfoliogewichte. Seien weiter $m(t)$ durch (1.25) und $s^2(t)$ durch (1.27) gegeben. Nach Roman, [22], wird die Abbildung $\gamma : \mathbb{R} \to \mathbb{R}^2$, gegeben durch

$$\gamma(t) = (s(t), m(t)),$$

eine **Markowitz-Kurve** genannt.

Sei
$$w(t) = ut + v$$
eine Kurve in H. Für $a_1 \neq 0$ folgt aus (1.25)

$$t = \frac{m - a_0}{a_1},$$

und wird dies in (1.27) eingesetzt, dann erhalten wir den Zusammenhang

$$s^2(m) = b_2 \left(\frac{m - a_0}{a_1} \right)^2 + 2b_1 \frac{m - a_0}{a_1} + b_0$$

zwischen m und s^2. Während s^2 als Funktion von m eine Parabel ist, ist

$$s(m) = \sqrt{b_2 \left(\frac{m - a_0}{a_1} \right)^2 + 2b_1 \frac{m - a_0}{a_1} + b_0}$$

asymptotisch linear, d. h., es gilt

$$s(m) = \frac{\sqrt{b_2}}{|a_1|} |m| + o(m).$$

In Abb. 1.8 wird eine Kurve $m \mapsto (s(m), m)$ veranschaulicht.

Opportunitätsbereich und Effizienzlinie

In realen Märkten treten Korrelationen zwischen den Renditen verschiedener Wertpapiere mit den Werten -1 oder $+1$ nicht auf. Daher lässt sich das Risiko eines Portfolios, das aus risikobehafteten Bestandteilen besteht, in der Praxis nicht bis auf den Wert Null herunterdrücken.

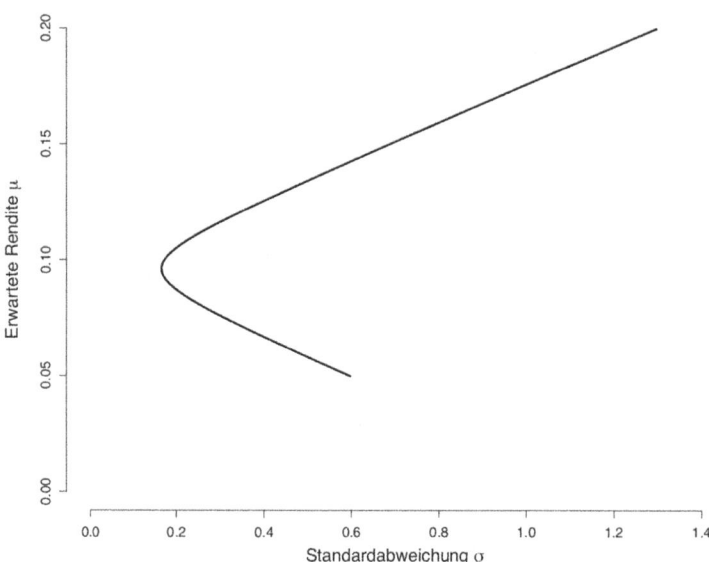

Abb. 1.8 Markowitz-Kurve im μ-σ-Diagramm

Vorausgesetzt sei eine Menge risikobehafteter Wertpapiere mit bekannten erwarteten Renditen μ_i, Volatilitäten σ_i und Korrelationen $-1 < \rho_{ij} < 1$, $1 \leq i, j \leq N$, $i \neq j$, aus denen Portfolios mit nicht-negativen Gewichten gebildet werden. Jedes Portfolio lässt sich als Punkt im μ-σ-Diagramm darstellen, und die Menge aller Punkte, die sich auf diese Weise in der (σ, μ)-Ebene realisieren lassen, wird **Opportunitätsbereich** genannt und lässt sich so, wie in Abb. 1.9 dargestellt, skizzieren. Er wird aufgrund seiner Form auch „Regenschirm" genannt. Der Punkt G repräsentiert das globale Minimum-Varianz-Portfolio. Der Opportunitätsbereich besitzt folgende Eigenschaften:

1. Wenn es wenigstens drei Wertpapiere im betrachteten Marktmodell gibt, deren zugehörige Punkte im μ-σ-Diagramm nicht auf einer Geraden liegen, dann ist der Opportunitätsbereich ein „ausgefüllter" Bereich der μ-σ-Ebene. Die Begründung erfolgt anhand von Abb. 1.10. Drei der betrachteten Wertpapiere werden im μ-σ-Diagramm durch die Punkte A, B und C repräsentiert. Wir wissen, dass je zwei Wertpapiere durch eine linksgekrümmte Linie miteinander verbunden sind, wenn Portfolios aus diesen beiden Wertpapieren gebildet werden, deren Kapitalanteile von dem einen zu dem anderen Finanzinstrument stetig umgeschichtet werden. So entstehen Portfolios, die, wie der Punkt D, zwischen den Wertpapieren B und C im μ-σ-Diagramm liegen. Jedes Portfolio D kann wiederum mit dem Portfolio A gemischt werden. Variiert das Portfolio D von B nach C, dann überstreichen die Verbindungen AD den gesamten Bereich ABC.
2. Der Opportunitätsbereich ist linkskonvex. Dies bedeutet, dass der Geradenabschnitt, der zwei beliebige innere Punkte des Opportunitätsbereichs miteinander verbindet, den

1.7 Allgemeine Portfolios

Abb. 1.9 „Regenschirm"

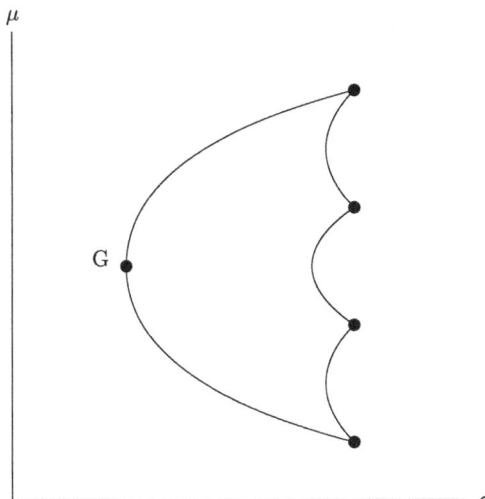

linken Rand des Opportunitätsbereichs nicht schneidet. Diese Situation liegt vor, weil alle Portfolios, die mit nicht-negativen Gewichten aus zwei beliebigen anderen Portfolios mit $-1 < \rho < 1$ gebildet werden, links von ihrer Verbindungsgeraden im μ-σ-Diagramm liegen.

Abb. 1.10 Die Menge aller realisierbaren Portfolios liegt dicht in der μ-σ-Ebene

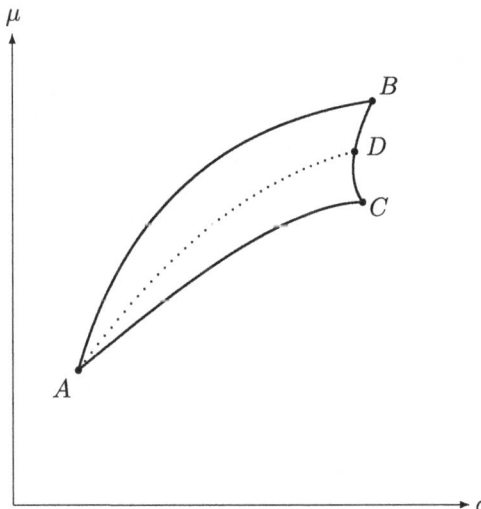

Abb. 1.11 globales Minimum-Varianz-Portfolio und Effizienzlinie

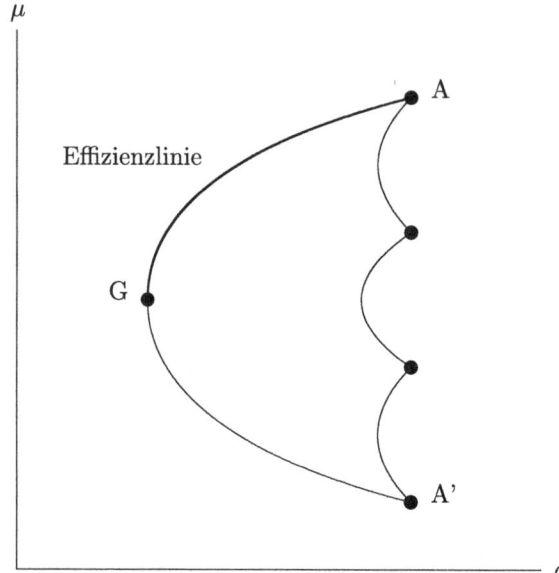

Wir betrachten wiederum den Opportunitätsbereich, der in Abb. 1.11 dargestellt ist. Das globale Minimum-Varianz-Portfolio G zerlegt die Randkurve $A'GA$ der Menge der realisierbaren Portfolios in zwei Teile, $A'G$ und GA.

Die vom Punkt G bis zum Punkt A verlaufende Kurve wird **Effizienzlinie** genannt und repräsentiert diejenigen Portfolios, die bei vorgegebenem Risiko $\sigma \geq \sigma_g$ den größten Ertrag μ aufweisen. Die untere Kurve $A'G$ besteht aus den besonders unvorteilhaften Portfolios mit kleinstmöglichem Ertrag bei vorgegebenem Risiko.

Die Effizienzlinie kann auch durch die Menge aller Portfolios charakterisiert werden, die bei vorgegebenem Ertrag $\mu \geq \mu_g$ das kleinste Risiko σ besitzen.

Satz 1.31 *Sei (S_0, S_1, P) ein Marktmodell mit positiv definiter Kovarianzmatrix C. Für eine vorgegebene erwartete Rendite m sind die Gewichte w des Portfolios mit minimalem Risiko gegeben durch*

$$w = \frac{c - mb}{ac - b^2} C^{-1} e + \frac{ma - b}{ac - b^2} C^{-1} \mu, \tag{1.29}$$

wobei

$$a = \langle e, C^{-1} e \rangle, \quad b = \langle \mu, C^{-1} e \rangle, \quad c = \langle \mu, C^{-1} \mu \rangle \tag{1.30}$$

definiert wurde und wobei $ac - b^2 \neq 0$ vorausgesetzt wird.

1.7 Allgemeine Portfolios

Beweis Seien m eine vorgegebene reelle Zahl und $\mu = (\mu_1, \ldots, \mu_N)$ der Vektor der erwarteten Renditen der Finanzinstrumente des Modells, dann lautet die Lagrange-Funktion des Problems

$$\mathcal{L}(x, \lambda_1, \lambda_2) = \langle x, Cx \rangle + \lambda_1 (1 - \langle x, e \rangle) + \lambda_2 (m - \langle x, \mu \rangle).$$

Analog zur Bestimmung der Gewichte des globalen Minimum-Varianz-Portfolios gilt mit $\nabla = \left(\frac{\partial}{\partial x_1}, \ldots, \frac{\partial}{\partial x_N}\right)$

$$\nabla \mathcal{L}(x, \lambda_1, \lambda_2) = 2Cx - \lambda_1 e - \lambda_2 \mu,$$
$$\frac{\partial \mathcal{L}}{\partial \lambda_1}(x, \lambda_1, \lambda_2) = 1 - \langle x, e \rangle,$$
$$\frac{\partial \mathcal{L}}{\partial \lambda_2}(x, \lambda_1, \lambda_2) = m - \langle x, \mu \rangle.$$

Für die Nullstelle w der partiellen Ableitungen folgt mit $\alpha = \lambda_1/2$ und $\beta = \lambda_2/2$

$$w = \alpha C^{-1} e + \beta C^{-1} \mu$$

sowie

$$1 = \langle w, e \rangle = \alpha \langle e, C^{-1} e \rangle + \beta \langle e, C^{-1} \mu \rangle \tag{1.31}$$
$$m = \langle w, \mu \rangle = \alpha \langle \mu, C^{-1} e \rangle + \beta \langle \mu, C^{-1} \mu \rangle.$$

Unter Verwendung der Symmetrie von C^{-1} folgt $\langle e, C^{-1} \mu \rangle = \langle \mu, C^{-1} e \rangle$ und das Gleichungssystems (1.31) lässt sich schreiben als

$$1 = \alpha a + \beta b$$
$$m = \alpha b + \beta c,$$

wobei $a = \langle e, C^{-1} e \rangle$, $b = \langle e, C^{-1} \mu \rangle = \langle \mu, C^{-1} e \rangle$ und $c = \langle \mu, C^{-1} \mu \rangle$ definiert wurde. Für $ac - b^2 \neq 0$ ist die Lösung eindeutig bestimmt und gegeben durch

$$\alpha = \frac{c - mb}{ac - b^2}, \quad \beta = \frac{ma - b}{ac - b^2},$$

was zu zeigen war. □

Satz 1.32 *Sei (S_0, S_1, P) ein Marktmodell mit positiv definiter Kovarianzmatrix C. Mit*

$$a = \langle e, C^{-1} e \rangle, \quad b = \langle \mu, C^{-1} e \rangle, \quad c = \langle \mu, C^{-1} \mu \rangle$$

und unter der Voraussetzung $ac - b^2 \neq 0$ seien die Vektoren u und v definiert durch

$$u = \frac{1}{ac - b^2}\left(aC^{-1}\mu - bC^{-1}e\right), \quad v = \frac{1}{ac - b^2}\left(cC^{-1}e - bC^{-1}\mu\right).$$

Mit

$$w(m) = um + v$$

gilt für jedes m

$$\langle w(m), e \rangle = 1,$$

also ist w eine Gerade in der Hyperebene der Portfoliogewichte. Weiter gilt für den Ertrag eines Portfolios mit Gewichtsvektor $w(m)$

$$\langle w(m), \mu \rangle = m$$

und die minimale Portfoliovarianz $s^2(m)$ aller Portfolios mit Ertrag m ist gegeben durch

$$s^2(m) = \langle u, Cu \rangle m^2 + 2\langle u, Cv \rangle m + \langle v, Cv \rangle \qquad (1.32)$$
$$= \frac{m^2 a - 2mb + c}{ac - b^2}.$$

Zu gegebenem Ertrag m ist das minimale Portfoliorisiko also gegeben durch $s(m)$, und die Abbildung $m \mapsto (s(m), m)$ ist eine Markowitz-Kurve.

Bezeichnet

$$\mu_g = \frac{b}{a}$$

die in (1.21) definierte Rendite des globalen Minimum-Varianz-Portfolios, dann ist die Effizienzlinie des Modells gegeben durch die Punktmenge

$$(s(m), m) \quad (m \geq \mu_g).$$

Beweis Sei $m \in \mathbb{R}$ beliebig vorgegeben. Dann ist der Gewichtsvektor w eines Portfolios mit erwarteter Rendite m und mit minimalem Risiko

$$s(m) = \sqrt{\langle w(m), Cw(m) \rangle}$$

gegeben durch (1.29),

$$w = \frac{c - mb}{ac - b^2}C^{-1}e + \frac{ma - b}{ac - b^2}C^{-1}\mu,$$

mit durch (1.30) gegebenen Koeffizienten a, b und c.

w lässt sich schreiben als

$$w = um + v$$

mit

$$u = \frac{1}{ac - b^2}\left(aC^{-1}\mu - bC^{-1}e\right), \quad v = \frac{1}{ac - b^2}\left(cC^{-1}e - bC^{-1}\mu\right).$$

Da w ein Gewichtsvektor ist, gilt

$$\langle w(m), e \rangle = 1,$$

und da die erwartete Rendite eines Portfolios mit Gewichtsvektor $w(m)$ gerade m ist, gilt

$$\langle w(m), \mu \rangle = m.$$

Damit ist die Abbildung $m \mapsto (s(m), m)$ eine Markowitz-Kurve, deren Bild die Effizienzlinie enthält. Schließlich gilt

$$\begin{aligned} s^2(m) &= \langle w(m), Cw(m) \rangle \\ &= \langle um + v, C(um+v) \rangle \\ &= \langle u, Cu \rangle m^2 + 2 \langle u, Cv \rangle m + \langle v, Cv \rangle, \end{aligned}$$

woraus die erste Zeile von (1.32) folgt. Die zweite Zeile von (1.32) folgt mit (1.29) nach Einsetzen und Zusammenfassung, denn es gilt

$$\begin{aligned} s^2(m) &= \langle w, Cw \rangle \\ &= \frac{1}{ac-b^2}((c-mb) + m(ma-b)) \\ &= \frac{c - 2mb + m^2 a}{ac - b^2}. \end{aligned}$$
□

1.8 Die klassische Darstellung des CAPM

In diesem Abschnitt wird das Capital Asset Pricing Model (CAPM) dargestellt. Wird zu einem Spektrum risikobehafteter Wertpapiere eine festverzinsliche Kapitalanlage hinzugefügt, dann lassen sich optimale Portfolios leicht charakterisieren. Nach dem CAPM befinden sich diese auf der Kapitalmarktlinie, die als Gerade im μ-σ-Diagramm repräsentiert werden kann.

Einbeziehung einer festverzinslichen Kapitalanlage in ein Portfolio

Bisher haben wir nur Portfolios aus risikobehafteten Wertpapieren betrachtet. Wir haben gesehen, dass die Menge aller durch Mischung entstehenden Portfolios einen Opportunitätsbereich bildet, dessen oberer Rand, die Effizienzlinie, diejenigen Portfolios enthält, die bei vorgegebenem Risiko die höchste erwartete Rendite erzielen. Alternativ kann die Effizienzlinie als die Menge aller Portfolios charakterisiert werden, die bei vorgegebenem Ertrag das geringste Risiko besitzen. Nun wird zusätzlich ein festverzinsliches Wertpapier in die Menge der Anlagemöglichkeiten aufgenommen. Wir werden sehen, dass sich der Opportunitätsbereich aller möglichen Portfolios nach Hinzunahme einer derartigen Kapitalanlage zu einem „Fächer" verändert und dass die Effizienzlinie zu einer Halbgeraden, der **Kapitalmarktlinie,** wird.

Betrachten wir also ein beliebiges Portfolio A und ein festverzinsliches Wertpapier B. Die Tatsache, dass B festverzinslich ist, bedeutet, dass die Rendite R_B von B für jeden Zustand $\omega \in \Omega$ den gleichen Wert $r > -1$ besitzt, dass also

$$R_B(\omega) = \frac{B_1(\omega) - B_0}{B_0} = r$$

gilt. Daraus folgt $\mathbf{V}[R_B] = 0$, und B heißt daher auch **risikolose Kapitalanlage.** Entsprechend wird r auch als **risikoloser Zins** bezeichnet. Aus einer Mischung der Anlage B mit einem Portfolio A werden nun neue Portfolios gebildet. Wir wissen, dass sich die Rendite R_w dieser Portfolios als gewichtete Summe der Renditen von A und B darstellen lässt,

$$R_w = w R_A + (1-w)r.$$

Im Falle von $w > 1$ wird Kapital zum risikolosen Zinssatz geliehen und in A investiert. Mit $\mathbf{E}[R_w] = \mu_w$, $\mathbf{V}[R_w] = \sigma_w^2$, $\mathbf{E}[R_A] = \mu_A$ und $\mathbf{V}[R_A] = \sigma_A^2$ folgt

$$\mu_w = r + w(\mu_A - r)$$

sowie

$$\sigma_w^2 = w^2 \sigma_A^2,$$

denn es gilt $\mathbf{V}[r] = 0$ und $\mathbf{Cov}(R_A, r) = 0$. Für $w \geq 0$ erhalten wir also

$$\sigma_w = w \sigma_A$$

und damit eine Geradengleichung,

$$\begin{pmatrix} \sigma_w \\ \mu_w \end{pmatrix} = \begin{pmatrix} 0 \\ r \end{pmatrix} + w \begin{pmatrix} \sigma_A \\ \mu_A - r \end{pmatrix}, \qquad (1.33)$$

die das Portfolio $\begin{pmatrix} 0 \\ r \end{pmatrix}$ für $w = 0$ mit $\begin{pmatrix} \sigma_A \\ \mu_A \end{pmatrix}$ für $w = 1$ verbindet. Wird die erwartete Rendite μ_w als Funktion des Risikos σ_w geschrieben, dann folgt

$$\mu_w = r + \frac{\mu_A - r}{\sigma_A} \sigma_w. \qquad (1.34)$$

Der Ausdruck $(\mu_A - r)/\sigma_A$ kennzeichnet die Steigung der Geraden (1.33). Nach Gl. (1.34) hängt die **Risikoprämie** $\mu_w - r$ linear vom dafür einzugehenden Risiko σ_w ab:

1.8 Die klassische Darstellung des CAPM

$$\mu_w - r = \frac{\mu_A - r}{\sigma_A}\sigma_w$$

bzw.
$$\frac{\mu_w - r}{\sigma_w} = \frac{\mu_A - r}{\sigma_A}. \tag{1.35}$$

Wir bezeichnen das Verhältnis $\frac{\mu_A - r}{\sigma_A}$ von Risikoprämie $\mu_A - r$ zu Risiko σ_A einer Kapitalanlage A als **relative Risikoprämie** von A.

Legen wir im μ-σ-Diagramm durch jedes risikobehaftete Portfolio des Opportunitätsbereichs die Halbgerade, die bei der sich auf der μ-Achse befindenden risikolosen Geldanlage beginnt, dann erhalten wir die Menge aller realisierbaren Portfolios. Auch Portfolios, die sich auf einer Halbgeraden „rechts" vom jeweiligen risikobehafteten Portfolio befinden, sind mögliche Kapitalanlagen. Zur Realisierung wird ein Darlehen zum risikolosen Zinssatz r aufgenommen und der Kreditbetrag wird in das risikobehaftete Portfolio investiert.

Die realisierbaren Portfolios bilden geometrisch einen „Fächer" im μ-σ-Diagramm.

Die Kapitalmarktlinie

Wir versuchen nun, ein möglichst „gutes" Portfolio aus riskanten Anlagetiteln zu finden, das für die Mischung mit der risikolosen Anlage verwendet werden sollte.

Betrachten wir Abb. 1.12, dann sehen wir, dass das sich auf der Effizienzlinie befindende Portfolio M tatsächlich besonders günstig ist. Denn es gibt zu jedem beliebigen Portfolio A ein Portfolio P, das aus einer Kombination der risikolosen Anlage B mit M gebildet werden kann, welches das gleiche Risiko wie A besitzt, aber einen höheren Ertrag aufweist. Das Portfolio M ist im μ-σ-Diagramm der Berührpunkt einer von der risikolosen Anlage ausgehenden Halbgeraden mit der Effizienzlinie. Wir finden M, indem wir unter allen Portfolios $A = (\sigma_A, \mu_A)$ dasjenige auswählen, dessen Verbindungsgrade mit $B = (0, r)$ die höchste Steigung $(\mu_A - r)/\sigma_A$ besitzt. Dieses Portfolio M wird **Marktportfolio** genannt, und die auf diese Weise ausgezeichnete, durch B und M verlaufende Halbgerade heißt **Kapitalmarktlinie**. Die Steigung der Kapitalmarktlinie $(\mu_M - r)/\sigma_M$ wird in der Portfoliotheorie als **Marktpreis des Risikos** bezeichnet. Der Marktpreis des Risikos ist die maximale relative Risikoprämie, die im beschriebenen Markt realisierbar ist. Die Kapitalmarktlinie ist die Effizienzlinie für den Fall, dass zusätzlich zu riskanten Wertpapieren auch eine risikolose Anlage in das Anlagespektrum einbezogen wird. Da sich alle Portfolios auf der Kapitalmarktlinie durch eine Kombination der risikolosen Anlage mit dem Marktportfolio M bilden lassen, ist es im Rahmen der Portfoliotheorie nicht sinnvoll, in andere riskante Anlagen als in M zu investieren, denn jedes beliebige Portfolio kann durch eine geeignete Investition in die risikolose Anlage und in M dominiert werden, siehe Abb. 1.12. Diese Aussage ist als **Two Fund Theorem** bekannt.

Angenommen, alle Anleger handelten nach den hier vorgestellten Prämissen und alle Anleger stimmten in ihren Einschätzungen über die erwarteten Renditen, Varianzen und

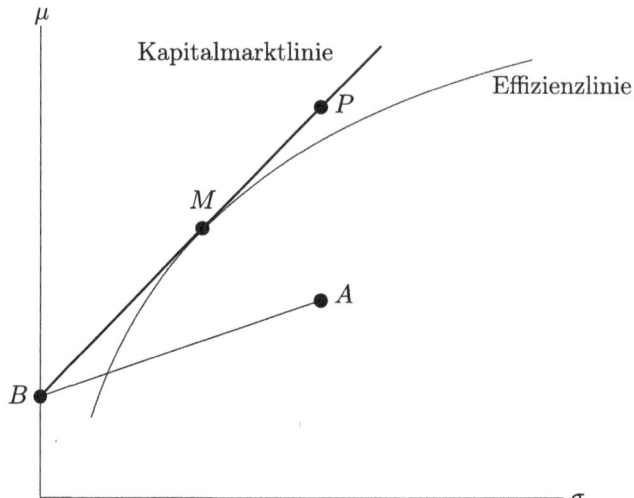

Abb. 1.12 Die Kapitalmarktlinie, die die risikolose Anlage B mit M verbindet, besitzt eine größere Steigung als jede Verbindungsgerade von B zu einem beliebigen Portfolio A im Inneren des Opportunitätsbereichs

Korrelationen der Wertpapiere überein. Dann wäre für alle Marktteilnehmer das Portfolio M identisch und alle investierten in eine geeignete Mischung von risikoloser Anlage und M. Für welche Portfoliomischung sich ein Investor entscheidet, hängt von seiner Risikoneigung ab. Entscheidend ist aber, dass die Optimallösungen sämtlicher Marktteilnehmer auf der Kapitalmarktlinie liegen.

Das, was für beliebige Halbgeraden des „Fächers" im μ-σ-Diagramm gilt, das gilt insbesondere auch für die Kapitalmarktlinie: Auch Portfolios, die sich auf der Kapitalmarktlinie „rechts" vom Marktportfolio M befinden, sind mögliche Kapitalanlagen, wie etwa das in Abb. 1.12 dargestellte Portfolio P. Zur Realisierung wird ein Darlehen zum risikolosen Zinssatz r aufgenommen und der Kreditbetrag wird in M investiert. Die Renditen der auf diese Weise entstehenden Portfolios lauten dann

$$R_w = wR_M + (1-w)r$$

mit $w > 1$, und für die erwarteten Renditen und für die Risiken folgt unter dieser Voraussetzung

$$\mu_w = w\mu_M + (1-w)r = \mu_M + (w-1)(\mu_M - r) > \mu_M$$
$$\sigma_w = w\sigma_M > \sigma_M,$$

wobei $\mu_M > r$ und $\sigma_M > 0$ angenommen wurde. Wie lässt sich das Portfolio M interpretieren? Wenn alle Investoren nur in die risikolose Anlage und in M investierten, dann wäre

1.8 Die klassische Darstellung des CAPM

M offenbar der Gesamtmarkt, also das Portfolio aller in Umlauf befindlichen Wertpapiere, während die Rendite dieses Portfolios die gewichtete Summe aller Wertpapierrenditen wäre, wobei die Gewichte gerade den Marktkapitalisierungen der jeweiligen Anlagen entsprächen. Jeder Investor würde in einen Bruchteil dieses Gesamtmarktportfolios investieren, nicht aber in einzelne Wertpapiere oder ausgewählte Portfolios. In der Praxis wird das Marktportfolio in der Regel durch einen Index, etwa durch den DAX für den deutschen Aktienmarkt, ersetzt.

Die Bestimmung des Marktportfolios

Das Marktportfolio $M = (\sigma_M, \mu_M)$ wurde als dasjenige Portfolio charakterisiert, dessen Verbindungsgerade mit der risikolosen Anlage $B = (0, r)$ die höchste Steigung $(\mu_M - r)/\sigma_M$ besitzt. Befinden sich im betrachteten Markt N Wertpapiere mit erwarteten Renditen μ_i, Risiken σ_i und Kovarianzen C_{ij}, $i, j = 1, \ldots, N$, dann ist das Maximum der Funktion

$$f(w) = \frac{\langle w, \mu - r \rangle}{\langle w, Cw \rangle^{\frac{1}{2}}}$$

für $\mu = (\mu_1, \ldots, \mu_N)$ und $w = (w_1, \ldots, w_N)$ mit $\sum_{i=1}^{N} w_i = 1$ zu bestimmen, wobei $\mu - r = \mu - re$ gelten möge mit $e = (1, \ldots, 1)$. Weiter wird vorausgesetzt, dass C positiv definit und damit regulär ist. Wegen $f(\lambda w) = f(w)$ für alle $\lambda > 0$ spielt die Nebenbedingung $\sum_{i=1}^{N} w_i = 1$ bei der Suche des Maximums keine Rolle. Die partiellen Ableitungen von f lauten

$$\frac{\partial f}{\partial w_i} = \frac{\mu_i - r}{\langle w, Cw \rangle^{\frac{1}{2}}} - \langle w, \mu - r \rangle \langle w, Cw \rangle^{-\frac{3}{2}} (Cw)_i ,$$

also

$$\nabla f(w) = \frac{\mu - r}{\langle w, Cw \rangle^{\frac{1}{2}}} - \langle w, \mu - r \rangle \langle w, Cw \rangle^{-\frac{3}{2}} Cw,$$

und die Bedingung $\nabla f(w) = 0$ führt zu

$$\frac{\langle w, \mu - r \rangle}{\langle w, Cw \rangle} Cw = \mu - r. \qquad (1.36)$$

Sei x die eindeutig bestimmte Lösung des Gleichungssystems

$$Cx = \mu - r,$$

dann wird (1.36) von allen λx, $\lambda \neq 0$, erfüllt. Unter der Voraussetzung $\langle e, C^{-1}(\mu - r) \rangle \neq 0$ erfüllt insbesondere

$$w_M = \frac{C^{-1}(\mu - r)}{\langle e, C^{-1}(\mu - r) \rangle} \qquad (1.37)$$

die Gl. (1.36) und es gilt

Damit folgen für die erwartete Rendite μ_M und für das Risiko σ_M des Marktportfolios die Ausdrücke

$$\mu_M = \langle w_M, \mu \rangle = \frac{\langle \mu, C^{-1}(\mu - r) \rangle}{\langle e, C^{-1}(\mu - r) \rangle} \tag{1.38}$$

$$\sigma_M = \sqrt{\langle w_M, Cw_M \rangle} = \frac{\sqrt{\langle \mu - r, C^{-1}(\mu - r) \rangle}}{|\langle e, C^{-1}(\mu - r) \rangle|}.$$

Capital Asset Pricing Model und Wertpapierlinie

Aus (1.37) folgt

$$\mu = \langle e, C^{-1}(\mu - r) \rangle Cw_M + r. \tag{1.39}$$

Die erwartete Rendite μ_M des Marktportfolios lässt sich damit auch schreiben als

$$\begin{aligned}\mu_M &= \langle w_M, \mu \rangle \\ &= \langle e, C^{-1}(\mu - r) \rangle \langle w_M, Cw_M \rangle + r \langle w_M, e \rangle \\ &= \langle e, C^{-1}(\mu - r) \rangle \sigma_M^2 + r.\end{aligned} \tag{1.40}$$

Nun berechnen wir vorbereitend

$$\begin{aligned}\langle Cw_M, e_i \rangle &= (Cw_M)_i \\ &= \sum_{j=1}^{N} C_{ij} w_{M,j} \\ &= \sum_{j=1}^{N} \mathbf{Cov}(R_i, R_j) w_{M,j} \\ &= \mathbf{Cov}\left(R_i, \sum_{j=1}^{N} w_{M,j} R_j\right) \\ &= \mathbf{Cov}(R_i, R_M).\end{aligned}$$

Für die erwartete Rendite μ_i des i-ten Finanzinstruments des Modells erhalten wir damit und mit (1.39)

1.8 Die klassische Darstellung des CAPM

$$\mu_i = \langle \mu, e_i \rangle \quad (1.41)$$
$$= \langle e, C^{-1}(\mu - r) \rangle \langle Cw_M, e_i \rangle + r \langle e, e_i \rangle$$
$$= \langle e, C^{-1}(\mu - r) \rangle \mathbf{Cov}(R_i, R_M) + r.$$

Aus (1.40) und (1.41) folgt

$$\mu_i = \frac{\mu_M - r}{\sigma_M^2} \mathbf{Cov}(R_i, R_M) + r$$
$$= \beta_i(\mu_M - r) + r$$

oder

$$\mu_i - r = \beta_i(\mu_M - r), \quad (1.42)$$

wobei

$$\beta_i = \frac{\mathbf{Cov}(R_i, R_M)}{\sigma_M^2}$$

das Beta des i-ten Wertpapiers relativ zum Marktportfolio bezeichnet, siehe (1.12). Dies ist die Grundform der **CAPM-Renditegleichung**. Die Risikoprämie $\mu_i - r$ für das i-te Wertpapier ist also das β_i-fache der Risikoprämie $\mu_M - r$ des Gesamtmarktes. Die durch (1.42) definierte Geradengleichung $\mu_i = \beta_i(\mu_M - r) + r$ als Funktion von β_i wird **Wertpapierlinie** genannt.

Für beliebige Portfoliomischungen aus der festverzinslichen Anlage B und S^i gilt

$$R_w = wR_i + (1-w)R_B,$$

also

$$\mu_w = \mathbf{E}[R_w] = w\mu_i + (1-w)r$$

und

$$\sigma_w^2 = \mathbf{V}[R_w] = w^2 \sigma_i^2.$$

Daraus folgt für $w \geq 0$ die Geradengleichung

$$\begin{pmatrix} \sigma_w \\ \mu_w \end{pmatrix} = \begin{pmatrix} 0 \\ r \end{pmatrix} + w \begin{pmatrix} \sigma_i \\ \mu_i - r \end{pmatrix}. \quad (1.43)$$

Diese durch B und S^i verlaufende Halbgrade im μ-σ-Diagramm wurde in Abb. 1.13 veranschaulicht.

Nun schreiben wir (1.42) mit

$$\rho(R_i, R_M) = \frac{\mathbf{Cov}(R_i, R_M)}{\sigma_i \sigma_M}$$

als

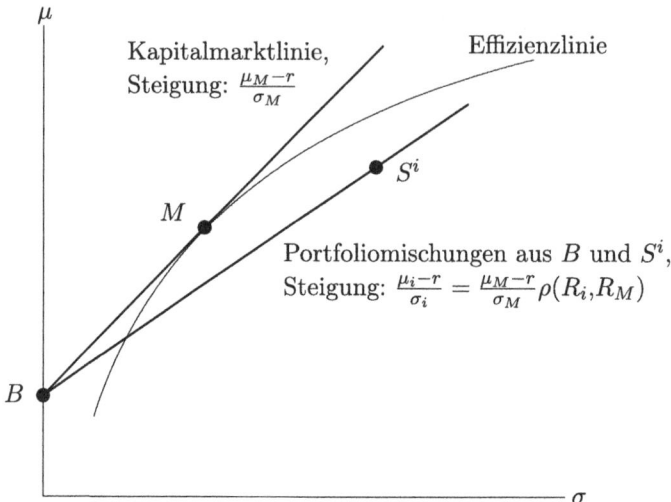

Abb. 1.13 Veranschaulichung der CAPM-Renditegleichung; die Portfolios auf der Kapitalmarktlinie verfügen über maximale relative Risikoprämien

$$\frac{\mu_i - r}{\sigma_i} = \frac{\mu_M - r}{\sigma_M} \rho(R_i, R_M). \tag{1.44}$$

Die relative Risikoprämie von S^i, also die Steigung $\frac{\mu_i - r}{\sigma_i}$ der Geraden (1.43), die B mit S^i im μ-σ-Diagramm verbindet, wird für Portfolios auf der Kapitalmarktlinie maximal und stimmt in diesem Fall mit dem Marktpreis des Risikos überein, siehe Abb. 1.13.

1.9 Systematisches und spezifisches Risiko

Das Two Fund Theorem besagt, dass sich optimale Portfolios aus einer Mischung von risikoloser Anlage und Marktportfolio zusammensetzen. Eine Investition in ein Portfolio, das sich nicht auf der Kapitalmarktlinie befindet, ist im Sinne der Portfoliotheorie nicht optimal, denn es gibt zu dieser Anlage ein Portfolio auf der Kapitalmarktlinie mit gleicher erwarteter Rendite, aber geringerem Risiko. Dies lässt sich so interpretieren, dass ein Investor dann, wenn er nicht auf der Kapitalmarktlinie investiert, für einen gewissen Anteil seines eingegangenen Risikos nicht durch eine höhere erwartete Rendite entschädigt wird, weil er dieses Risiko hätte vermeiden können. Das Risiko des Investors lässt sich so in zwei Teile zerlegen, einen, für den er entschädigt wird und der *systematisches Risiko* genannt wird, und einen, den er nicht hätte eingehen müssen und der als *spezifisches Risiko* bezeichnet wird. Diese Zerlegung wird im Folgenden dargestellt.

Beste lineare Schätzer

Seien X und Y zwei Zufallsvariablen, wobei X als nicht-konstant vorausgesetzt wird, sodass $\mathbf{V}[X] \neq 0$ gilt. Angenommen, Y soll durch eine Linearkombination $\alpha + \beta X$, $\alpha, \beta \in \mathbb{R}$, möglichst gut approximiert werden in dem Sinne, dass der Erwartungswert $\mathbf{E}\left[\varepsilon^2\right]$ der quadrierten Differenz $\varepsilon = Y - \alpha - \beta X$ minimal wird. Zunächst gilt

$$\mathbf{E}\left[\varepsilon^2\right] = \mathbf{E}\left[(Y - \alpha - \beta X)^2\right]$$
$$= \mathbf{E}\left[Y^2\right] - 2\beta\mathbf{E}[XY] - 2\alpha\mathbf{E}[Y] + \beta^2\mathbf{E}\left[X^2\right] + 2\alpha\beta\mathbf{E}[X] + \alpha^2.$$

Aus den Bedingungen erster Ordnung für die Existenz lokaler Extrema,

$$0 = \frac{\partial}{\partial \alpha}\mathbf{E}\left[\varepsilon^2\right] = -2\mathbf{E}[Y] + 2\beta\mathbf{E}[X] + 2\alpha$$
$$0 = \frac{\partial}{\partial \beta}\mathbf{E}\left[\varepsilon^2\right] = -2\mathbf{E}[XY] + 2\beta\mathbf{E}\left[X^2\right] + 2\alpha\mathbf{E}[X],$$

folgt

$$\alpha = \mathbf{E}[Y] - \beta\mathbf{E}[X], \tag{1.45}$$

also

$$\mathbf{E}[\varepsilon] = 0,$$

sowie

$$\mathbf{E}[XY] = \beta\mathbf{E}\left[X^2\right] + \alpha\mathbf{E}[X]$$
$$= \beta\mathbf{E}\left[X^2\right] + (\mathbf{E}[Y] - \beta\mathbf{E}[X])\mathbf{E}[X],$$

also

$$\beta = \frac{\mathbf{E}[XY] - \mathbf{E}[Y]\mathbf{E}[X]}{\mathbf{E}\left[X^2\right] - (\mathbf{E}[X])^2} = \frac{\mathbf{Cov}(X, Y)}{\mathbf{V}[X]}. \tag{1.46}$$

Die Zufallsvariable

$$\alpha + \beta X = \mathbf{E}[Y] + \frac{\mathbf{Cov}(X, Y)}{\mathbf{V}[X]}(X - \mathbf{E}[X])$$

wird als **bester linearer Schätzer** von Y bezüglich X bezeichnet. Der Koeffizient

$$\beta = \frac{\mathbf{Cov}(X, Y)}{\mathbf{V}[X]}$$

wird **Beta-Faktor** oder einfach das **Beta** von Y bezüglich X genannt, siehe auch (1.12). Die Funktion

$$y = \beta x + \alpha$$

wird als **Regressionsgerade** bezeichnet. Nach einer kleinen Rechnung folgt

$$\mathbf{V}[\varepsilon] = \mathbf{E}[\varepsilon^2] = \mathbf{V}[Y]\left(1 - \mathbf{Corr}^2(X, Y)\right). \tag{1.47}$$

Genau für $\mathbf{Corr}(X, Y) = \pm 1$ gilt also $\mathbf{V}[\varepsilon] = 0$, und in diesem Fall gilt $Y = \alpha + \beta X$ exakt. Weiter folgt

$$\begin{aligned}\mathbf{Cov}(X, \varepsilon) &= \mathbf{Cov}(X, Y - \alpha - \beta X) \\ &= \mathbf{Cov}(X, Y) - \beta \mathbf{V}(X) \\ &= 0,\end{aligned} \tag{1.48}$$

also sind X und ε unkorreliert.

Systematisches und spezifisches Risiko

Wir stellen nun die Rendite R_P eines Portfolios P mithilfe des besten linearen Schätzers bezüglich der Rendite R_M des Marktportfolios M dar und erhalten mit (1.46) und (1.45)

$$R_P = \alpha_P + \beta_P R_M + R_\varepsilon, \quad \beta_P = \frac{\mathbf{Cov}(R_P, R_M)}{\sigma_M^2}, \quad \alpha_P = \mu_P - \beta_P \mu_M,$$

wobei die Bezeichnungen $\mu_P = \mathbf{E}[R_P]$, $\mu_M = \mathbf{E}[R_M]$ und $\sigma_M^2 = \mathbf{V}[R_M]$ verwendet wurden und wobei die Differenz zwischen R_P und dem besten linearen Schätzer $\alpha_P + \beta_P R_M$ mit R_ε bezeichnet wurde. Damit gilt

$$R_P = \mu_P + \beta_P(R_M - \mu_M) + R_\varepsilon, \tag{1.49}$$

und mit (1.48) und den Abkürzungen $\sigma_P^2 = \mathbf{V}[R_P]$ und $\sigma_\varepsilon^2 = \mathbf{V}(R_\varepsilon)$ folgt

$$\sigma_P^2 = \mathbf{Cov}(R_P, R_P) = \beta_P^2 \sigma_M^2 + \sigma_\varepsilon^2,$$

also

$$\sigma_P = \sqrt{\beta_P^2 \sigma_M^2 + \sigma_\varepsilon^2} \geq |\beta_P|\sigma_M. \tag{1.50}$$

Wir betrachten nun ein Portfolio Q, das aus M und der festverzinslichen Kapitalanlage B mit Zinssatz r besteht, wobei das Marktportfolio mit dem Kapitalgewicht $w = \beta_P$ eingeht. Dann gilt

$$R_Q = \beta_P R_M + (1 - \beta_P)r = r + \beta_P(R_M - r). \tag{1.51}$$

Mit der CAPM-Renditegleichung (1.42) folgt

$$\mu_Q = \mathbf{E}[R_Q] = r + \beta_P(\mu_M - r) = \mu_P. \tag{1.52}$$

1.9 Systematisches und spezifisches Risiko

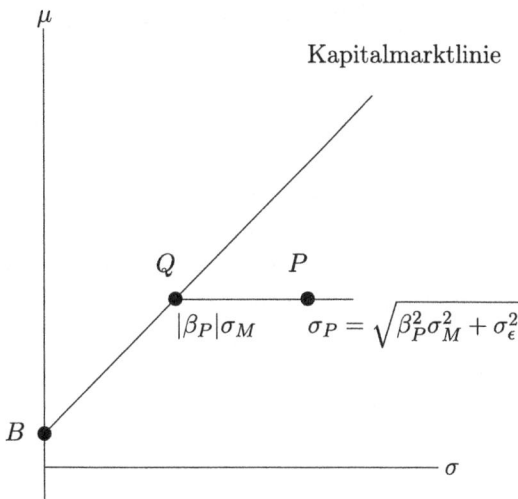

Abb. 1.14 Das Risiko σ_P von P setzt sich aus dem systematischen Risiko $|\beta_P|\sigma_M$ und aus dem spezifischen Risiko σ_ε zusammen. Die erwartete Rendite μ_P von P ist unabhängig vom spezifischen Risiko

Darüber hinaus gilt $\sigma_Q^2 = \mathbf{V}[R_Q] = \beta_P^2 \sigma_M^2$, also

$$\sigma_Q = |\beta_P|\sigma_M. \tag{1.53}$$

Q liegt als Mischung von M und der risikolosen Kapitalanlage auf der Kapitalmarktlinie. Während eine Investition in Q denselben Ertrag wie P bietet, beinhaltet P jedoch nach (1.50) gegenüber Q den zusätzlichen Risikoanteil σ_ε. Dies legt nahe, den Bestandteil $|\beta_P|\sigma_M$ in (1.50) als durch den Gesamtmarkt bestimmt zu interpretieren. σ_ε kennzeichnet dagegen den Anteil von σ_P, der durch Diversifikation ausgeschlossen werden könnte. $|\beta_P|\sigma_M$ wird als **systematisches Risiko** und σ_ε als **spezifisches Risiko** von P bezeichnet.

Wegen $\mathbf{E}[R_\varepsilon] = 0$ besitzt P in (1.49) eine erwartete Rendite, die unabhängig vom spezifischen Risiko ist. Dies kann so interpretiert werden, dass Anleger für das Eingehen spezifischer Risiken nicht durch höhere erwartete Renditen entschädigt werden, weil sie diese Risiken durch geeignete Diversifikation eliminieren könnten, siehe Abb. 1.14. Dagegen erhalten Anleger für das Eingehen höherer systematischer Risiken höhere erwartete Renditen.

Die Zusammenhänge (1.51), (1.52) und (1.53) bieten folgende *Interpretationsmöglichkeit für den Betafaktor*: Sei ein beliebiges Portfolio P gegeben. Wird nun Q als dasjenige Portfolio auf der Kapitalmarktlinie definiert, bei dem in das Marktportfolio mit dem Gewicht β_P investiert wird, dann besitzt Q dieselbe erwartete Rendite wie P, beinhaltet aber nur das systematische Risiko $\sigma_Q = |\beta_P|\sigma_M \leq \sigma_P$.

1.10 Das Wichtigste im Überblick

Im Rahmen der klassischen Portfoliotheorie werden Investitionen mithilfe der beiden Kennzahlen Ertrag und Risiko beurteilt, wobei der Ertrag als der Erwartungswert und das Risiko als die Standardabweichung der Rendite der Investition definiert wird, siehe Abschn. 1.2. Die beiden Zahlen für Ertrag und Risiko lassen sich als Punkt in einem zweidimensionalen Diagramm, dem μ-σ-Diagramm, veranschaulichen.

Je nachdem, wie ausgeprägt der Gegenlauf der Wertpapiere im Portfolio ist, d. h., je nach Korrelation der Wertpapiere, lässt sich das Risiko eines Portfolios reduzieren, ohne in gleichem Ausmaß den Ertrag zu verringern. Dieser Effekt wird Diversifikation genannt und lässt sich besonders übersichtlich für ein Portfolio untersuchen, das nur aus zwei risikobehafteten Wertpapieren besteht, siehe Abschn. 1.6.

Werden die Portfolios, die sich aus einer gegebenen Menge von risikobehafteten Wertpapieren bilden lassen, in einem μ-σ-Diagramm veranschaulicht, dann befinden sich die optimalen Portfolios auf der Effizienzlinie. Es sind dies die Portfolios, die bei gegebenem Risiko die höchste erwartete Rendite aufweisen, oder äquivalent dazu diejenigen Portfolios, die bei gegebener erwarteter Rendite das geringste Risiko besitzen, siehe Abschn. 1.7.

Wird zur Menge der risikobehafteten Wertpapiere eine festverzinsliche Kapitalanlage hinzugefügt, dann verändert sich die Effizienzlinie zu einer Halbgeraden, die Kapitalmarktlinie genannt wird. Die optimalen Portfolios befinden sich nun im μ-σ-Diagramm auf der Kapitalmarktlinie und lassen sich als Mischung der risikolosen Kapitalanlage mit einem speziellen, eindeutig bestimmten, risikobehafteten Portfolio, dem Marktportfolio, darstellen, siehe Abschn. 1.8. Nach dem klassischen CAPM, dem Capital Asset Pricing Model, sollten Investoren daher lediglich in eine Kombination aus festverzinslicher Kapitalanlage und Marktportfolio investieren, nicht jedoch in einzelne, ausgewählte Wertpapiere. Dies ist die Aussage des „Two-Fund-Theorems". Die Steigung der Kapitalmarktlinie wird als Marktpreis des Risikos bezeichnet.

Entscheidet sich ein Investor dennoch für ein Portfolio P, das nicht auf der Kapitalmarktlinie liegt, dann gibt es ein Portfolio Q auf der Kapitalmarktlinie, das dieselbe erwartete Rendite wie P, jedoch ein geringeres Risiko als P, besitzt. Das Risiko von Q wird als systematisches Risiko von P bezeichnet. Bei Investition in P wird ein Anleger für das gegenüber Q höhere Risiko nicht durch eine höhere erwartete Rendite entschädigt, da dieses höhere Risiko durch die Investition in Q hätte vermieden werden können, siehe Abschn. 1.9.

1.11 Aufgaben

Aufgabe 1.1 Betrachten Sie ein Portfolio, das aus den beiden Wertpapieren S^1 und S^2 besteht. Die erwartete Rendite von S^1 betrage $\mu_1 = 5\,\%$, die von S^2 habe den Wert $\mu_2 = 8\,\%$. Das Risiko von S^1 betrage $\sigma_1 = 18\,\%$, das von S^2 sei $\sigma_2 = 25\,\%$. Die Korrelation der Renditen von S^1 und S^2 betrage $\rho = 0{,}3$.

1.11 Aufgaben

1. Welche Werte besitzen die erwartete Portfoliorendite und das Risiko des Portfolios, wenn 20 % des eingesetzten Kapitals in S^1 und 80 % in S^2 investiert werden?
2. Wie muss das Kapital zwischen S^1 und S^2 aufgeteilt werden, damit das Portfolio ein minimales Risiko besitzt? Betrachten Sie dazu (1.19),

$$\sigma^2 = (w\sigma_1)^2 + ((1-w)\sigma_2)^2 + 2w(1-w)\sigma_1\sigma_2\rho,$$

und bestimmen Sie die Nullstelle der Ableitung bezüglich w.
3. Berechnen Sie die erwartete Rendite und das Risiko dieses Portfolios.
4. Betrachten Sie ein Marktmodell, das lediglich aus den beiden Wertpapieren S^1 und S^2 besteht. Berechnen Sie für dieses Modell die Gewichte des globalen Minimum-Varianz-Portfolios und prüfen Sie, dass diese mit denen des unter 2. berechneten Portfolios übereinstimmen.

Aufgabe 1.2 Betrachten Sie ein Portfolio, das aus n Wertpapieren besteht, die alle mit gleichem Gewicht $w = 1/n$ im Portfolio vertreten sind und die alle dieselbe erwartete Rendite μ und das gleiche Risiko $\sigma > 0$ besitzen.

1. Angenommen, die Renditen der Wertpapiere sind paarweise unkorreliert. Rechnen Sie nach, dass die erwartete Portfoliorendite ebenfalls μ beträgt, die Portfoliovarianz jedoch den Wert σ^2/n besitzt.
2. Angenommen, die Korrelation hätte für zwei beliebige, verschiedene Wertpapiere jeweils einen festen Wert $0 < \rho \leq 1$. Zeigen Sie, dass die Portfoliovarianz in diesem Fall

$$\rho\sigma^2 + \frac{1}{n}(1-\rho)\sigma^2$$

lautet.

Die Aufgabe zeigt, dass unter den angegebenen Voraussetzungen stets ein Diversifikationseffekt auftritt. Während sich bei unkorrelierten Wertpapieren das Risiko beliebig reduzieren lässt, konvergiert es bei positiv korrelierten Wertpapieren mit wachsendem n gegen den positiven Wert $\rho\sigma^2$.

Aufgabe 1.3 Die Effizienzlinie eines Marktmodells mit positiv definiter Kovarianzmatrix C ist Teil einer Markowitz-Kurve, wobei die Kurve der Portfoliogewichte die durch

$$w(m) = um + v$$

gegebene Gerade ist mit

$$u = \frac{1}{ac-b^2}\left(aC^{-1}\mu - bC^{-1}e\right), \quad v = \frac{1}{ac-b^2}\left(cC^{-1}e - bC^{-1}\mu\right)$$

sowie mit
$$a = \langle e, C^{-1}e\rangle, \quad b = \langle \mu, C^{-1}e\rangle, \quad c = \langle \mu, C^{-1}\mu\rangle$$
unter der Voraussetzung $ac - b^2 \neq 0$. Dabei bezeichnet e einen Vektor, dessen Einträge alle 1 lauten, und μ den Vektor der erwarteten Renditen der Finanzinstrumente des Modells.

Zeigen Sie mithilfe der Definitionen von u, v, a, b und c, dass gilt
$$\langle w(m), e\rangle = 1$$
und
$$\langle w(m), \mu\rangle = m.$$
Die erste der beiden letzten abgesetzten Gleichungen besagt, dass die $w(m)$ Portfoliogewichte sind, und die zweite bedeutet, dass das durch $w(m)$ definierte Portfolio die erwartete Rendite m besitzt.

Aufgabe 1.4 Sei (S_0, S_1, P) ein Marktmodell mit positiv definiter Kovarianzmatrix C. Bezeichnet e einen Vektor, dessen Einträge alle 1 lauten, und μ den Vektor der erwarteten Renditen der Finanzinstrumente des Modells, dann seien die Werte a, b und c definiert durch
$$a = \langle e, C^{-1}e\rangle, \quad b = \langle \mu, C^{-1}e\rangle, \quad c = \langle \mu, C^{-1}\mu\rangle.$$
Das Risiko des globalen Minimum-Varianz-Portfolios ist damit gegeben durch
$$\sigma_g = \frac{1}{\sqrt{a}} > 0.$$
Unter der Voraussetzung $ac - b^2 \neq 0$ ist
$$s^2(m) = \frac{c - 2mb + m^2 a}{ac - b^2}$$
die minimale Varianz aller Portfolios mit gegebener erwarteter Rendite m.

1. Zeigen Sie, dass in diesem Fall gilt
$$ac - b^2 > 0.$$

2. Zeigen Sie, dass für jedes m gilt
$$s(m) \geq \sigma_g.$$

Aufgabe 1.5 Es sei ein Marktmodell mit drei risikobehafteten Wertpapieren S^1, S^2 und S^3 gegeben. Die erwarteten Renditen und die Risiken dieser Wertpapiere lauten
$$\mu_1 = 10\%, \quad \mu_2 = 11\%, \quad \mu_3 = 7\%$$

sowie
$$\sigma_1 = 13\,\%, \quad \sigma_2 = 16\,\%, \quad \sigma_3 = 9\,\%.$$

Die Korrelationen der Wertpapiere seien gegeben durch
$$\rho_{12} = 0{,}2, \quad \rho_{13} = 0{,}1, \quad \rho_{23} = -0{,}1.$$

Der risikolose Zinssatz sei
$$r = 5\,\%.$$

1. Berechnen Sie für das globale Minimum-Varianz-Portfolio den Ertrag μ_g und das Risiko σ_g.
2. Berechnen Sie für das Marktportfolio den Ertrag μ_M und das Risiko σ_M.
3. Erstellen Sie ein Programm, das ein μ-σ-Diagramm plottet mit den Punkten (σ_g, μ_g) und (σ_M, μ_M), der Kapitalmarktlinie und einem Ausschnitt der die Effizienzlinie enthaltenden Markowitz-Kurve.

Aufgabe 1.6 Seien X und Y zwei Zufallsvariablen, wobei X als nicht-konstant vorausgesetzt wird, sodass $\mathbf{V}[X] \neq 0$ gilt. Wird Y durch eine Linearkombination $\alpha + \beta X, \alpha, \beta \in \mathbb{R}$, möglichst gut approximiert in dem Sinne, dass der Erwartungswert $\mathbf{E}\left[\varepsilon^2\right]$ der quadrierten Differenz $\varepsilon = Y - \alpha - \beta X$ minimal wird, dann sind α und β gegeben durch

$$\alpha = \mathbf{E}[Y] - \beta \mathbf{E}[X]$$
$$\beta = \frac{\mathbf{Cov}(X, Y)}{\mathbf{V}[X]}.$$

Zeigen Sie, dass damit gilt

$$\mathbf{E}\left[\varepsilon^2\right] = \mathbf{V}[Y]\left(1 - \mathbf{Corr}^2(X, Y)\right).$$

Aufgabe 1.7 (Bewertung einer Investition) Der Gesamtmarkt, repräsentiert durch einen Index, habe ein Jahresrisiko von 20 % und eine erwartete Jahresrendite von 8 %. Der risikolose Zinssatz betrage 2 %. Eine Investition S soll bewertet werden. Das Jahresrisiko von S werde auf 30 % geschätzt und für die Korrelation zum Gesamtmarkt wird der Wert 0,4 angenommen.

1. Berechnen Sie den Betafaktor von S.
2. Wie hoch ist die zum Gesamtmarkt passende Jahresrendite der Investition S?
3. Sollte ein rationaler Investor auf der Grundlage des CAPM in S investieren?
4. Die Investition S verspreche nach einem Jahr eine Auszahlung von 10.000 EUR. Wie hoch ist der zum Markt passende aktuelle Preis S_0?

Aufgabe 1.8 Wir betrachten ein Portfolio Q, das eine risikolose Kapitalanlage zum Zinssatz r und ein gegebenes Portfolio P enthält. Weiter bezeichne $w \geq 0$ den Prozentsatz des in P investierten Kapitals. Zeigen Sie, dass gilt

$$\mu_Q = r + w\,(\mu_M - r)\,\beta_P,$$

wenn μ_Q die erwartete Rendite von Q bezeichnet.

Aufgabe 1.9 (**Berechnung optimaler Portfolios**) Es bezeichne B eine risikolose Kapitalanlage zum Zinssatz r und M das Marktportfolio mit Ertrag μ_M und Risiko σ_M. Ein Investor gehe wie folgt vor:

1. Er legt zunächst das Kapital K fest, das er investieren möchte.
2. Dann legt er ein Risiko σ_I fest, das er einzugehen bereit ist.
3. Bezeichnet w_M den Kapitalanteil, der in M investiert wird, dann gilt

$$R_I = w_M R_M + (1 - w_M)\,r,$$

also

$$\sigma_I = w_M \sigma_M$$

und damit

$$w_M = \frac{\sigma_I}{\sigma_M}.$$

4. Daraus ergibt sich der Anteil des in B zu investierenden Kapitals als

$$w_B = 1 - w_M.$$

5. Nun sind die Stückzahlen h_B und h_M des Portfolios P zu bestimmen. Zum Investitionszeitpunkt 0 gilt

$$K = P_0 = h_B B_0 + h_M M_0,$$

wobei B_0 und M_0 die Preise von B und M zum Zeitpunkt 0 bezeichnen. Das Kapital, das in B investiert wird, lautet also $h_B B_0$ und das Kapital, das in M investiert wird, lautet $h_M M_0$. Damit gilt aber

$$w_B = \frac{h_B B_0}{K}, \quad w_M = \frac{h_M M_0}{K},$$

also

$$h_B = \frac{K w_B}{B_0}, \quad h_M = \frac{K w_M}{M_0}.$$

Damit ist das Portfolio vollständig bestimmt. Allerdings werden die berechneten Stückzahlen h_B und h_M in der Regel nicht ganzzahlig sein und sollten auf die nächste ganze Zahl gerundet werden.

1.11 Aufgaben

Wenden Sie die beschriebene Vorgehensweise auf folgende Beispielsituation an: Ein Investor möchte 35.000 EUR für ein Jahr in ein Portfolio investieren, das deutsche Aktien enthält. Er ist bereit, dabei das Risiko $\sigma_I = 15\%$ einzugehen. Die Renditen von Staatsanleihen mit einjähriger Laufzeit betragen aktuell $r = 2\%$. Als Marktportfolio werde der DAX gewählt. Die durchschnittliche Jahresrendite des DAX sei $\mu_M = 24\%$, die durchschnittliche Jahresvolatilität $\sigma_M = 19\%$.

Bestimmen Sie die Gewichte des aus den Vorgaben resultierenden Portfolios des Investors und die erwartete Rendite dieses Portfolios. Prüfen Sie, dass das ermittelte Portfolio das vorgegebene Risiko σ_I besitzt.

Angenommen, es gilt $M_0 = 9380$ und $B_0 = 900$. Runden Sie die zugehörigen Stückzahlen des Portfolios jeweils auf die nächste ganze Zahl und bestimmen Sie von diesem Portfolio die erwartete Rendite und das Risiko. Beachten Sie, dass sich durch die Rundungen der Stückzahlen auch das eingesetzte Kapital ändert.

Aufgabe 1.10 (CAPM-Grundgleichung und Unternehmensbewertung) Betafaktoren von Aktien können mithilfe von Zeitreihen geschätzt und dazu verwendet werden, überbewertete und unterbewertete Unternehmen auszumachen: Angenommen, die Rendite eines Unternehmens mit Aktienkursen S^i wird aufgrund einer Analyse auf $\hat{\mu}_i$ geschätzt, während aufgrund des CAPM die erwartete Rendite μ_i ermittelt wird.

- Gilt $\hat{\mu}_i > \mu_i$, dann wird das zu S^i gehörende Unternehmen vom Markt als unterbewertet und der aktuelle Preis daher als zu gering interpretiert. Also sollte S^i **gekauft** werden.
- Gilt $\hat{\mu}_i < \mu_i$, dann wird das zu S^i gehörende Unternehmen vom Markt als überbewertet und der aktuelle Preis damit als zu hoch eingeschätzt. Also sollte S^i **verkauft** werden.
- Im Falle von $\hat{\mu}_i = \mu_i$ wird keine Kauf- oder Verkaufsempfehlung aufgrund der Daten ausgesprochen.

Angenommen, die erwartete Rendite des Gesamtmarkts beträgt $\mu = 20\%$, die risikolose Rendite sei 2%. Für drei Aktienunternehmen liegen folgende Marktdaten und – aufgrund von Unternehmensanalysen – folgende geschätzte Daten vor:

Jahr	Aktueller Preis	Erwarteter zukünftiger Preis	Beta
S^1	100	125	1
S^2	15	17	0,8
S^3	25	31	1,2

Welche Handlungsempfehlungen (Kauf, Verkauf oder keine Handelsaktivität) ergeben sich für die drei Aktien S^1, S^2 und S^3 aufgrund der Unternehmensanalyse mithilfe des CAPM?

Aufgabe 1.11 (Systematische und spezifische Risiken) Es sei ein Marktportfolio gegeben mit $\mu_M = 9\%$ und $\sigma_M = 20\%$. Der risikolose Zinssatz betrage $r = 1\%$. Betrachten Sie die Daten folgender Kapitalanlagen $P_1, \ldots, P_4$:

Kapitalanlage	Risiko [%]	Beta
P_1	20	0,4
P_2	17	0,8
P_3	23	1,1
P_4	24	1,2

1. Bestimmen Sie für jede der gegebenen Kapitalanlagen das systematische und das spezifische Risiko.
2. Bestimmen Sie für jede der gegebenen Kapitalanlagen die aufgrund des CAPM zu erwartende Rendite.
3. Angenommen, mit den für die einzelnen Kapitalanlagen angegebenen Risiken würde in Portfolios auf der Kapitalmarktlinie investiert, welche Renditen könnten dann erwartet werden?
4. Angenommen, man möchte die erwarteten Renditen der einzelnen Kapitalanlagen erzielen, aber in Portfolios auf der Kapitalmarktlinie investieren. Welche Risiken könnten dann jeweils eingespart werden?

Arbitragefreie Ein-Perioden-Modelle und das CAPM

2

In arbitragefreien Ein-Perioden-Modellen lässt sich das CAPM alternativ zur Vorgehensweise in Kap. 1 auch mithilfe von Diskontvektoren und den zugehörigen Martingalmaßen behandeln.

Vorbereitend wird in Abschn. 2.1 zunächst das grundlegende Replikationsprinzip zur Bewertung zustandsabhängiger Auszahlungen vorgestellt. Mithilfe des Fundamentalsatzes der Preistheorie lässt sich dieses Bewertungsverfahren auch als verallgemeinerte Diskontierung formulieren. Werden die dabei auftretenden Diskontvektoren normiert, dann entstehen Martingalmaße, mit denen sich Wahrscheinlichkeitsquotienten $\mathcal{L}$ definieren lassen, was in Abschn. 2.2 ausgeführt wird.

In Abschn. 2.3 wird gezeigt, wie sich mithilfe dieser Wahrscheinlichkeitsquotienten die Kapitalmarktlinie des CAPM und die zu vorgegebenen erwarteten Renditen gehörenden Minimum-Varianz-Portfolios explizit angeben lassen.

2.1 Die Bewertung von Auszahlungsprofilen

Wir setzen ein Ein-Perioden-Modell (b, D) mit K Zuständen $\omega_1, \ldots, \omega_K$ voraus und betrachten Werte $c_j = c(\omega_j)$, $j = 1, \ldots, K$, die als zustandsabhängige Auszahlungen zum Zeitpunkt 1 aufgefasst werden, siehe Abb. 2.1. Das Problem bestehe darin, für $c = (c_1, \ldots, c_K)$ einen Preis c_0 zum Zeitpunkt 0 anzugeben. Die fundamentale Bewertungsstrategie der modernen Finanzmathematik besteht darin,

- ein Portfolio $h \in \mathbb{R}^N$ zu suchen, das zum Zeitpunkt 1 in jedem Zustand ω_j gerade c_j wert ist, und
- als Kaufpreis c_0 von c den aktuellen Preis $h \cdot S_0$ dieses Portfolios zum Zeitpunkt 0, also $c_0 = h \cdot S_0$ zu definieren, siehe Abb. 2.2.

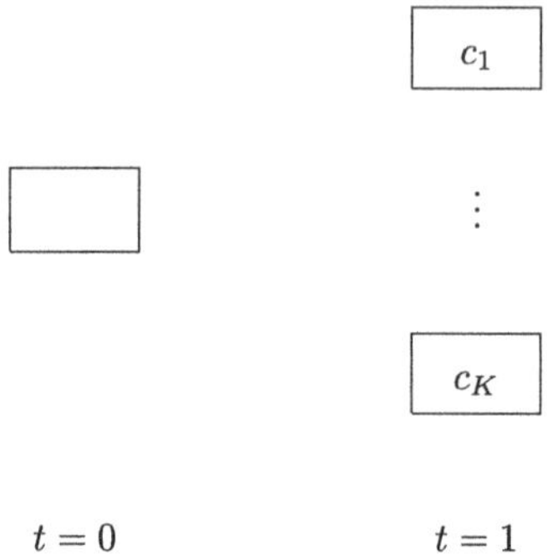

Abb. 2.1 Eine zustandsabhängige Auszahlung in einem Ein-Perioden-Modell

c_1

$\vdots$

c_K

$t = 0 \qquad t = 1$

Nach Lemma 1.5 gilt $h \cdot S_1 = D^t h$ und der erste Schritt der Bewertungsstrategie für Auszahlungsprofile $c \in \mathbb{R}^K$ führt auf das Standardproblem der Linearen Algebra, das lineare Gleichungssystem

$$D^t h = c \qquad (2.1)$$

zu lösen. Diese **Replikationsstrategie** zur Bewertung zustandsabhängiger Auszahlungen $c \in \mathbb{R}^K$ lautet also:

- Löse das Gleichungssystem $D^t h = c$ und
- definiere den Preis c_0 von c zum Zeitpunkt 0 durch $c_0 = h \cdot S_0$.

Bei der Lösung von (2.1) werden in der Regel nicht-ganzzahlige Werte für die Komponenten des Portfoliovektors h auftreten, die für die Anwendung in der Praxis dann auf geeignete ganzzahlige Werte gerundet werden. Wir lassen im Folgenden nicht-ganzzahlige Werte als Lösungen zu.

Bei der Umsetzung der Bewertungsstrategie können folgende Probleme auftreten: Wenn das Gleichungssystem $D^t h = c$ nicht lösbar ist, dann kann die zu bewertende Auszahlung c nicht mithilfe eines Portfolios in jedem Zustand nachgebildet werden.

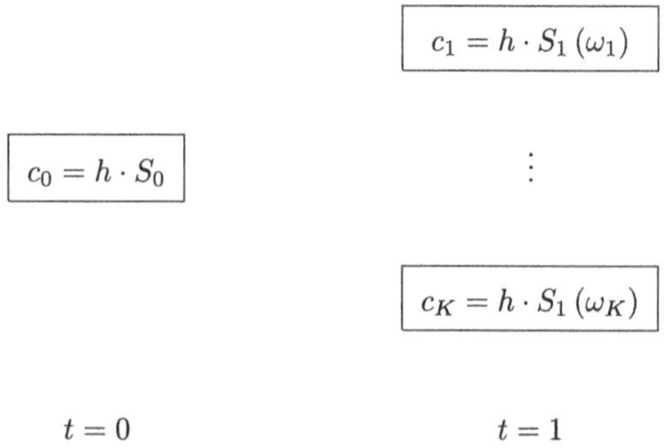

Abb. 2.2 Die zustandsabhängige Auszahlung wird mithilfe eines Portfolios h repliziert

$c_1 = h \cdot S_1(\omega_1)$

$c_0 = h \cdot S_0$

$\vdots$

$c_K = h \cdot S_1(\omega_K)$

$t = 0 \qquad t = 1$

2.1 Die Bewertung von Auszahlungsprofilen

Definition 2.1 Ein Auszahlungsprofil $c \in \mathbb{R}^K$ heißt **replizierbar**, wenn c im Bildbereich der Abbildung $D^t\colon \mathbb{R}^N \to \mathbb{R}^K$ liegt, wenn also gilt

$$c \in \text{Im} D^t.$$

Ist $h \in \mathbb{R}^N$ eine Lösung von (2.1), dann sagen wir, h **repliziert** c. Ein Marktmodell (b, D) heißt **vollständig**, wenn D^t surjektiv ist, wenn also gilt

$$\text{Im} D^t = \mathbb{R}^K.$$

Wenn (b, D) vollständig ist, dann ist jedes Auszahlungsprofil c replizierbar, d. h., in diesem Fall gibt es zu jedem $c \in \mathbb{R}^K$ ein $h \in \mathbb{R}^N$ mit $c = D^t h$.

Ein weitere Schwierigkeit kann dann auftreten, wenn es mehr als ein Portfolio gibt, das eine gegebene Auszahlung repliziert. Wenn aber alle replizierenden Portfolios denselben Preis besitzen, dann ist die Mehrdeutigkeit unproblematisch, und dies führt zum Konzept des *Law of One Price*, siehe [17].

Beispiel 2.2 Es sei (b, D) ein Ein-Perioden-Zwei-Zustands-Modell. Das erste Finanzinstrument sei eine festverzinsliche Kapitalanlage mit Zinssatz $r > -1$ ist, das zweite repräsentiere eine Aktie, die durch positive, variable Kurse gekennzeichnet ist. Für $S > 0$ und $0 < d < u$ gelte mit dem Verzinsungsfaktor $\rho = 1 + r$

$$b = \begin{pmatrix} 1 \\ S \end{pmatrix}, \quad D = \begin{pmatrix} \rho & \rho \\ uS & dS \end{pmatrix}.$$

Die Auszahlungsmatrix D ist regulär, also ist das Modell (b, D) vollständig und jede zukünftige zustandsabhängige Auszahlung lässt sich auf eindeutig bestimmte Weise replizieren. Sei

$$c = \begin{pmatrix} c_1 \\ c_2 \end{pmatrix}$$

ein beliebiges Auszahlungsprofil. Zur Preisbestimmung mithilfe der Replikationsstrategie betrachten wir das Gleichungssystem

$$D^t h = \begin{pmatrix} h^1 \rho + h^2 uS \\ h^1 \rho + h^2 dS \end{pmatrix} = \begin{pmatrix} c_1 \\ c_2 \end{pmatrix}.$$

Durch Subtraktion der zweiten von der ersten Gleichung folgt

$$h^2 = \frac{c_1 - c_2}{(u - d) S}.$$

Multiplizieren wir nun die erste Gleichung mit d und die zweite mit u, dann erhalten wir nach Subtraktion

$$h^1 = \frac{1}{\rho} \frac{c_2 u - c_1 d}{u - d}.$$

Damit lautet der Wert $c_0 = V_0(h)$ des replizierenden Portfolios

$$c_0 = h \cdot S_0 = h^1 + h^2 S \quad (2.2)$$
$$= \frac{1}{\rho} \frac{c_2 u - c_1 d}{u - d} + \frac{c_1 - c_2}{u - d}$$
$$= \frac{1}{\rho} \left(\frac{\rho - d}{u - d} c_1 + \frac{u - \rho}{u - d} c_2 \right).$$

Mit

$$\psi = \begin{pmatrix} \psi_1 \\ \psi_2 \end{pmatrix} = \frac{1}{\rho(u - d)} \begin{pmatrix} \rho - d \\ u - \rho \end{pmatrix} \quad (2.3)$$

lässt sich der Preis c_0 der Auszahlung c schreiben als

$$c_0 = \langle \psi, c \rangle.$$

In dieser Preisformel tritt das replizierende Portfolio h nicht mehr auf und es sieht so aus, als ob die Auszahlung c mit dem Vektor ψ auf eine verallgemeinerte Weise abdiskontiert würde. Dies ist kein Zufall, wie wir sehen werden. △

Arbitrage

Eine Möglichkeit, risikolos Gewinne ohne eigenen Kapitaleinsatz erzielen zu können, wird *Arbitragegelegenheit* genannt.

Definition 2.3 Ein Portfolio h heißt **Arbitragegelegenheit,** falls

$$h \cdot b \leq 0 \text{ und } D^t h > 0 \quad (2.4)$$

oder

$$h \cdot b < 0 \text{ und } D^t h \geq 0 \quad (2.5)$$

gilt. Existieren in einem Marktmodell (b, D) keine Arbitragegelegenheiten, dann wird das Modell **arbitragefrei** genannt.

Gilt $V_0(h) = h \cdot b > 0$, dann ist das der Betrag, der für den Kauf des Portfolios h aufzuwenden ist. Ist $V_0(h) < 0$, dann wird bei der Zusammenstellung von h zum Zeitpunkt 0 das Kapital $-V_0(h) > 0$ entnommen.

Der Betrag $V_1(h)$ stellt den zustandsabhängigen Wert des Portfolios zum Zeitpunkt 1 dar. Gilt $V_1(h)(\omega_j) = h \cdot S_1(\omega_j) = (D^t h)_j > 0$, dann bezeichnet dies den Gewinn, der beim Verkauf des Portfolios erzielt wird, falls zum Zeitpunkt 1 der Zustand ω_j realisiert

2.1 Die Bewertung von Auszahlungsprofilen

wird. Gilt $V_1(h)(\omega_j) < 0$, dann bedeutet dies eine Zahlungsverpflichtung für den Inhaber des Portfolios im Zustand ω_j.

In (2.4) kostet das Portfolio also anfangs nichts oder es bringt sogar etwas ein, $V_0(h) \leq 0$. Zum Zeitpunkt 1 bestehen dagegen in keinem Zustand Zahlungsverpflichtungen, aber es gibt die Chance auf einen positiven Gewinn, $V_1(h) > 0$. In (2.5) wird zu Beginn ein Gewinn realisiert, $V_0(h) < 0$, und später bestehen keine Zahlungsverpflichtungen, eventuell kann sogar ein Gewinn realisiert werden, $V_1(h) \geq 0$.

Dass in Definition 2.3 eine zum Zeitpunkt 0 *kostenlose* Investition h betrachtet wird, ist wesentlich. Denn das risikolose Erzielen von Gewinnen ist mit einem positiven Kapitaleinsatz bei jeder festverzinslichen Geldanlage mit positivem Zinssatz möglich: Bei der Anlage eines Kapitalbetrags K, der sich bis zum Zeitpunkt 1 mit einem Zinssatz $r > 0$ verzinst, beträgt das Endkapital $K(1+r)$. Also wird hier unabhängig vom eintretenden Zustand zum Zeitpunkt 1 der Gewinn rK erzielt.

In arbitragefreien Marktmodellen ist der Preis einer replizierbaren Auszahlung unabhängig vom replizierenden Portfolio:

Satz 2.4 *Sei (b, D) ein arbitragefreies Marktmodell und sei $c = D^t h$ eine replizierbare Auszahlung. Sei h' ein weiteres Portfolio, das c repliziert. Dann gilt $h \cdot b = h' \cdot b$, die beiden Portfolios haben also denselben Preis.*

Beweis Angenommen, es wäre $h \cdot b < h' \cdot b$. Dann wäre $f = h - h'$ ein Portfolio mit den Eigenschaften $f \cdot b < 0$ und $D^t f = D^t h - D^t h' = c - c = 0$. Also wäre f eine Arbitragegelegenheit, was nicht sein kann. □

Für die Bewertung von Auszahlungsprofilen wird die Arbitragefreiheit des zugrundeliegenden Marktmodells in der Praxis üblicherweise vorausgesetzt. Denn Händler und Computerprogramme suchen weltweit nach derartigen Profitmöglichkeiten und nutzen sie aus. Die auf diese Weise auftretenden Änderungen von Angebot und Nachfrage der betroffenen Produkte haben aber eine Verschiebung der Preise, und damit eine Änderung des Modells, zur Folge. Die durch Ausnutzung von Arbitragegelegenheiten verursachten Preisverschiebungen treten so lange auf, bis die risikolosen, ohne Einsatz eigenen Kapitals erzielbaren Gewinnmöglichkeiten wieder verschwunden sind.

Es gilt folgender Struktursatz, der als *Fundamentalsatz der Preistheorie* bezeichnet wird:

Satz 2.5 *(**Fundamentalsatz der Preistheorie**) In einem Marktmodell (b, D) sind folgende Aussagen äquivalent:*

1. *(b, D) ist arbitragefrei.*
2. *Es gibt einen Vektor $\psi \in \mathbb{R}^K$, $\psi \gg 0$, mit*

$$D\psi = b.$$

ψ *ist genau dann eindeutig bestimmt, wenn* (b, D) *vollständig ist.*

Beweis Wenn es ein $\psi \gg 0$ gibt mit $D\psi = b$, dann ist (b, D) arbitragefrei, denn für ein beliebiges Portfolio $h \in \mathbb{R}^N$ gilt

$$h \cdot b = h \cdot D\psi = \langle D^t h, \psi \rangle.$$

Gilt nun $D^t h > 0$, dann folgt $h \cdot b > 0$ wegen $\psi \gg 0$ und h ist keine Arbitragegelegenheit. Entsprechend wird für $D^t h \geq 0$ argumentiert. Zum Beweis der weiteren Aussagen siehe [17]. □

Beispiel 2.6 Der durch (2.3) in Beispiel 2.2 definierte Vektor ψ hat die Eigenschaft

$$D\psi = \frac{1}{\rho(u-d)} \begin{pmatrix} \rho & \rho \\ uS & dS \end{pmatrix} \begin{pmatrix} \rho - d \\ u - \rho \end{pmatrix} = \begin{pmatrix} 1 \\ S \end{pmatrix} = b.$$

Das Ein-Perioden-Modell (b, D) ist also genau dann arbitragefrei, wenn

$$d < \rho < u$$

gilt, denn genau dann sind beide Komponenten von ψ positiv. △

Aus dem Fundamentalsatz lässt sich für die Bewertung replizierbarer Auszahlungsprofile in arbitragefreien Marktmodellen folgende alternative Vorgehensweise ableiten.

Satz 2.7 *Sei* (b, D) *ein arbitragefreies Ein-Perioden-Modell. Dann lässt sich der Preis* c_0 *jeder replizierbaren Auszahlung* $c \in \mathbb{R}^K$ *berechnen durch*

- *Finde eine Lösung* $\psi \gg 0$ *des Gleichungssystems* $D\psi = b$
- *und berechne* $c_0 = \langle \psi, c \rangle$.

Beweis Nach dem Fundamentalsatz der Preistheorie existiert eine strikt positive Lösung ψ des Gleichungssystems $D\psi = b$. Sei c eine replizierbare Auszahlung. Dann gibt es ein Portfolio h mit $c = D^t h$ und es folgt

$$c_0 = h \cdot b = h \cdot D\psi = \langle D^t h, \psi \rangle = \langle c, \psi \rangle. \tag{2.6}$$

□

Der Vektor ψ hängt nur vom Marktmodell, nicht aber von einer zu bewertenden Auszahlung ab. Ist er einmal berechnet, dann gilt $c_0 = \langle \psi, c \rangle$ für den Preis *jeder replizierbaren Auszahlung* $c \in \mathbb{R}^K$. Aus (2.6) folgt, dass jedes eine Auszahlung c replizierende Portfolio h denselben Preis $c_0 = h \cdot b = \langle c, \psi \rangle$ besitzt.

2.1 Die Bewertung von Auszahlungsprofilen

Beispiel 2.8 Es sei das Ein-Perioden-Modell

$$(b, D) = \left(\begin{pmatrix} 1 \\ 10 \\ 25 \end{pmatrix}, \begin{pmatrix} 1{,}02 & 1{,}02 & 1{,}02 \\ 12 & 9 & 11 \\ 20 & 28 & 26 \end{pmatrix} \right)$$

gegeben. Wegen $\det D \neq 0$ ist D regulär und (b, D) ist vollständig. Die eindeutig bestimmte Lösung von $D\psi = b$ lautet

$$\psi = \begin{pmatrix} 0{,}2549 \\ 0{,}5196 \\ 0{,}2059 \end{pmatrix}.$$

Da $\psi \gg 0$ gilt, ist (b, D) arbitragefrei. Sei $c = (2, 0, 1)^t$ eine zustandsabhängige Auszahlung. Dann ist der Replikationspreis c_0 von c gegeben durch

$$c_0 = \langle \psi, c \rangle = 0{,}7157.$$

Dies stimmt mit dem Anfangswert $h \cdot b = 0{,}7157$ des replizierenden Portfolios $h = (-0{,}7843,\ 0{,}4,\ -0{,}1)^t$ als Lösung von $D^t h = c$ überein. △

Korollar 2.9 *Sei (b, D) ein arbitragefreies Marktmodell und sei $\psi \gg 0$ eine strikt positive Lösung von $D\psi = b$. Dann gilt für jedes Portfolio h*

$$V_0(h) = \langle \psi, V_1(h) \rangle. \tag{2.7}$$

Beweis Die Behauptung folgt mit $V_1(h) = h \cdot S_1 = D^t h$ und wegen $V_0(h) = h \cdot S_0$ unmittelbar aus Satz 2.7. □

Korollar 2.10 *Sei (b, D) ein arbitragefreies Marktmodell und sei $\psi \gg 0$ eine strikt positive Lösung von $D\psi = b$. Dann gilt für jedes Finanzinstrument S^i des Modells*

$$S_0^i = \langle \psi, S_1^i \rangle. \tag{2.8}$$

Beweis Wähle als Portfolio $h = (0, \ldots, 0, \underset{i}{1}, 0, \ldots, 0) \in \mathbb{R}^N$ und verwende Korollar 2.9 oder schreibe $D\psi = b$ als

$$S_0 = b = D\psi = \psi_1 S_1(\omega_1) + \cdots + \psi_K S_1(\omega_K).$$
□

Aufgrund der Linearität des Skalarprodukts folgt (2.7) umgekehrt aus (2.8).

Interpretation von ψ **und** $d = \psi_1 + \cdots + \psi_K$

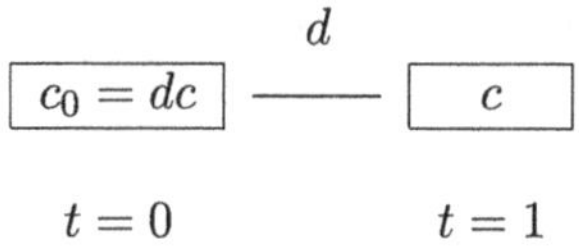

Abb. 2.3 Diskontierung im
deterministischen Fall

$$\boxed{c_0 = dc} \; \underline{\quad d \quad} \; \boxed{c}$$

$ t = 0 t = 1$

Definition 2.11 Jeder nach dem Fundamentalsatz in einem arbitragefreien Marktmodell (b, D) existierende Vektor $\psi \in \mathbb{R}^K$, $\psi \gg 0$, mit $D\psi = b$ wird ein **Diskontvektor** des Modells genannt.

Zur Interpretation des Diskontvektors betrachten wir zunächst die Bewertung einer deterministischen zukünftigen Auszahlung $c \in \mathbb{R}$. In Abb. 2.3 wurde dem Preis c_0 von c und der zukünftigen Auszahlung c jeweils ein Knoten zugeordnet. Die beiden Knoten verbindet eine Kante, die mit dem Diskontfaktor d für den betrachteten Zeitraum beschriftet wurde. Der Anfangspreis c_0 von c wird berechnet, indem c mit dem Diskontfaktor d multipliziert wird, $c_0 = dc$.

Sei nun (b, D) ein arbitragefreies Ein-Perioden-Modell mit Diskontvektor ψ. Nach Satz 2.7 lässt sich der Preis c_0 jeder replizierbaren Auszahlung $c \in \mathbb{R}^K$ schreiben als $c_0 = \langle \psi, c \rangle$. Dies wird in Abb. 2.4 dadurch veranschaulicht, dass der Anfangsknoten c_0 mit jeder Komponente c_j der Endauszahlung c durch eine Kante verbunden wird und dass jede Kante mit der zugehörigen Komponente ψ_j des Diskontvektors ψ beschriftet wird. Zur Berechnung von $c_0 = \langle \psi, c \rangle$ wird jeder Kantenwert ψ_j mit der entsprechenden Komponente c_j multipliziert, und diese Produkte werden anschließend aufsummiert. Für $K = 1$ spezialisiert sich dieses Vorgehen auf die oben beschriebene deterministische Situation.

Wir sagen, dass der Preis der Auszahlung c dadurch bestimmt wird, dass c durch $c_0 = \langle \psi, c \rangle$ *auf eine verallgemeinerte Weise auf den Zeitpunkt* 0 *abdiskontiert wird*. Der bei deterministischen Zahlungsströmen auftretende Diskontfaktor $d \in \mathbb{R}$ wird bei zustandsabhängigen Auszahlungen $c \in \mathbb{R}^K$ durch einen Diskontvektor $\psi \in \mathbb{R}^K$ ersetzt. Dabei bedeutet *Diskontieren*, den aktuellen Preis zukünftiger Auszahlungen ohne Kenntnis oder Verwendung einer replizierenden Handelsstrategie zu bestimmen.

Auch in allgemeinen Ein-Perioden-Modellen lassen sich deterministische Auszahlungen modellieren, und für diese gilt die deterministische Bewertungsformel:

Abb. 2.4 Diskontierung im
zustandsabhängigen Fall

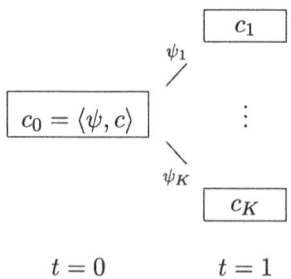

$ t = 0 t = 1$

2.1 Die Bewertung von Auszahlungsprofilen

Lemma 2.12 *Sei (b, D) ein arbitragefreies Marktmodell mit Diskontvektor ψ. Sei weiter die deterministische Auszahlung $(c, c, \ldots, c) \in \mathbb{R}^K$ replizierbar. Dann ist der Preis c_0 dieser Auszahlung gegeben durch*

$$c_0 = dc,$$

wobei $d = \psi_1 + \cdots + \psi_K$ definiert wurde.

Beweis Nach Satz 2.7 gilt

$$c_0 = \langle \psi, (c, c, \ldots, c) \rangle = c\psi_1 + \cdots + c\psi_K = dc. \qquad \square$$

Ist also die zukünftige Auszahlung c deterministisch und replizierbar, dann lässt sich der Preis c_0 von c mithilfe der klassischen Diskontierungsformel $c_0 = dc$ schreiben, wobei der Diskontfaktor gegeben ist durch $d = \psi_1 + \cdots + \psi_K$. Als Summe positiver Summanden ist d positiv.

Lemma 2.13 *Sei (b, D) ein arbitragefreies Marktmodell und sei $c = D^{\mathrm{t}}h$ eine replizierbare Auszahlung. Wenn das Gleichungssystem $D\psi = b$ nicht eindeutig lösbar ist, dann haben je zwei Diskontvektoren ψ und ψ' die Eigenschaft*

$$c_0 = h \cdot b = \langle \psi, c \rangle = \langle \psi', c \rangle.$$

Die Replikationspreise sind also unabhängig vom gewählten Diskontvektor.

Beweis Es gilt

$$\langle D^{\mathrm{t}}h, \psi \rangle = h \cdot D\psi = h \cdot b = h \cdot D\psi' = \langle D^{\mathrm{t}}h, \psi' \rangle. \qquad \square$$

Korollar 2.14 *Sei (b, D) ein arbitragefreies Marktmodell. Angenommen, deterministische Auszahlungen $(c, c, \ldots, c) \in \mathbb{R}^K$ sind replizierbar. Wenn das Gleichungssystem $D\psi = b$ nicht eindeutig lösbar ist, dann haben je zwei Diskontvektoren ψ und ψ' die Eigenschaft*

$$\sum_{j=1}^{K} \psi_j = \sum_{j=1}^{K} \psi'_j.$$

Beweis Dies folgt unmittelbar aus der Anwendung des vorhergehenden Lemmas auf deterministische replizierbare Auszahlungen. $\qquad \square$

Definition 2.15 *Sei (b, D) ein arbitragefreies Marktmodell. Ein Portfolio $h \in \mathbb{R}^N$ heißt* **festverzinslich**, *wenn es eine deterministische Auszahlung $(c, c, \ldots, c) \in \mathbb{R}^K$ repliziert. Der* **risikolose Zinssatz** *r des Modells wird in diesem Fall definiert durch*

$$r = \frac{1}{d} - 1,$$

und $d = \frac{1}{1+r}$ stimmt mit dem aus der elementaren Finanzmathematik vertrauten Diskontfaktor überein.

Insbesondere ist also $\theta \in \mathbb{R}^N$ mit $D^t\theta = \mathbf{1} = (1, \ldots, 1)$ ein festverzinsliches Portfolio, wobei D die Auszahlungsmatrix des Modells bezeichnet. Für den Preis von θ gilt

$$c_0 = \theta \cdot S_0 = \langle \psi, D^t\theta \rangle = \langle \psi, \mathbf{1} \rangle = d.$$

2.2 Der Wahrscheinlichkeitsquotient

Im Folgenden wird das Problem, effiziente Portfolios zu ermitteln, erneut aufgegriffen und im Rahmen arbitragefreier Marktmodelle untersucht. Die Annahmen der klassischen Portfoliotheorie, dass alle Investoren ihre Anlageentscheidungen ausschließlich aufgrund der beiden Größen *erwartete Rendite* und *Risiko* treffen, werden beibehalten. Als individuell wird lediglich die Risikobereitschaft der Investoren vorausgesetzt.

Definition 2.16 Seien (b, D, P) ein arbitragefreies Marktmodell, ψ ein Diskontvektor und $d = \psi_1 + \cdots + \psi_K$ der zugehörige Diskontfaktor. Dann wird das durch

$$Q(\omega_j) = \frac{\psi_j}{d} \tag{2.9}$$

definierte Maß als **risikoneutrales Wahrscheinlichkeitsmaß** auf $(\Omega, \mathcal{P}(\Omega), P)$ bezeichnet.

Der Fundamentalsatz der Preistheorie, Satz 2.5, garantiert die Existenz von Diskontvektoren in arbitragefreien Marktmodellen. Eindeutig bestimmt ist ein Diskontvektor jedoch nur genau dann, wenn das zugehörige Modell (b, D, P) vollständig ist. Ist es nicht vollständig, dann existieren Diskontvektoren $\psi \gg 0$ und $\psi' \gg 0$ mit $\psi \neq \psi'$ und $D\psi = D\psi' = b$. Dennoch hängen die Preise replizierbarer Auszahlungen $c = D^t h$ nach Lemma 2.13 nicht von der Wahl des Diskontvektors ab. Für zusätzliche Informationen zur Mehrdeutigkeit von Diskontvektoren siehe [17].

Der Wahrscheinlichkeitsquotient $\mathcal{L}$

Definition 2.17 Sei (b, D, P) ein arbitragefreies Marktmodell und sei ψ ein Diskontvektor. Sei $d = \sum_{j=1}^K \psi_j$ und $Q = \frac{\psi}{d}$. Dann ist der **Wahrscheinlichkeitsquotient** $\mathcal{L} : \Omega \to \mathbb{R}$ von Q bezüglich P definiert durch

2.2 Der Wahrscheinlichkeitsquotient

$$\mathcal{L} = \frac{Q}{P}.$$

Im Folgenden werden Erwartungswerte von Zufallsvariablen $X : \Omega \to \mathbb{R}$ bezüglich P mit $\mathbf{E}^P[X] = \sum_{j=1}^K X(\omega_j) P(\omega_j)$ und Erwartungswerte bezüglich Q mit $\mathbf{E}^Q[X] = \sum_{j=1}^K X(\omega_j) Q(\omega_j)$ bezeichnet. Varianzen und Kovarianzen werden stets bezüglich P gebildet und für $X, Y : \Omega \to \mathbb{R}$ als $\mathbf{V}[X]$ bzw. als $\mathbf{Cov}(X, Y)$ geschrieben.

Lemma 2.18 *Es gilt*

1. $\mathbf{E}^P[\mathcal{L}] = 1$,
2. $\mathbf{E}^P[\mathcal{L}c] = \mathbf{E}^Q[c]$,
3. $\mathbf{Cov}(\mathcal{L}, c) = \mathbf{E}^Q[c] - \mathbf{E}^P[c]$,
4. $\mathbf{V}[\mathcal{L}] = \mathbf{E}^Q[\mathcal{L}] - 1$.

Beweis 1. und 2. folgen nach Einsetzen von $\mathcal{L} = \frac{Q}{P}$ unmittelbar aus der Definition des Erwartungswerts.

3. folgt, weil mit 1. und 2. gilt

$$\mathbf{Cov}(\mathcal{L}, c) = \mathbf{E}^P[\mathcal{L}c] - \mathbf{E}^P[\mathcal{L}]\mathbf{E}^P[c] = \mathbf{E}^Q[c] - \mathbf{E}^P[c].$$

4. folgt mit 1. und 3. aus $\mathbf{V}[\mathcal{L}] = \mathbf{Cov}(\mathcal{L}, \mathcal{L})$. □

Korollar 2.19 *Es gilt*
$$\mathbf{V}[\mathcal{L}] > 0 \Leftrightarrow \mathcal{L} \neq 1 \Leftrightarrow P \neq Q.$$

Weiter gilt
$$\mathbf{E}^Q[\mathcal{L}] \geq 1$$

und
$$\mathbf{E}^Q[\mathcal{L}] = 1 \Leftrightarrow \mathcal{L} = 1.$$

Beweis Für jede Zufallsvariable X gilt $\mathbf{V}[X] \geq 0$. Daraus folgt wegen 4. aus Lemma 2.18 bereits $\mathbf{E}^Q[\mathcal{L}] \geq 1$. Weiter gilt $\mathbf{V}[X] = 0$ genau dann, wenn X konstant ist. Also ist $\mathbf{E}^Q[\mathcal{L}] = 1$ genau dann, wenn $\mathcal{L} = \lambda$ für ein $\lambda \in \mathbb{R}$, d.h. $Q = \lambda P$, gilt. Aus $\sum_{\omega \in \Omega} Q(\omega) = \sum_{\omega \in \Omega} P(\omega) = 1$ folgt aber $\lambda = 1$, also $\mathcal{L} = 1$. □

Lemma 2.20 *Es sei $c \in \mathbb{R}^K$ eine beliebige replizierbare Auszahlung mit der Eigenschaft $c_0 = \langle \psi, c \rangle > 0$. Dann ist die Rendite $R_c = \frac{c}{c_0} - 1$ von c wohldefiniert, und mit $r = \frac{1}{d} - 1$ gilt*

1. $\langle \psi, R_c \rangle = 1 - d$.
2. $\mathbf{E}^Q[R_c] = r$.
3. $\mathrm{Cov}(\mathcal{L}, R_c) = r - \mathbf{E}^P[R_c]$.

Beweis Wenn ein eindeutig bestimmter Replikationspreis $c_0 > 0$ von c existiert, dann ist die Rendite R_c von c wohldefiniert und eindeutig bestimmt.

1. folgt aus
$$\langle \psi, R_c \rangle = \langle \psi, \frac{c}{\langle \psi, c \rangle} - 1 \rangle = 1 - d.$$

2. gilt wegen
$$\mathbf{E}^Q[R_c] = \frac{1}{d} \langle \psi, R_c \rangle = \frac{1}{d}(1 - d) = \frac{1}{d} - 1 = r.$$

3. Mit 3. aus Lemma 2.18 und 2. folgt
$$\mathrm{Cov}(\mathcal{L}, R_c) = \mathbf{E}^Q[R_c] - \mathbf{E}^P[R_c] = r - \mathbf{E}^P[R_c].$$

Also ist $-\mathrm{Cov}(\mathcal{L}, R_c)$ die Risikoprämie von c. □

Das Wahrscheinlichkeitsmaß Q hat also die Eigenschaft, dass die erwartete Rendite jeder replizierbaren Auszahlung dann, wenn der Erwartungswert mithilfe von Q gebildet wird, mit der risikolosen Rendite des Modells übereinstimmt und nicht vom Risiko der Investition in diese Auszahlung abhängt, was die Bezeichnung **risikoneutrales Preismaß**, für Q erklären mag.

Für die Rendite R_c einer Auszahlung c mit $c_0 > 0$ werden die Bezeichnungen $\mu_c = \mathbf{E}^P[R_c]$ und $\sigma_c = \sqrt{\mathbf{V}[R_c]}$ verwendet.

Lemma 2.21 *Die folgenden vier Eigenschaften*

1. $P = Q$,
2. $\mathcal{L} = 1$,
3. $\sigma_\mathcal{L} = 0$,
4. $\mu_\mathcal{L} = r$

sind äquivalent. Weiter gilt

$$\mu_\mathcal{L} = \frac{1}{\mathcal{L}_0} - 1, \tag{2.10}$$

$$\sigma_\mathcal{L} = \frac{\sqrt{\mathbf{V}[\mathcal{L}]}}{\mathcal{L}_0} \tag{2.11}$$

und, für $\mathcal{L} \neq 1$,

2.2 Der Wahrscheinlichkeitsquotient

$$\frac{\mu_{\mathcal{L}} - r}{\sigma_{\mathcal{L}}} = -\sqrt{\mathbf{V}[\mathcal{L}]} \qquad (2.12)$$

sowie

$$-1 < \mu_{\mathcal{L}} < r. \qquad (2.13)$$

Beweis Aus Korollar 2.19 folgt $P = Q \Leftrightarrow \mathcal{L} = 1 \Leftrightarrow \mathbf{V}[\mathcal{L}] = 0$. Wegen $\mathcal{L}_0 = \langle \psi, \mathcal{L} \rangle > 0$ ist die Rendite

$$R_{\mathcal{L}} = \frac{\mathcal{L}}{\mathcal{L}_0} - 1$$

von $\mathcal{L}$ wohldefiniert. Nun folgt (2.11) wegen

$$\sigma_{\mathcal{L}}^2 = \mathbf{V}[R_{\mathcal{L}}] = \left(\frac{1}{\mathcal{L}_0}\right)^2 \mathbf{V}[\mathcal{L}].$$

Mit 1. von Lemma 2.18 erhalten wir (2.10) wegen

$$\mu_{\mathcal{L}} = \mathbf{E}^P[R_{\mathcal{L}}] = \frac{1}{\mathcal{L}_0} \mathbf{E}^P[\mathcal{L}] - 1 = \frac{1}{\mathcal{L}_0} - 1$$

und damit insbesondere $-1 < \mu_{\mathcal{L}}$. Mit 3. von Lemma 2.20 und mit (2.11) folgt (2.12) wegen

$$r - \mu_{\mathcal{L}} = \mathbf{Cov}(\mathcal{L}, R_{\mathcal{L}}) = \frac{1}{\mathcal{L}_0} \mathbf{V}[\mathcal{L}]$$

und damit insbesondere auch $\mu_{\mathcal{L}} < r$ sowie $\mu_{\mathcal{L}} = r \Leftrightarrow \sigma_{\mathcal{L}} = 0$. □

Lemma 2.22 *Für eine lineare Abbildung* $D : \mathbb{R}^K \to \mathbb{R}^N$ *gilt*

$$\operatorname{Ker} D^{\mathrm{t}} \perp \operatorname{Im} D \qquad (2.14)$$

und

$$\mathbb{R}^N = \operatorname{Ker} D^{\mathrm{t}} \oplus \operatorname{Im} D \qquad (2.15)$$

Beweis Seien $f \in \operatorname{Ker} D^{\mathrm{t}}$ und $w \in \operatorname{Im} D$ beliebig. Nach Definition gilt $w = Dv$ für ein $v \in \mathbb{R}^K$. Damit erhalten wir

$$f \cdot w = f \cdot (Dv) = \langle D^{\mathrm{t}} f, v \rangle = 0.$$

Also folgt $\operatorname{Ker} D^{\mathrm{t}} \perp \operatorname{Im} D$. Nach Definition ist $\operatorname{Ker} D^{\mathrm{t}} \oplus \operatorname{Im} D$ ein Untervektorraum des $\mathbb{R}^N$. Aus dem Dimensionssatz folgt

$$N = \dim \operatorname{Ker} D^{\mathrm{t}} + \dim \operatorname{Im} D^{\mathrm{t}}.$$

Da bei Matrizen der Zeilenrang gleich dem Spaltenrang ist, gilt $\dim \operatorname{Im} D^{\mathrm{t}} = \dim \operatorname{Im} D$. Also erhalten wir

$$\dim\left(\operatorname{Ker} D^{\mathrm{t}} \oplus \operatorname{Im} D\right) = N,$$

woraus (2.15) folgt. □

Die Anwendung des Lemmas auf die transponierte Abbildung $D^{\mathrm{t}} : \mathbb{R}^N \to \mathbb{R}^K$ liefert

$$\operatorname{Ker} D \perp \operatorname{Im} D^{\mathrm{t}} \qquad (2.16)$$

und

$$\mathbb{R}^K = \operatorname{Ker} D \oplus \operatorname{Im} D^{\mathrm{t}}. \qquad (2.17)$$

Lemma 2.23 *Sei (b, D) ein Marktmodell. Dann existiert höchstens eine Lösung von $D\psi = b$, die replizierbar ist.*

Beweis Seien $\psi_1, \psi_2 \in \operatorname{Im} D^{\mathrm{t}}$ mit $D\psi_1 = D\psi_2 = b$. Dann gilt für $\psi = \psi_1 - \psi_2$ sowohl $\psi \in \operatorname{Im} D^{\mathrm{t}}$ als auch $\psi \in \operatorname{Ker} D$, also ist $\psi = 0$ wegen (2.17). □

Insbesondere ist in einem Marktmodell also höchstens ein Diskontvektor replizierbar. Ein entsprechender Zusammenhang gilt für Wahrscheinlichkeitsquotienten, wie der folgende Satz zeigt.

Satz 2.24 *In einem arbitragefreien Marktmodell, das festverzinsliche Portfolios enthält, gibt es höchstens einen Wahrscheinlichkeitsquotienten, der replizierbar ist.*

Beweis Angenommen, es existieren zwei Diskontvektoren ψ und ψ' im Modell. Der Diskontfaktor $d = \sum_{i=1}^{K} \psi_i = \sum_{i=1}^{K} \psi'_i$ ist eindeutig bestimmt, da das Marktmodell nach Voraussetzung festverzinsliche Portfolios enthält. Wird

$$Q = \frac{\psi}{d} \quad \text{und} \quad Q' = \frac{\psi'}{d}$$

definiert, dann folgt wegen $\psi' = \psi + f$ für ein $f \in \operatorname{Ker} D$ der Zusammenhang

$$Q' = \frac{\psi'}{d} = Q + q \qquad (2.18)$$

mit

$$q = \frac{f}{d}.$$

Wir betrachten nun die beiden Wahrscheinlichkeitsquotienten

$$\mathcal{L} = \frac{Q}{P} \quad \text{und} \quad \mathcal{L}' = \frac{Q'}{P}$$

und nehmen an, dass beide replizierbar sind. Zunächst folgt die Darstellung

$$\mathcal{L}' = \mathcal{L} + \frac{q}{P}. \tag{2.19}$$

Nach Voraussetzung ist $\mathcal{L}$ replizierbar. Daher ist der Preis von $\mathcal{L}$ unabhängig vom gewählten Diskontvektor gegeben durch
$$\langle \psi, \mathcal{L} \rangle = \langle \psi', \mathcal{L} \rangle.$$
Dies bedeutet
$$\langle Q, \mathcal{L} \rangle = \langle Q', \mathcal{L} \rangle = \langle Q, \mathcal{L} \rangle + \langle q, \mathcal{L} \rangle,$$
also
$$\langle q, \mathcal{L} \rangle = 0. \tag{2.20}$$
Nach Voraussetzung ist auch $\mathcal{L}'$ replizierbar, sodass
$$\langle \psi, \mathcal{L}' \rangle = \langle \psi', \mathcal{L}' \rangle$$
gilt, und daraus folgt
$$\langle Q, \mathcal{L}' \rangle = \langle Q', \mathcal{L}' \rangle = \langle Q, \mathcal{L}' \rangle + \langle q, \mathcal{L}' \rangle,$$
also
$$\langle q, \mathcal{L}' \rangle = 0. \tag{2.21}$$
Aus (2.21) folgt mit (2.19) und (2.20)
$$0 = \langle q, \mathcal{L}' \rangle = \langle q, \mathcal{L} \rangle + \left\langle q, \frac{q}{P} \right\rangle = \left\langle q, \frac{q}{P} \right\rangle.$$
Aber dies bedeutet $q = 0$, also $\mathcal{L}' = \mathcal{L}$. □

Wir werden sehen, dass Auszahlungen vom Typ $s + t\mathcal{L}$, $s, t \in \mathbb{R}$, die Kapitalmarktlinie des Marktmodells definieren, wenn konstante Auszahlungen und der Wahrscheinlichkeitsquotient $\mathcal{L}$ replizierbar sind.

2.3 CAPM und Varianzminimierung

Unter der Voraussetzung, dass konstante Auszahlungen und der Wahrscheinlichkeitsquotient $\mathcal{L}$ replizierbar sind, werden wir im Folgenden auf eine alternative Weise die CAPM-Grundgleichung ableiten und das Problem, Portfolios mit vorgegebener erwarteter Rendite und minimaler Varianz zu finden, lösen.

Der Fall $\mathcal{L} = 1$
Sei (b, D, P) ein arbitragefreies Marktmodell, das festverzinsliche Portfolios enthält. Im Falle $\mathcal{L} = 1$ ist $\mathcal{L}$ als konstante Funktion nach Voraussetzung replizierbar und es gilt $P = Q$. Für beliebige Portfolios h folgt

$$h \cdot b = \langle \psi, D^t h \rangle = d\mathbf{E}^P \left[D^t h \right], \tag{2.22}$$

also gilt für $h \cdot b > 0$

$$\mu_{D^t h} = \mathbf{E}^P \left[R_{D^t h} \right] = \mathbf{E}^P \left[\frac{D^t h}{h \cdot b} - 1 \right] = \frac{1}{d} - 1 = r.$$

Die erwartete Rendite jeder replizierbaren Auszahlung mit positivem Anfangswert beträgt also r, und alle diese Auszahlungen befinden sich in einem μ-σ-Diagramm auf einer Parallelen zur σ-Achse, die durch den Punkt $(0, r)$ verläuft, siehe Abb. 2.5. Das Problem, Portfolios mit vorgegebener erwarteter Rendite μ und mit minimaler Varianz zu finden, ist also im Falle von $\mathcal{L} = 1$ nur für $\mu = r$ lösbar, und die Lösung ist durch festverzinsliche Portfolios $\lambda\theta$ mit $D^t\theta = 1$ gegeben.

Der Fall $\mathcal{L}$ replizierbar, $\mathcal{L} \neq 1$

Lemma 2.25 *Sei (b, D, P) ein arbitragefreies Marktmodell, das festverzinsliche Portfolios enthält. Seien weiter $s, t \in \mathbb{R}$ beliebig mit $t \neq 0$. Dann ist die Auszahlung $s + t\mathcal{L}$ genau dann replizierbar, wenn $\mathcal{L}$ replizierbar ist.*

Beweis Sei l ein Portfolio mit $D^t l = \mathcal{L}$. Sei θ ein festverzinsliches Portfolio mit $D^t\theta = 1$. Dann gilt

$$D^t (s\theta + tl) = s + t\mathcal{L},$$

also ist $s + t\mathcal{L}$ replizierbar. Sei umgekehrt $s + t\mathcal{L}$ replizierbar. Dann gilt $s + t\mathcal{L} = D^t h$ für ein $h \in \mathbb{R}^N$. Damit folgt

Abb. 2.5 Im Falle von $\mathcal{L} = 1$ befinden sich alle replizierbaren Auszahlungen in einem μ-σ-Diagramm auf einer Parallelen zur σ-Achse durch den Punkt $(0, r)$

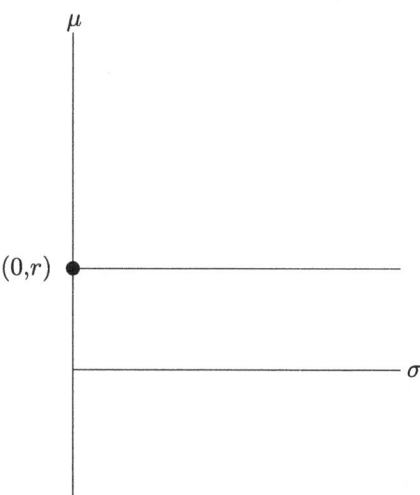

2.3 CAPM und Varianzminimierung

$$\mathcal{L} = D^{\mathrm{t}}\left(\frac{1}{t}(h - s\theta)\right),$$

und $\mathcal{L}$ wird durch $\frac{1}{t}(h - s\theta)$ repliziert. □

In Lemma 1.15 wurde gezeigt, dass die Rendite eines Portfolios als gewichtete Summe der Renditen der Bestandteile des Portfolios dargestellt werden kann, wobei die Gewichte die relativen Kapitalanteile der Finanzinstrumente des Portfolios sind.

Lemma 2.26 *Sei* (b, D, P) *ein arbitragefreies Marktmodell mit Diskontvektor* ψ, *das festverzinsliche Portfolios enthält. Sei weiter* $c \in \mathbb{R}^K$ *eine replizierbare Auszahlung mit* $c_0 = \langle \psi, c \rangle > 0$. *Sei* $c' = s + tc$, $s, t \in \mathbb{R}$, *eine Auszahlung mit* $c_0' = \langle \psi, c' \rangle > 0$. *Für die Rendite* $R_{c'} = \frac{c'}{c_0'} - 1$ *von* c' *gilt*

$$R_{c'} = (1 - \alpha)r + \alpha R_c, \quad \alpha = t\frac{c_0}{c_0'}. \tag{2.23}$$

Die Auszahlung c' *wird also dadurch realisiert, dass der Bruchteil* $1 - \alpha = ds/c_0'$ *des eingesetzten Kapitals festverzinslich zum Zinssatz* r *angelegt und der Rest in die Auszahlung* c *investiert wird. Weiter sei* $\sigma_c > 0$ *und* $\sigma_{c'} > 0$ *angenommen. Dann gilt*

$$\frac{\mu_{c'} - r}{\sigma_{c'}} = \operatorname{sgn}(t) \frac{\mu_c - r}{\sigma_c}, \tag{2.24}$$

wobei

$$\operatorname{sgn}(x) = \begin{cases} +1 & (x > 0) \\ 0 & (x = 0) \\ -1 & (x < 0) \end{cases}$$

die Vorzeichen- oder Signum-Funktion bezeichnet.

Beweis Da c' replizierbar ist, ist $c_0' = \langle \psi, c' \rangle > 0$ eindeutig bestimmt und die Rendite $R_{c'}$ von c' ist wohldefiniert. Mit $c_0' = ds + tc_0$ folgt

$$\begin{aligned} c_0' R_{c'} &= c' - c_0' \\ &= s + tc - (ds + tc_0) \\ &= s(1 - d) + t(c - c_0) \\ &= dsr + tc_0 R_c, \end{aligned}$$

wobei $1 - d = dr$ verwendet wurde. Dies impliziert (2.23) sowie

$$\mu_{c'} - r = \alpha(\mu_c - r)$$

und

$$\sigma_{c'} = |\alpha|\,\sigma_c.$$

Für $\sigma_{c'} > 0$ gilt $\alpha \neq 0$, und dann folgt (2.24) wegen $\frac{\alpha}{|\alpha|} = \mathrm{sgn}\,(\alpha) = \mathrm{sgn}\,(t)$. □

Alle Auszahlungen $c' = s + tc$ befinden sich nach (2.24) im μ-σ-Diagramm auf zwei durch $(0,\,r)$ verlaufenden Halbgeraden mit den durch (2.24) gegebenen Steigungen $\pm\frac{\mu_c - r}{\sigma_c}$, siehe Abb. 2.6. Das Ergebnis entspricht (1.35) aus Kap. 1.

Im Falle von $\mu_c - r > 0$ werden Portfolios für $t > 0$ auf der oberen Halbgeraden und für $t < 0$ auf der unteren Halbgeraden realisiert. In letzterem Fall werden Vielfache der Auszahlung c geliehen und anschließend verkauft. Die vereinnahmten Verkaufserlöse werden dann in die risikolose Anlage investiert. Auf diese Weise entstehen Auszahlungen mit positivem Risiko und mit Erträgen, die geringer sind als der risikolose Zinssatz. Im Falle von $\mu_c - r < 0$ werden entsprechend Portfolios auf der oberen Halbgeraden für $t < 0$ und auf der unteren Halbgeraden für $t > 0$ realisiert.

Lemma 2.27 *Sei $(b,\,D,\,P)$ ein arbitragefreies Marktmodell mit Diskontvektor ψ, das festverzinsliche Portfolios enthält. Sei c eine replizierbare Auszahlung mit $c_0 = \langle \psi,\,c\rangle > 0$ und $\sigma_c > 0$. Dann gilt für beliebige Auszahlungen c'*

$$\frac{\mathrm{Cov}\,(c,\,c')}{\sqrt{\mathbf{V}\,[c]}} = \frac{\mathrm{Cov}\,(R_c,\,c')}{\sigma_c}. \tag{2.25}$$

Ist darüber hinaus auch c' replizierbar mit $c'_0 = \langle \psi,\,c'\rangle > 0$ und $\sigma_{c'} > 0$, dann folgt

$$\mathrm{Corr}\,(c,\,c') = \mathrm{Corr}\,(R_c,\,R_{c'}). \tag{2.26}$$

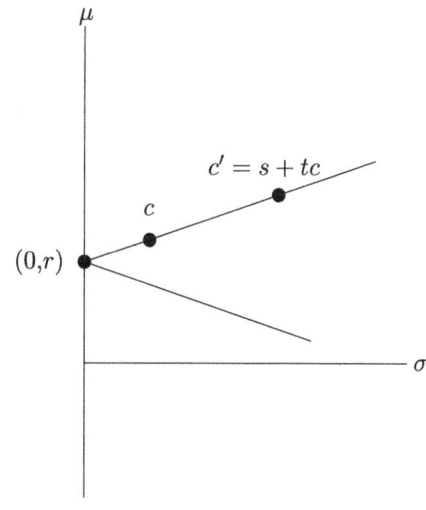

Abb. 2.6 Portfolios $c' = s + tc$, die aus einer Linearkombination der festverzinslichen replizierbaren Anlage 1 und aus einer risikobehafteten replizierbaren Auszahlung c bestehen, befinden sich im μ-σ-Diagramm auf zwei durch $(0,\,r)$ verlaufenden Halbgeraden mit durch (2.24) gegebenen Steigungen

2.3 CAPM und Varianzminimierung

Beweis Zunächst ist die Rendite $R_c = \frac{c}{c_0} - 1$ von c nach Voraussetzung wohldefiniert. Aus

$$\mathbf{Cov}\left(R_c, c'\right) = \frac{1}{c_0}\mathbf{Cov}\left(c, c'\right)$$

und

$$\sigma_c = \sqrt{\mathbf{V}[R_c]} = \frac{1}{c_0}\sqrt{\mathbf{V}[c]}$$

folgt (2.25). Ist zusätzlich c' replizierbar, dann ist auch die Rendite $R_{c'} = \frac{c'}{c'_0} - 1$ von c' wohldefiniert, und nach (2.25) gilt mit $\sigma_{c'} > 0$ für beliebige Auszahlungen $z \in \mathbb{R}^K$

$$\frac{\mathbf{Cov}\left(z, c'\right)}{\sqrt{\mathbf{V}[c']}} = \frac{\mathbf{Cov}\left(z, R_{c'}\right)}{\sigma_{c'}}, \tag{2.27}$$

also

$$\begin{aligned}
\mathbf{Corr}\left(c, c'\right) &= \frac{\mathbf{Cov}\left(c, c'\right)}{\sqrt{\mathbf{V}[c]}\sqrt{\mathbf{V}[c']}} \\
&= \frac{1}{\sqrt{\mathbf{V}[c']}}\frac{\mathbf{Cov}\left(R_c, c'\right)}{\sigma_c} \\
&= \frac{1}{\sigma_c}\frac{\mathbf{Cov}\left(R_c, R_{c'}\right)}{\sigma_{c'}} \\
&= \mathbf{Corr}\left(R_c, R_{c'}\right),
\end{aligned}$$

wobei in der vorletzten Zeile (2.27) mit $z = R_c$ verwendet wurde. $\square$

Satz 2.28 (CAPM-Grundgleichung). *Sei (b, D, P) ein arbitragefreies Marktmodell mit Diskontvektor ψ, das festverzinsliche Portfolios enthält. Sei $\mathcal{L} \neq 1$ replizierbar und sei weiter $c \in \mathbb{R}^K$ eine replizierbare Auszahlung mit $c_0 = \langle \psi, c \rangle > 0$ und $\sigma_c > 0$. Dann gilt*

$$\frac{\mu_c - r}{\sigma_c} = \mathbf{Corr}\left(R_c, R_\mathcal{L}\right)\sqrt{\mathbf{V}[\mathcal{L}]} \tag{2.28}$$

$$= \mathbf{Corr}\left(R_c, R_\mathcal{L}\right)\frac{\mu_\mathcal{L} - r}{\sigma_\mathcal{L}}.$$

Insbesondere folgt für jede replizierbare Auszahlung c mit $c_0 = \langle \psi, c \rangle > 0$ und $\sigma_c > 0$

$$\left|\frac{\mu_c - r}{\sigma_c}\right| \leq \sqrt{\mathbf{V}[\mathcal{L}]}. \tag{2.29}$$

*Sei $M = s + t\mathcal{L}$ mit $M_0 = \langle \psi, M \rangle > 0$ und $\sigma_M > 0$. Dann gilt die **CAPM-Grundgleichung***

$$\frac{\mu_c - r}{\sigma_c} = \mathbf{Corr}\,(R_c,\,R_M)\,\frac{\mu_M - r}{\sigma_M} \qquad (2.30)$$
$$= -\mathrm{sgn}\,(t)\,\mathbf{Corr}\,(R_c,\,R_M)\,\sqrt{\mathbf{V}[\mathcal{L}]}.$$

Beweis Mit Lemma 2.20 und mit (2.25) folgt

$$\begin{aligned}\frac{\mu_c - r}{\sigma_c} &= -\frac{\mathbf{Cov}(R_c,\,\mathcal{L})}{\sigma_c}\\ &= -\frac{\sqrt{\mathbf{V}[\mathcal{L}]}}{\sigma_c}\frac{\mathbf{Cov}(R_c,\,\mathcal{L})}{\sqrt{\mathbf{V}[\mathcal{L}]}}\\ &= -\frac{1}{\sigma_c}\frac{\mathbf{Cov}(R_c,\,R_{\mathcal{L}})}{\sigma_{\mathcal{L}}}\sqrt{\mathbf{V}[\mathcal{L}]}\\ &= -\mathbf{Corr}\,(R_c,\,R_{\mathcal{L}})\,\sqrt{\mathbf{V}[\mathcal{L}]}.\end{aligned}$$

Die zweite Zeile in (2.28) folgt wegen (2.12). (2.29) ist klar. Da nach (2.24) affine Funktionen $M = s + t\mathcal{L}$ von $\mathcal{L}$ bis auf ein Vorzeichen dieselbe relative Risikoprämie besitzen wie $\mathcal{L}$, folgt (2.30). $\square$

Nach Satz 2.28 besitzen Auszahlungen des Typs $s + t\mathcal{L}$ betragsmäßig maximale relative Risikoprämien, die wegen (2.11) genau dann positiv sind, wenn $t < 0$ gilt, siehe Abb. 2.7. Für $M = s + t\mathcal{L}$ gilt

$$\frac{\mu_M - r}{\sigma_M} = -\mathrm{sgn}\,(t)\,\sqrt{\mathbf{V}[\mathcal{L}]}$$

wegen $\mathbf{Corr}\,(R_M,\,R_M) = 1$. Daher definieren die Auszahlungen

Abb. 2.7 Die Auszahlungen $s + t\mathcal{L}$ für $s,\,t \in \mathbb{R}$ im μ-σ-Diagramm. Die Steigung der oberen Halbgeraden beträgt $\sqrt{\mathbf{V}(\mathcal{L})}$, die der unteren Halbgeraden $-\sqrt{\mathbf{V}(\mathcal{L})}$

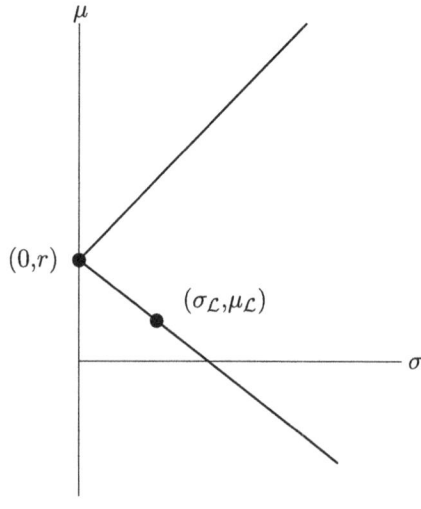

2.3 CAPM und Varianzminimierung

$$s + t\mathcal{L}, \quad t < 0,$$

die **Kapitalmarktlinie** des Modells und der **Marktpreis des Risikos** beträgt

$$\sqrt{\mathbf{V}[\mathcal{L}]}. \tag{2.31}$$

Gl. (2.30) entspricht der klassischen Grundgleichung des **Capital Asset Pricing Models**. Die Auszahlung $\mathcal{L}$ liegt im μ-σ-Diagramm an der Stelle

$$(\sigma_\mathcal{L}, \mu_\mathcal{L}) = \left(\frac{\sqrt{\mathbf{V}[\mathcal{L}]}}{\mathcal{L}_0}, r - \frac{\mathbf{V}[\mathcal{L}]}{\mathcal{L}_0} \right),$$

wobei Lemma 2.21 verwendet wurde.

Seien c und M die in Satz 2.28 definierten Auszahlungen, für die (2.30) gilt. Die relative Risikoprämie von c ist für $\mu_M > r$ kleiner oder gleich der relativen Risikoprämie von M. Damit besitzt die durch die Punkte $(0, r)$ und (σ_M, μ_M) verlaufende Halbgerade im μ-σ-Diagramm eine Steigung, die mindestens so groß ist, wie die der durch $(0, r)$ und (σ_c, μ_c) verlaufenden Halbgeraden, und sie verfügt damit über die definierende Eigenschaft der Kapitalmarktlinie. Dies ist in Abb. 2.8 skizziert.

Der durch die Auszahlungen $s + t\mathcal{L}$, $s, t \in \mathbb{R}$, im μ-σ-Diagramm berandete „Fächer" degeneriert genau dann zu einer Halbgeraden, wenn $\mathbf{V}[\mathcal{L}] = 0$ gilt, also für $\mathcal{L} = 1$ bzw. $P = Q$, siehe Abb. 2.5.

Definition 2.29 Sei (b, D, P) ein arbitragefreies Marktmodell. Das **Portfolio-Optimierungsproblem** besteht darin,

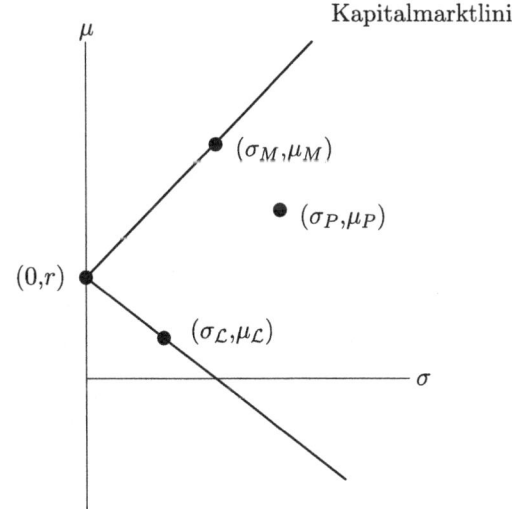

Abb. 2.8 Die optimalen Portfolios befinden sich auf der Kapitalmarktlinie. Jedes andere Portfolio P besitzt eine geringere relative Risikoprämie als eine beliebige Auszahlung M auf der Kapitalmarktlinie

1. zu vorgegebenem Anfangskapital und zu vorgegebener erwarteter Rendite $\mu > r$ ein Portfolio mit minimalem Risiko zu finden oder
2. zu vorgegebenem Anfangskapital und zu vorgegebenem Risiko $\sigma > 0$ ein Portfolio mit maximaler erwarteter Rendite zu bestimmen.

Die erste Variante dieses Problems wird **Minimum-Varianz-Optimierungsproblem** genannt.

Satz 2.30 *(Das Minimum-Varianz-Optimierungsproblem und das Two Fund Theorem)*
In einem arbitragefreien Marktmodell (b, D, P) seien sowohl $\mathcal{L}$ als auch konstante Auszahlungen replizierbar. Ferner gelte $\mathcal{L} \neq 1$. Seien weiter eine erwartete Rendite μ und ein Anfangskapital $c_0 > 0$ vorgegeben.

1. *Dann ist eine replizierbare Auszahlung mit erwarteter Rendite μ, Anfangskapital $c_0 > 0$ und maximaler relativer Risikoprämie gegeben durch $M = s + t\mathcal{L}$ mit*

$$s = c_0 \left(1 + \mu + \frac{\mu - r}{\mathbf{V}[\mathcal{L}]}\right)$$

und

$$t = -\frac{\mu - r}{\mathbf{V}[\mathcal{L}]} c_0.$$

Zusammengefasst gilt damit

$$M = c_0 \left(1 + \mu + \frac{\mu - r}{\mathbf{V}[\mathcal{L}]} (1 - \mathcal{L})\right). \tag{2.32}$$

2. *Für die Rendite R_M von M gilt*

$$R_M = \mu + \frac{\mu - r}{\mathbf{V}[\mathcal{L}]} (1 - \mathcal{L}) \tag{2.33}$$

sowie

$$\mu_M = \mathbf{E}^P[R_M] = \mu \tag{2.34}$$

und

$$\sigma_M = \sqrt{\mathbf{V}[R_M]} = \frac{|\mu - r|}{\sqrt{\mathbf{V}[\mathcal{L}]}}. \tag{2.35}$$

3. *Die Auszahlung $M = s + t\mathcal{L}$ wird repliziert durch ein Portfolio h, welches das Gleichungssystem*

$$D^t h = M$$

2.3 CAPM und Varianzminimierung

löst. Jede Lösung h besitzt eine Darstellung

$$h = s\theta + tl, \tag{2.36}$$

wobei $D^t\theta = 1$ und $D^t l = \mathcal{L}$ gilt.

4. *Für jede replizierbare Auszahlung c mit $\mu_c = \mu_M = \mu$ gilt*

$$\sigma_M \leq \sigma_c.$$

Beweis Aufgrund der CAPM-Grundgleichung (2.30) in Satz 2.28 besitzen Auszahlungen vom Typ $M = s + t\mathcal{L}$, $t < 0$, eine maximale relative Risikoprämie, den Marktpreis des Risikos.

1. Sei $M = s + t\mathcal{L}$. Für einen Diskontvektor ψ des Modells folgt mit $\langle \psi, M \rangle = c_0$, $R_M = \frac{M}{c_0} - 1$ und mit 3. von Lemma 2.20 der Zusammenhang

$$r - \mu = \mathbf{Cov}(R_M, \mathcal{L}) = \frac{t}{c_0} \mathbf{V}[\mathcal{L}],$$

also

$$t = -c_0 \frac{\mu - r}{\mathbf{V}[\mathcal{L}]}.$$

Mit $c_0 = \langle \psi, M \rangle = d\mathbf{E}^Q[M] = d\left(s + t\mathbf{E}^Q[\mathcal{L}]\right)$ und 4. von Lemma 2.18 folgt mit $1/d = 1 + r$

$$\begin{aligned} s &= \frac{c_0}{d} - t\mathbf{E}^Q[\mathcal{L}] \\ &= c_0 \left(1 + r + \frac{\mu - r}{\mathbf{V}[\mathcal{L}]} \left(\mathbf{V}[\mathcal{L}] + 1\right)\right) \\ &= c_0 \left(1 + \mu + \frac{\mu - r}{\mathbf{V}[\mathcal{L}]}\right). \end{aligned}$$

2. (2.33) folgt durch Einsetzen von (2.32) in

$$R_M = \frac{M}{c_0} - 1,$$

und daraus folgt (2.35). (2.34) folgt mit 1. von Lemma 2.18.

3. folgt aus der Definition.

4. Für $\mu = r$ folgt $R_M = \mu$, also $\sigma_M = 0$ und damit $\sigma_M \leq \sigma_c$. Für $\mu_c = \mu \neq r$ folgt aus (2.29) mit (2.35)

$$\left|\frac{\mu - r}{\sigma_c}\right| = \left|\frac{\mu_c - r}{\sigma_c}\right|$$
$$\leq \sqrt{\mathbf{V}[\mathcal{L}]}$$
$$= \frac{|\mu - r|}{\sigma_M},$$

also $\sigma_M \leq \sigma_c$. □

Zu einer vorgegebenen Rendite μ löst also das Portfolio $h = s\theta + tl$ in (2.36) das **Minimum-Varianz-Optimierungsproblem,** d. h., es besitzt unter allen Portfolios h mit der Eigenschaft $\mu_h = \mathbf{E}^P[R_h] = \mu$ eine minimale Varianz. Die Darstellung (2.36) weist darüber hinaus das **Two Fund Theorem** nach, wonach Investoren ihr Kapital in eine Kombination aus einem festverzinslichen Portfolio θ und aus einem Portfolio l mit Auszahlung $\mathcal{L}$ investieren sollten. Rendite und Risiko jeder optimalen Investition werden allein durch die Aufteilung des eingesetzten Kapitals auf diese beiden Anlagen gesteuert.

Anwendungsbeispiel für den Fall $\mathcal{L} \in \text{Im} D^t$

Beispiel 2.31 Ein Marktmodell sei gegeben durch

$$(b, D, P) = \left(\begin{pmatrix} 1{,}00 \\ 100{,}41 \\ 150{,}46 \\ 196{,}65 \end{pmatrix}, \begin{pmatrix} 1{,}01 & 1{,}01 & 1{,}01 & 1{,}01 \\ 110 & 115 & 100 & 90 \\ 160 & 170 & 150 & 140 \\ 205 & 195 & 190 & 210 \end{pmatrix}, \begin{pmatrix} 0{,}2 \\ 0{,}3 \\ 0{,}25 \\ 0{,}25 \end{pmatrix} \right).$$

Die Determinante von D ist von null verschieden, also ist das Modell vollständig. Zu einer gegebenen erwarteten Rendite von $\mu = 10\%$ ist ein Portfolio h mit Anfangswert $c_0 = 1000$ und minimaler Varianz anzugeben. Zunächst ist der Diskontvektor ψ des Modells gegeben durch die eindeutig bestimmte Lösung des Gleichungssystems $D\psi = b$, d. h. durch

$$\psi = \begin{pmatrix} 0{,}2147 \\ 0{,}1090 \\ 0{,}4281 \\ 0{,}2382 \end{pmatrix}.$$

Da alle Komponenten von ψ positiv sind, ist das Modell arbitragefrei. Weiter folgt $d = 0{,}9901, r = \frac{1}{d} - 1 = 0{,}01$ und

$$Q = \frac{\psi}{d} = \begin{pmatrix} 0{,}2169 \\ 0{,}1101 \\ 0{,}4324 \\ 0{,}2406 \end{pmatrix}. \tag{2.37}$$

2.3 CAPM und Varianzminimierung

Damit lautet der Wahrscheinlichkeitsquotient

$$\mathcal{L} = \frac{Q}{P} = \begin{pmatrix} 1{,}0845 \\ 0{,}3670 \\ 1{,}7295 \\ 0{,}9625 \end{pmatrix}$$

und es gilt $\mathbf{V}[\mathcal{L}] = \mathbf{E}^Q[\mathcal{L}] - 1 = 0{,}2550$. Daraus folgt

$$\sqrt{\mathbf{V}[\mathcal{L}]} = 0{,}5050, \tag{2.38}$$

und dies ist nach (2.31) der Marktpreis der Risikos des Modells. Nach (2.32) ist die Auszahlung c mit vorgegebener erwarteter Rendite $\mu > r$ und minimaler Varianz gegeben durch

$$c = c_0 \left(1 + \mu + \frac{\mu - r}{\mathbf{V}[\mathcal{L}]} (1 - \mathcal{L}) \right) = 1000 \cdot \begin{pmatrix} 1{,}0702 \\ 1{,}3234 \\ 0{,}8426 \\ 1{,}1132 \end{pmatrix}.$$

Das Portfolio, das c repliziert, löst das Gleichungssystem $c = D^t h$ und lautet

$$h = 1000 \cdot \begin{pmatrix} -5{,}8303 \\ -0{,}0763 \\ 0{,}0777 \\ 0{,}0142 \end{pmatrix}.$$

Dann gilt $h \cdot b = 1000 = c_0$ und mit

$$R = \frac{c}{c_0} - 1 = \mu + \frac{\mu_0 - r}{\mathbf{V}[\mathcal{L}]} (1 - \mathcal{L})$$

folgt $\mathbf{E}^P[R] = \mu = 10\,\%$ sowie

$$\sigma = \sqrt{\mathbf{V}[R]} = 0{,}1782.$$

Dieses minimale Risiko lässt sich alternativ auch mithilfe des Marktpreises des Risikos, $\frac{\mu-r}{\sigma} = \sqrt{\mathbf{V}[\mathcal{L}]}$, durch $\sigma = \frac{\mu-r}{\sqrt{\mathbf{V}[\mathcal{L}]}}$ berechnen. △

Bei der in diesem Kap. 2 dargestellten Methode zum Auffinden der Kapitalmarktlinie wird kein Marktportfolio als Berührpunkt einer von der risikolosen Anlage ausgehenden Halbgeraden mit einer Effizienzlinie im μ-σ-Diagramm konstruiert. Die risikolose Kapitalanlage ist ja hier bereits im Marktmodell (b, D, P) enthalten und die Kapitalmarktlinie wird aus diesem Modell abgeleitet.

Es stellt sich aber die Frage, ob sich das Marktportfolio und damit die Kapitalmarktlinie nicht auch mit den Methoden des vorherigen Kap. 1 konstruieren lässt, wenn zunächst die risikolose Anlage und die risikobehafteten Wertpapiere getrennt betrachtet werden. Dies ist tatsächlich der Fall: Das erste Finanzinstrument S^1 ist festverzinslich mit Zinssatz $r = 1\%$.

Die Renditen der risikobehafteten Finanzinstrumente S^2, S^3, S^4 lauten mit den Daten aus b und D

$$\begin{pmatrix} R_2(\omega_1) & \cdots & R_2(\omega_4) \\ \vdots & & \vdots \\ R_4(\omega_1) & \cdots & R_4(\omega_4) \end{pmatrix} = \begin{pmatrix} \frac{S_1^2(\omega_1)-S_0^2}{S_0^2} & \cdots & \frac{S_1^2(\omega_4)-S_0^2}{S_0^2} \\ \vdots & & \vdots \\ \frac{S_1^4(\omega_1)-S_0^4}{S_0^4} & \cdots & \frac{S_1^4(\omega_4)-S_0^4}{S_0^4} \end{pmatrix}$$

$$= \frac{1}{100} \cdot \begin{pmatrix} 9{,}5508 & 14{,}5304 & -0{,}4083 & -10{,}3675 \\ 6{,}3406 & 12{,}9868 & -0{,}3057 & -6{,}9520 \\ 4{,}2461 & -0{,}8391 & -3{,}3816 & 6{,}7887 \end{pmatrix}.$$

Mit dem Wahrscheinlichkeitsmaß P ergeben sich daraus die erwarteten Renditen $\mu_i = \mathbf{E}^P[R_i]$, die Standardabweichungen $\sigma_i = \mathbf{V}[R_i]$, $i = 2, 3, 4$, und die Kovarianzmatrix C zu

$$\mu = (\mu_2, \mu_3, \mu_4) = \frac{1}{100} \cdot (3{,}5753, 3{,}3497, 1{,}4493),$$

$$(\sigma_2, \sigma_3, \sigma_4) = \frac{1}{100} \cdot (9{,}7833, 7{,}7151, 4{,}0121)$$

und

$$C = \frac{1}{100} \cdot \begin{pmatrix} 0{,}9569 & 0{,}7477 & -0{,}1796 \\ 0{,}7477 & 0{,}5949 & -0{,}1426 \\ -0{,}1796 & -0{,}1426 & 0{,}1608 \end{pmatrix}.$$

Mit (1.37) erhalten wir die Portfoliogewichte w_M des Marktportfolios des Modells als

$$w_M = \frac{C^{-1}(\mu - r)}{\langle e, C^{-1}(\mu - r) \rangle} = (-1{,}1255,\ 1{,}7165,\ 0{,}4090).$$

Mit diesen Daten berechnen sich die erwartete Rendite μ_M und das Risiko σ_M des Marktportfolios mithilfe von (1.38) zu

$$\mu_M = 0{,}0232, \quad \sigma_M = 0{,}0261.$$

Daraus folgt der zugehörige Marktpreis des Risikos

$$\frac{\mu_M - r}{\sigma_M} = 0{,}505,$$

und dieser Wert stimmt mit (2.38) überein. △

2.3 CAPM und Varianzminimierung

Der Fall $\mathcal{L}$ beliebig

Sei (b, D, P) ein arbitragefreies Marktmodell, in dem konstante Auszahlungen replizierbar sind. Wir lassen nun auch den Fall zu, dass $M = s + t\mathcal{L}$ nicht replizierbar ist. Dies ist nach Lemma 2.25 genau dann der Fall, wenn $\mathcal{L} \notin \mathrm{Im} D^t$ gilt.

Die Projektion $\mathcal{L}_\|$ von $\mathcal{L}$

Wir bestimmen eine Zerlegung von $\mathcal{L}$,

$$\mathcal{L} = \mathcal{L}_\| + \mathcal{L}_\perp,$$

sodass $\mathcal{L}_\|$ und $\mathcal{L}_\perp$ *orthogonal* sind im Sinne von

$$\mathbf{Cov}(\mathcal{L}_\|, \mathcal{L}_\perp) = 0,$$

siehe Abb. 2.9. Dabei definieren wir $\mathcal{L}_\|$ als *Projektion* von $\mathcal{L}$ auf einen Untervektorraum $V \subset \mathrm{Im} D^t$. Zunächst beachten wir, dass die Kovarianz $\mathbf{Cov}: \mathbb{R}^K \times \mathbb{R}^K \to \mathbb{R}$,

$$\mathbf{Cov}(c, c') = \mathbf{E}^P\left[\left(c - \mathbf{E}^P[c]\right)\left(c' - \mathbf{E}^P[c']\right)\right] \quad (c, c' \in \mathbb{R}^K),$$

eine symmetrische, positiv semidefinite Bilinearform auf $\mathbb{R}^K$ ist. Sei

$$U = \left\{c \in \mathbb{R}^K \,|\, \mathbf{Cov}(c, c) = \mathbf{V}[c] = 0\right\} = \{s\mathbf{1} \,|\, s \in \mathbb{R}\}$$

der von $\mathbf{1} = (1, \ldots, 1) \in \mathbb{R}^K$ aufgespannte eindimensionale Untervektorraum. Wird der Vektor $\mathbf{1} \in \mathrm{Im} D^t$ mit linear unabhängigen Vektoren $f_1, \ldots, f_k \in \mathrm{Im} D^t$ zu einer Basis von $\mathrm{Im} D^t$ ergänzt, dann ergibt sich die Zerlegung

$$\mathrm{Im} D^t = U \oplus V, \quad V = [f_1, \ldots, f_k]. \tag{2.39}$$

Auf V ist $\mathbf{Cov}$ ein Skalarprodukt, denn angenommen, für ein $v \in V$ wäre $\mathbf{Cov}(v, v) = \mathbf{V}[v] = 0$, dann wäre v konstant, also $v = \lambda \mathbf{1}$ für ein $\lambda \in \mathbb{R}$. Andererseits gibt es nach

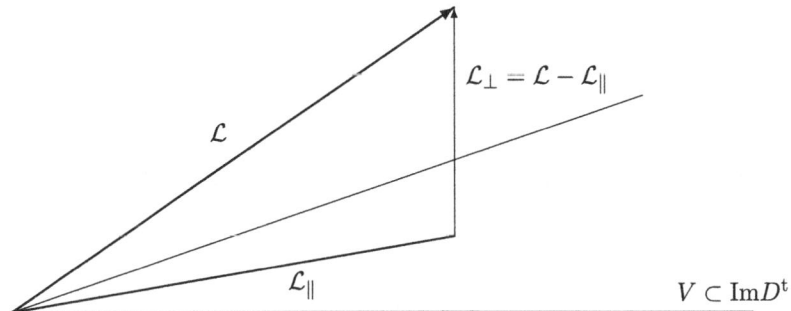

Abb. 2.9 Die Projektion des Wahrscheinlichkeitsquotienten $\mathcal{L}$ auf $V \subset \mathrm{Im} D^t$

Voraussetzung eine Darstellung von v als Linearkombination $v = \lambda_1 f_1 + \cdots + \lambda_k f_k$. Da die Vektoren $\mathbf{1}, f_1, \ldots, f_k$ aber linear unabhängig sind, folgt $\lambda = 0$ und damit $v = 0$. Nun orthonormalisieren wir die Basis $f_1, \ldots, f_k$ von V bezüglich **Cov** mithilfe des Gram-Schmidtschen Orthonormalisierungsverfahrens und erhalten auf diese Weise eine Orthonormalbasis $c_1, \ldots, c_k$ von V.

Definition 2.32 Sei $c_1, \ldots, c_k$ eine Orthonormalbasis von V. Dann wird die **Projektion** $\mathcal{L}_\parallel$ von $\mathcal{L}$ auf V definiert durch

$$\mathcal{L}_\parallel = \sum_{j=1}^{k} \mathbf{Cov}(\mathcal{L}, c_j) c_j. \tag{2.40}$$

Nach Konstruktion gilt $\mathcal{L}_\parallel \in V \subset \mathrm{Im}\, D^t$, also gibt es ein Portfolio $l_\parallel \in \mathbb{R}^N$ mit $\mathcal{L}_\parallel = D^t l_\parallel$.

Im folgenden Satz werden einige Eigenschaften der Projektion $\mathcal{L}_\parallel$ zusammengestellt.

Satz 2.33 *Sei (b, D, P) ein arbitragefreies Marktmodell und sei $\mathcal{L} = \frac{Q}{P}$ ein Wahrscheinlichkeitsquotient. Sei weiter $\mathcal{L}_\parallel$ die Projektion von $\mathcal{L}$ auf V und $\mathcal{L}_\perp = \mathcal{L} - \mathcal{L}_\parallel$.*

1. *Es gilt*
$$\mathbf{Cov}(\mathcal{L}_\perp, \mathcal{L}_\parallel) = 0.$$

2. *Es gilt der Satz des Pythagoras*
$$\mathbf{V}[\mathcal{L}] = \mathbf{V}[\mathcal{L}_\parallel] + \mathbf{V}[\mathcal{L}_\perp]. \tag{2.41}$$

3. *Für beliebige $c \in \mathrm{Im}\, D^t$ gilt*
$$\mathbf{Cov}\left(c, \mathcal{L}_\parallel\right) = \mathbf{Cov}\left(c, \mathcal{L}\right). \tag{2.42}$$

4. *Es gilt*
$$\mathbf{V}\left[\mathcal{L}_\parallel\right] = \mathbf{Cov}\left(\mathcal{L}_\parallel, \mathcal{L}\right).$$

5. *Es gilt*
$$\mathbf{V}\left[\mathcal{L}_\parallel\right] = \mathbf{E}^Q\left[\mathcal{L}_\parallel\right] - \mathbf{E}^P\left[\mathcal{L}_\parallel\right]. \tag{2.43}$$

Beweis Sei $\mathrm{Im}\, D^t = U \oplus V$ die Zerlegung von $\mathrm{Im}\, D^t$ nach (2.39) und sei $c_1, \ldots, c_k$ eine Orthonormalbasis von V.

1. Mit $\mathcal{L}_\perp = \mathcal{L} - \mathcal{L}_\parallel$ und der Orthonormalität der $c_1, \ldots, c_k$ folgt

2.3 CAPM und Varianzminimierung

$$\begin{aligned}
\mathbf{Cov}(\mathcal{L}_\perp, \mathcal{L}_\|) &= \mathbf{Cov}(\mathcal{L} - \mathcal{L}_\|, \mathcal{L}_\|) \\
&= \mathbf{Cov}(\mathcal{L}, \mathcal{L}_\|) - \mathbf{Cov}(\mathcal{L}_\|, \mathcal{L}_\|) \\
&= \mathbf{Cov}\left(\mathcal{L}, \sum_{j=1}^{k} \mathbf{Cov}(\mathcal{L}, c_j) c_j\right) \\
&\quad - \sum_{i=1}^{k}\sum_{j=1}^{k} \mathbf{Cov}(\mathcal{L}, c_j)\mathbf{Cov}(\mathcal{L}, c_j)\mathbf{Cov}(c_i, c_j) \\
&= \sum_{j=1}^{k} \mathbf{Cov}^2(\mathcal{L}, c_j) - \sum_{i=1}^{k} \mathbf{Cov}^2(\mathcal{L}, c_i) \\
&= 0.
\end{aligned}$$

2. Da $\mathcal{L}_\|$ und $\mathcal{L}_\perp$ bezüglich der Kovarianz orthogonal sind, folgt

$$\begin{aligned}
\mathbf{V}[\mathcal{L}] &= \mathbf{Cov}(\mathcal{L}_\| + \mathcal{L}_\perp, \mathcal{L}_\| + \mathcal{L}_\perp) \\
&= \mathbf{Cov}(\mathcal{L}_\|, \mathcal{L}_\|) + \mathbf{Cov}(\mathcal{L}_\perp, \mathcal{L}_\perp) \\
&= \mathbf{V}[\mathcal{L}_\|] + \mathbf{V}[\mathcal{L}_\perp].
\end{aligned}$$

3. Da $\mathbf{1}, c_1, \ldots, c_k$ eine Basis von $\mathrm{Im} D^t$ ist, gibt es zu $c \in \mathrm{Im} D^t$ Koeffizienten $\lambda_0, \ldots, \lambda_k \in \mathbb{R}$, sodass $c = \lambda_0 \mathbf{1} + \lambda_1 c_1 + \cdots + \lambda_k c_k$ gilt. Dann folgt mit (2.40)

$$\begin{aligned}
\mathbf{Cov}\left(c, \mathcal{L}_\|\right) &= \mathbf{Cov}\left(\lambda_0 \mathbf{1} + \sum_{i=1}^{k} \lambda_i c_i, \sum_{j=1}^{k} \mathbf{Cov}(c_j, \mathcal{L}) c_j\right) \\
&= \sum_{i=1}^{k}\sum_{j=1}^{k} \lambda_i \mathbf{Cov}(c_j, \mathcal{L})\mathbf{Cov}\left(c_i, c_j\right) \\
&= \sum_{i=1}^{k} \lambda_i \mathbf{Cov}\left(c_i, \mathcal{L}\right) \\
&= \mathbf{Cov}\left(\sum_{i=1}^{k} \lambda_i c_i, \mathcal{L}\right) \\
&= \mathbf{Cov}\left(\lambda_0 \mathbf{1} + \sum_{i=1}^{k} \lambda_i c_i, \mathcal{L}\right) \\
&= \mathbf{Cov}\left(c, \mathcal{L}\right).
\end{aligned}$$

4. Dies folgt aus

$$\mathbf{Cov}\left(\mathcal{L}_\|, \mathcal{L}\right) = \mathbf{Cov}\left(\mathcal{L}_\|, \mathcal{L}_\perp + \mathcal{L}_\|\right) = \mathbf{Cov}\left(\mathcal{L}_\|, \mathcal{L}_\|\right).$$

5. Mit 4. gilt
$$\begin{aligned}\mathbf{V}\left[\mathcal{L}_{\|}\right] &= \mathbf{Cov}\left(\mathcal{L}_{\|}, \mathcal{L}_{\|}\right) \\ &= \mathbf{Cov}\left(\mathcal{L}_{\|}, \mathcal{L}\right) \\ &= \mathbf{E}^P\left[\mathcal{L}_{\|}\mathcal{L}\right] - \mathbf{E}^P\left[\mathcal{L}_{\|}\right]\mathbf{E}^P\left[\mathcal{L}\right] \\ &= \mathbf{E}^Q\left[\mathcal{L}_{\|}\right] - \mathbf{E}^P\left[\mathcal{L}_{\|}\right].\end{aligned}$$

□

Aus 2. folgt
$$0 \le \mathbf{V}[\mathcal{L}_{\|}] \le \mathbf{V}[\mathcal{L}]. \tag{2.44}$$
Der Zusammenhang (2.43) verallgemeinert 4. aus Lemma 2.18.

Aus (2.43) folgt insbesondere
$$\mathbf{E}^Q\left[\mathcal{L}_{\|}\right] \ge \mathbf{E}^P\left[\mathcal{L}_{\|}\right]. \tag{2.45}$$

Satz 2.34 *(Unabhängigkeit der Projektion vom Wahrscheinlichkeitsquotienten) Seien $\mathcal{L}$ und $\mathcal{L}'$ zwei Wahrscheinlichkeitsquotienten mit zugehörigen Projektionen $\mathcal{L}_{\|}$ und $\mathcal{L}'_{\|}$ auf V. Dann gilt*
$$\mathcal{L}'_{\|} = \mathcal{L}_{\|}.$$

Beweis Es seien ψ und ψ' zwei Diskontvektoren. Dann gilt $\psi' = \psi + f$ für ein $f \in \mathrm{Ker}\, D$ und mit $Q = \frac{\psi}{d}$, $Q' = \frac{\psi'}{d}$ und $q = \frac{f}{d}$ folgt die Darstellung
$$\mathcal{L}' = \mathcal{L} + \frac{q}{P}.$$
Damit berechnen wir
$$\mathbf{Cov}(c, \mathcal{L}') = \mathbf{Cov}(c, \mathcal{L}) + \mathbf{Cov}(c, \frac{q}{P}) \tag{2.46}$$
und
$$\mathbf{Cov}(c, \frac{q}{P}) = \mathbf{E}^P\left[c\frac{q}{P}\right] - \mathbf{E}^P[c]\mathbf{E}^P\left[\frac{q}{P}\right]$$
für beliebiges $c \in \mathrm{Im}\, D^{\mathrm{t}}$. Aber mit $c = D^{\mathrm{t}}h$ erhalten wir
$$\mathbf{E}^P\left[c\frac{q}{P}\right] = \langle c, q\rangle = \frac{1}{d}\langle D^{\mathrm{t}}h, f\rangle = \frac{1}{d}\langle h, Df\rangle = 0.$$
Weiter gilt
$$1 = \sum_{j=1}^K Q'_j = \sum_{j=1}^K Q_j + \sum_{j=1}^K q_j = 1 + \sum_{j=1}^K q_j,$$
also

2.3 CAPM und Varianzminimierung

$$\sum_{j=1}^{K} q_j = 0.$$

Daraus folgt

$$\mathbf{Cov}(c, \frac{q}{P}) = 0,$$

und (2.46) lautet

$$\mathbf{Cov}(c, \mathcal{L}') = \mathbf{Cov}(c, \mathcal{L}) \qquad (2.47)$$

für alle $c \in \mathrm{Im}\, D^{\mathrm{t}}$. Nach (2.42) gilt

$$\mathbf{Cov}\left(c, \mathcal{L} - \mathcal{L}_{\parallel}\right) = \mathbf{Cov}\left(c, \mathcal{L}' - \mathcal{L}'_{\parallel}\right) = 0,$$

und daraus folgt

$$\mathbf{Cov}\left(c, \mathcal{L}_{\parallel} - \mathcal{L}'_{\parallel}\right) = 0$$

wegen (2.47), siehe Abb. 2.10. Speziell für $c = \mathcal{L}_{\parallel} - \mathcal{L}'_{\parallel}$ gilt daher

$$\mathbf{V}[\mathcal{L}_{\parallel} - \mathcal{L}'_{\parallel}] = 0,$$

also

$$\mathcal{L}'_{\parallel} = \mathcal{L}_{\parallel},$$

was zu zeigen war. □

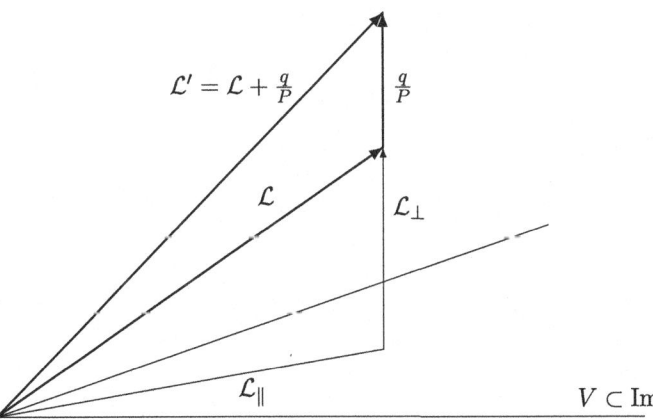

Abb. 2.10 Je zwei Wahrscheinlichkeitsquotienten $\mathcal{L}$ und $\mathcal{L}'$ besitzen dieselbe Projektion auf $V \subset \mathrm{Im}\, D^{\mathrm{t}}$. Dabei ist $\psi' = \psi + f$ für ein $f \in \mathrm{Ker}\, D$, $Q = \frac{\psi}{d}$ und $Q' = \frac{\psi'}{d} = Q + q$ mit $q = \frac{f}{d}$. Damit gilt $\mathcal{L}' = \mathcal{L} + \frac{q}{P}$

Voraussetzung

Für den Rest dieses Abschnitts wird neben

$$\mathbf{1} \in \operatorname{Im} D^{\mathrm{t}}$$

zusätzlich

$$\mathbf{V}[\mathcal{L}_{\|}] > 0$$

vorausgesetzt. Dies bedeutet insbesondere $\dim \operatorname{Im} D^{\mathrm{t}} > 1$. $\operatorname{Im} D^{\mathrm{t}}$ enthält also Elemente $c \in \mathbb{R}^K$, die nicht konstant sind.

Der Marktpreis des Risikos

Sei $c \in \operatorname{Im} D^{\mathrm{t}}$ mit $c_0 = \langle \psi, c \rangle > 0$, sodass $R_c = \frac{c}{c_0} - 1$ wohldefiniert ist. Mit $c = D^{\mathrm{t}} h$ ist auch R_c replizierbar, denn für $\theta \in \mathbb{R}^N$ mit $D^{\mathrm{t}} \theta = \mathbf{1}$ und $h' = \frac{1}{h \cdot S_0} h - \theta \in \mathbb{R}^N$ gilt $D^{\mathrm{t}} h' = R_c$. Damit folgt aus (2.42)

$$\mathbf{Cov}(R_c, \mathcal{L}) = \mathbf{Cov}(R_c, \mathcal{L}_{\|}).$$

Für $\sigma_c > 0$ ist die relative Risikoprämie von c wohldefiniert und es gilt

$$\begin{aligned}
\frac{\mu_c - r}{\sigma_c} &= -\frac{\mathbf{Cov}(R_c, \mathcal{L})}{\sigma_c} \qquad (2.48) \\
&= -\frac{\mathbf{Cov}(c, \mathcal{L}_{\|})}{\sqrt{\mathbf{V}[c]}} \\
&= -\mathbf{Corr}(c, \mathcal{L}_{\|}) \sqrt{\mathbf{V}[\mathcal{L}_{\|}]}.
\end{aligned}$$

Dies wird maximal für $c = -\mathcal{L}_{\|}$. Der Marktpreis des Risikos beträgt also

$$\frac{\mu_{-\mathcal{L}_{\|}} - r}{\sigma_{\mathcal{L}_{\|}}} = \sqrt{\mathbf{V}[\mathcal{L}_{\|}]}. \qquad (2.49)$$

Die Kapitalmarktlinie des Modells kann also durch Auszahlungen des Typs

$$M = s + t\mathcal{L}_{\|}$$

mit $M_0 = \langle \psi, M \rangle > 0$ und $t < 0$ dargestellt werden und mit (2.24) gilt

$$\frac{\mu_M - r}{\sigma_M} = \sqrt{\mathbf{V}[\mathcal{L}_{\|}]}. \qquad (2.50)$$

Der folgende Satz 2.35 verallgemeinert Korollar 2.28:

2.3 CAPM und Varianzminimierung

Satz 2.35 (CAPM-Grundgleichung) *Sei $\mathcal{L}_\|$ die Projektion von $\mathcal{L}$ auf V und sei $M = s + t\mathcal{L}_\|$ mit $M_0 = \langle \psi, M \rangle > 0$, $\sigma_M > 0$ und $s, t \in \mathbb{R}$. Dann gilt für beliebiges $c \in \operatorname{Im} D^t$ mit $c_0 = \langle \psi, c \rangle > 0$ und $\sigma_c > 0$*

$$\frac{\mu_c - r}{\sigma_c} = \operatorname{Corr}(R_c, R_M) \frac{\mu_M - r}{\sigma_M}. \tag{2.51}$$

Beweis Aus $\sigma_M > 0$ folgt $t \neq 0$. Wir berechnen mit (2.26) und (2.48)

$$\begin{aligned}\operatorname{Corr}(R_c, R_M) &= \operatorname{Corr}(c, M) \\ &= \operatorname{sgn}(t) \operatorname{Corr}(c, \mathcal{L}_\|) \\ &= -\operatorname{sgn}(t) \frac{\mu_c - r}{\sigma_c} \frac{1}{\sqrt{\mathbf{V}[\mathcal{L}_\|]}}.\end{aligned}$$

Mit (2.50) erhalten wir

$$\begin{aligned}\frac{\mu_c - r}{\sigma_c} &= -\operatorname{Corr}(R_c, R_M) \operatorname{sgn}(t) \sqrt{\mathbf{V}[\mathcal{L}_\|]} \\ &= \operatorname{Corr}(R_c, R_M) \frac{\mu_M - r}{\sigma_M},\end{aligned}$$

was zu zeigen war. $\square$

Korollar 2.36 *Es seien die Voraussetzungen von Satz 2.35 erfüllt. Dann folgt*

$$\left| \frac{\mu_c - r}{\sigma_c} \right| \leq \left| \frac{\mu_M - r}{\sigma_M} \right| = \sqrt{\mathbf{V}[\mathcal{L}_\|]}$$

für $M = s + t\mathcal{L}_\|$ mit $\langle \psi, M \rangle > 0$ und $\sigma_M > 0$. Unter der Voraussetzung

$$\mu_M - r > 0$$

gilt darüber hinaus

$$\frac{\mu_c - r}{\sigma_c} \leq \frac{\mu_M - r}{\sigma_M} = \sqrt{\mathbf{V}[\mathcal{L}_\|]} \tag{2.52}$$

für alle $c \in \operatorname{Im} D^t$. $\square$

Die Lösung des Minimum-Varianz-Optimierungsproblems

Der folgende Satz verallgemeinert Satz 2.30.

Satz 2.37 (Minimum-Varianz-Optimierungsproblem und das Two Fund Theorem) *Seien eine Rendite μ und ein Anfangskapital $c_0 > 0$ vorgegeben. Sei weiter $\mathcal{L}_\|$ die Projek-*

tion des Wahrscheinlichkeitsquotienten $\mathcal{L}$ auf V. Wir setzen voraus, dass das betrachtete Marktmodell die Eigenschaft $\mathbf{V}[\mathcal{L}_{\|}] > 0$ besitzt.

1. Dann ist eine Auszahlung mit erwarteter Rendite μ, Anfangskapital c_0 und maximalem Marktpreis des Risikos gegeben durch $M = s + t\mathcal{L}_{\|}$ mit

$$s = c_0 \left(1 + \mu + \frac{\mu - r}{\mathbf{V}[\mathcal{L}_{\|}]} \mathbf{E}^P [\mathcal{L}_{\|}]\right)$$

und

$$t = -c_0 \frac{\mu - r}{\mathbf{V}[\mathcal{L}_{\|}]}.$$

Zusammengefasst gilt damit

$$M = c_0 \left(1 + \mu + \frac{\mu - r}{\mathbf{V}[\mathcal{L}_{\|}]} \left(\mathbf{E}^P [\mathcal{L}_{\|}] - \mathcal{L}_{\|}\right)\right). \tag{2.53}$$

2. Für die Rendite R_M von M gilt

$$R_M = \mu + \frac{\mu - r}{\mathbf{V}[\mathcal{L}_{\|}]} \left(\mathbf{E}^P [\mathcal{L}_{\|}] - \mathcal{L}_{\|}\right) \tag{2.54}$$

sowie

$$\mu_M = \mathbf{E}^P[R_M] = \mu \tag{2.55}$$

und

$$\sigma_M = \sqrt{\mathbf{V}[R_M]} = \frac{|\mu - r|}{\sqrt{\mathbf{V}[\mathcal{L}_{\|}]}}. \tag{2.56}$$

3. Die Auszahlung $M = s + t\mathcal{L}_{\|}$ wird repliziert durch

$$h = s\theta + tl_{\|},$$

wobei $D^t\theta = \mathbf{1}$ und $D^t l_{\|} = \mathcal{L}_{\|}$ gilt. Dies ist die Aussage des **Two Fund Theorems**, wonach optimale Portfolios aus einer Mischung der beiden Portfolios θ und $l_{\|}$ bestehen und wobei das Mischungsverhältnis durch die Risikoneigung des Investors bestimmt wird.

4. Für jede replizierbare Auszahlung c mit $\sigma_c = \sqrt{\mathbf{V}[R_c]} > 0$ und mit $\mu_c = \mu_M = \mu > r$ gilt

$$\sigma_M \leq \sigma_c.$$

Zu einer vorgegebenen Rendite μ löst also das Portfolio $h = s\theta + tl_{\|}$ das **Minimum-Varianz-Optimierungsproblem**.

Beweis Der Beweis verläuft analog zu dem des Satzes 2.30. Zur Veranschaulichung siehe Abb. 2.11. □

Abb. 2.11 Die Parameter $s, t \in \mathbb{R}$ können so bestimmt werden, dass die replizierbare Auszahlung $M = s + t\mathcal{L}_{\|}$ sowohl das benötigte Anfangskapital c_0 als auch die gewünschte erwartete Rendite μ besitzt. Weiter besitzt M minimale Varianz unter allen replizierbaren Auszahlungen $c = D^t h, h \in \mathbb{R}^N$, mit $\mu_c = \mu$

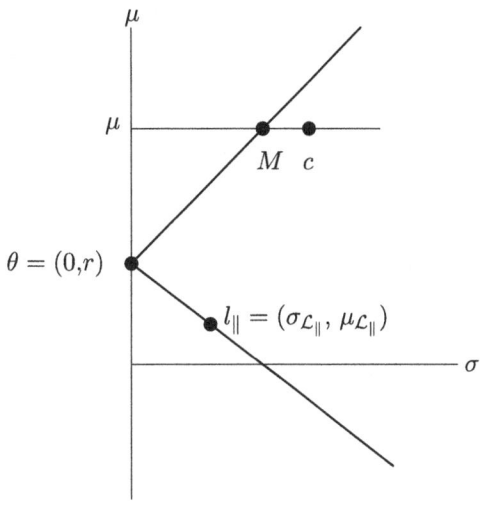

2.4 Das Wichtigste im Überblick

Bezeichnet c ein beliebiges Portfolio und M das Marktportfolio, dann lässt sich die grundlegende Gleichung des CAPM (1.44) schreiben als

$$\frac{\mu_c - r}{\sigma_c} = \mathbf{Corr}(R_c, R_M) \frac{\mu_M - r}{\sigma_M}.$$

Daran lässt sich ablesen, dass die relative Risikoprämie $(\mu_c - r)/\sigma_c$ für Portfolios c auf der Kapitalmarktlinie maximal wird. Die maximal mögliche relative Risikoprämie ist die Steigung der Kapitalmarktlinie, die als Marktpreis des Risikos bezeichnet wird.

In arbitragefreien Ein-Perioden-Modellen, die jeweils um ein natürliches Wahrscheinlichkeitsmaß P erweitert wurden, lässt sich das CAPM alternativ zur Vorgehensweise in Kap. 1 auch mithilfe von Wahrscheinlichkeitsquotienten $\mathcal{L} = Q/P$ behandeln. Das dabei auftretende Wahrscheinlichkeitsmaß Q wird definiert durch $Q = \psi/d, d = \psi_1 + \cdots + \psi_K$, wobei ψ einen Diskontvektor des Modells bezeichnet, siehe Abschn. 2.2.

In Abschn. 2.3 wird gezeigt, wie sich unter Verwendung der Wahrscheinlichkeitsquotienten die Kapitalmarktlinie des CAPM explizit angeben lässt. So ergibt sich für den Fall, dass $\mathcal{L}$, interpretiert als zustandsabhängige Auszahlung, replizierbar ist,

$$\frac{\mu_c - r}{\sigma_c} = -\mathbf{Corr}(R_c, R_{\mathcal{L}})\sqrt{\mathbf{V}[\mathcal{L}]}.$$

Bei diesem Zugang tritt das Marktportfolio, das klassisch als Berührpunkt der Kapitalmarktlinie mit der Effizienzlinie im μ-σ-Diagramm definiert ist, nicht auf. Dagegen lässt sich bei der Darstellung des CAPM in diesem Kapitel die Kapitalmarktlinie definieren. Insbesondere ist der Marktpreis des Risikos, also die Steigung der Kapitalmarktlinie, gegeben durch $\sqrt{V[\mathcal{L}]}$.

Die zu einer vorgegebenen erwarteten Rendite μ gehörende optimale Auszahlung M, die einem Portfolio mit minimaler Varianz entspricht, lautet

$$M = c_0 \left(1 + \mu + \frac{\mu - r}{V[\mathcal{L}]}(1 - \mathcal{L})\right),$$

wenn c_0 das eingesetzte Kapital bezeichnet.

Das zugehörige optimale Portfolio h, das die erwartete Rendite μ und eine minimale Varianz besitzt, ist die Lösung des Gleichungssystems

$$D^t h = M,$$

wobei D die Auszahlungsmatrix des zugehörigen Ein-Perioden-Modells bezeichnet.

In Beisp. 2.31 wird demonstriert, dass die beiden Vorgehensweisen aus Kap. 1 und 2 zu denselben Ergebnissen führen.

2.5 Aufgaben

Aufgabe 2.1 Geben Sie einen alternativen Beweis für die Aussagen $\mathbf{E}^Q[\mathcal{L}] \geq 1$ und $1 = \mathbf{E}^Q[\mathcal{L}] \Leftrightarrow P = Q$ an. Gehen Sie dazu mit $q_j = Q(\omega_j)$ und $p_j = P(\omega_j)$ aus von

$$1 = \sum_{j=1}^{K} q_j$$

und verwenden Sie die Cauchy-Schwarzsche Ungleichung zum Nachweis von

$$1 \leq \sum_{j=1}^{K} \frac{q_j^2}{p_j} = \mathbf{E}^Q[\mathcal{L}].$$

Aufgabe 2.2 Sei (S_0, S_1, P) ein arbitragefreies Marktmodell. Zeigen Sie, dass die Steigung der Kapitalmarktlinie je nach Wahl von P jeden Wert größer oder gleich null annehmen kann. Damit kann der der Öffnungswinkel des „Fächers", welcher die realisierbaren Portfolios im μ-σ-Diagramm enthält, theoretisch jeden Wert zwischen 0 einschließlich und π annehmen.

Aufgabe 2.3 In einem arbitragefreien Marktmodell (b, D, P) seien sowohl $\mathcal{L}$ als auch konstante Auszahlungen replizierbar. Ferner gelte $\mathcal{L} \neq 1$. Sei ein Anfangskapital $c_0 > 0$ vorgegeben. Geben Sie zu einem vorgegebenem Risiko $\sigma > 0$ Formeln für

2.5 Aufgaben

- die maximale erwartete Rendite und für
- die Auszahlung mit maximaler erwarteter Rendite an.

Aufgabe 2.4 In diesem Kapitel wurde die Arbitragefreiheit der Marktmodelle zur Bestimmung von Minimum-Varianz-Portfolios vorausgesetzt. Was würde es für die untersuchten Fragestellungen bedeuten, wenn Modelle zugelassen würden, bei denen Arbitragegelegenheiten auftreten können?

Aufgabe 2.5 Lösen Sie das Minimum-Varianz-Optimierungsproblem mit den Methoden aus Kap. 2. für das Marktmodell

$$(b, D, P) = \left(\begin{pmatrix} 19 \\ 8 \\ 33 \end{pmatrix}, \begin{pmatrix} 22 & 18 & 25 \\ 9 & 11 & 7 \\ 32 & 36 & 41 \end{pmatrix}, \begin{pmatrix} 0,2 \\ 0,5 \\ 0,3 \end{pmatrix} \right)$$

mit Anfangskapital $c_0 = 100$ und vorgegebenem Risiko $\sigma = 0,2$.

1. Weisen Sie die Arbitragefreiheit sowie die Vollständigkeit des Modells nach und bestimmen Sie den Diskontvektor.
2. Berechnen Sie den Wahrscheinlichkeitsquotienten $\mathcal{L}$.
3. Bestimmen Sie den risikolosen Zinssatz des Modells.
4. Bestimmen Sie den Marktpreis des Risikos sowie das zu den Vorgaben gehörende optimale Portfolio und dessen erwartete Rendite.

Aufgabe 2.6 Sei (b, D, P) ein arbitragefreies Marktmodell, in dem konstante Auszahlungen replizierbar sind. Angenommen, es gilt $\mathcal{L}_\perp = \mathcal{L}$. Zeigen Sie, dass das Minimum-Varianz-Optimierungsproblem in diesem Fall nur dann lösbar ist, wenn als Ertrag die risikolose Rendite vorgegeben wird. Daraus folgt, dass das Optimierungsproblem von einer risikolosen Kapitalanlage gelöst wird.

Aufgabe 2.7 Sei (b, D, P) ein vollständiges, arbitragefreies Marktmodell mit $N + 1$ Finanzinstrumenten $S^0, S^1, \ldots, S^N$ und $K = N + 1$ Zuständen. Das erste Finanzinstrument S^0 des Modells sei festverzinslich mit Zinssatz r.

1. Zeigen Sie, dass die $N \times N$-Kovarianzmatrix C der risikobehafteten Finanzinstrumente $S^1, \ldots, S^N$ des Modells unter den angegebenen Voraussetzungen positiv definit ist.
2. Sei $\mu > r$ eine vorgegebene erwartete Rendite. Die Rendite eines Portfolios auf der Kapitalmarktlinie mit erwarteter Rendite μ lautet

$$R = \mu + \frac{\mu - r}{\mathbf{V}[\mathcal{L}]} (1 - \mathcal{L}).$$

Zeigen Sie, dass das Martingalmaß Q des Modells dargestellt werden kann als

$$Q = \left(1 + \frac{\mu - r}{\sigma}\frac{\mu - R}{\sigma}\right) P, \qquad (2.57)$$

wobei $\sigma^2 = \mathbf{V}(R)$ gilt.

3. Zeigen Sie, dass Q in (2.57) ein Wahrscheinlichkeitsmaß definiert mit $Q(\{\omega_j\}) > 0$ für alle $j = 1, \ldots, K$.

Value at Risk 3

Im Rahmen der Portfoliotheorie wird das Risiko einer Kapitalanlage als Standardabweichung ihrer Renditeverteilung definiert. Bei Banken, Versicherungen, Investment- und Vermögensverwaltungsgesellschaften ist dagegen die Kennzahl *Value at Risk* zur Messung von Marktrisiken weit verbreitet. Während in die Standardabweichung positive und negative Abweichungen vom Erwartungswert, also auch Gewinne, eingehen, ist der Value at Risk als derjenige Verlust definiert, der nur mit einer vorgegebenen und in der Praxis geringen Wahrscheinlichkeit übertroffen wird.

Der Value at Risk wird formal als Quantil einer Verlustverteilung definiert, und in den Abschn. 3.1, 3.2 und 3.3 werden die für die Definition benötigten wahrscheinlichkeitstheoretischen Begriffe und Konzepte zusammengestellt.

Zu den Themen Maß- und Integrationstheorie sowie Wahrscheinlichkeitstheorie siehe Bauer [4, 5], Jacod/Protter [15], Schmidt [26] und Williams [28].

3.1 Wahrscheinlichkeitsräume und Zufallsvariablen

Definition 3.1 Sei Ω eine beliebige nichtleere Menge. Eine σ-**Algebra** in Ω ist eine Teilmenge $\mathcal{F}$ der Potenzmenge $\mathcal{P}(\Omega)$ von Ω, also ein System von Teilmengen von Ω, mit folgenden Eigenschaften

1. $\Omega \in \mathcal{F}$,
2. $A \in \mathcal{F} \Rightarrow A^c \in \mathcal{F}$,
3. $A_n \in \mathcal{F}$ für alle $n \in \mathbb{N} \Rightarrow \bigcup_{n \in \mathbb{N}} A_n \in \mathcal{F}$.

Die Elemente von $\mathcal{F}$ werden die **messbaren Teilmengen** von Ω genannt.

Sei $\mathcal{F}$ eine σ-Algebra in Ω. Dann gilt $\bigcap_{n\in\mathbb{N}} A_n = \left(\bigcup_{n\in\mathbb{N}} A_n^c\right)^c \in \mathcal{F}$ für $A_n \in \mathcal{F}, n \in \mathbb{N}$. Also sind abzählbare Durchschnitte von Elementen aus $\mathcal{F}$ in $\mathcal{F}$ enthalten.

Weiter ist $\emptyset = \Omega^c \in \mathcal{F}$, und damit gilt für $A, B \in \mathcal{F}$ auch $A \cup B = A \cup B \cup \emptyset \cup \emptyset \cup \cdots \in \mathcal{F}$ sowie $A \cap B = (A^c \cup B^c)^c \in \mathcal{F}$. Also sind auch endliche Vereinigungen und Durchschnitte von Elementen aus $\mathcal{F}$ in $\mathcal{F}$ enthalten.

Auch relative Komplemente von Elementen aus $\mathcal{F}$ sind wegen $A \setminus B = A \cap B^c$ in $\mathcal{F}$ enthalten.

Ein System $\mathcal{F}$ von Teilmengen einer Menge Ω ist daher genau dann eine σ-Algebra, wenn $\mathcal{F}$ die Menge Ω enthält und abgeschlossen ist gegenüber allen endlichen und abzählbar unendlichen Mengenoperationen.

Die Bedeutung der Definition 3.1 besteht darin, dass zum Nachweis, ob es sich bei einem gegebenen Mengensystem um eine σ-Algebra handelt, nur die Prüfung der drei in der Definition aufgeführten Eigenschaften erforderlich ist.

Beispiel 3.2 Sei $A \subset \Omega$. Dann ist das Mengensystem $\mathcal{A} = \{\Omega, A, A^c, \emptyset\}$ eine σ-Algebra in Ω. △

Beispiel 3.3 Die Potenzmenge $\mathcal{P}(\Omega)$ ist eine σ-Algebra in Ω. $\mathcal{P}(\Omega)$ ist die größte σ-Algebra in Ω in dem Sinne, dass für jede σ-Algebra $\mathcal{A}$ in Ω gilt: $\mathcal{A} \subset \mathcal{P}(\Omega)$. Weiter ist $\{\Omega, \emptyset\}$ ebenfalls eine σ-Algebra in Ω. Sie ist die kleinste σ-Algebra in Ω in dem Sinne, dass für jede σ-Algebra $\mathcal{A}$ in Ω gilt: $\{\Omega, \emptyset\} \subset \mathcal{A}$. △

Definition 3.4 Sei Ω eine beliebige nichtleere Menge und sei $\mathcal{F}$ eine σ-Algebra in Ω. Ein **Wahrscheinlichkeitsmaß** auf $(\Omega, \mathcal{F})$ ist eine Abbildung $P : \mathcal{F} \to [0, 1]$ mit den Eigenschaften

1. $P(\Omega) = 1$.
2. Für $A_n \in \mathcal{F}, n \in \mathbb{N}$, mit $A_n \cap A_m = \emptyset$ für $n \neq m$ gilt $P\left(\bigcup_{n\in\mathbb{N}} A_n\right) = \sum_{n=1}^{\infty} P(A_n)$.

Die Eigenschaft 2. wird σ-**Additivität** genannt.

Offenbar gilt $P(\emptyset) = 0$, denn aus 2. folgt mit $A_n = \emptyset$ für alle n der Zusammenhang $P(\emptyset) = \sum_{n=1}^{\infty} P(\emptyset)$. Für $A, B \in \mathcal{F}$ mit $A \cap B = \emptyset$ folgt $P(A \cup B) = P(A \cup B \cup \emptyset \cup \cdots) = P(A) + P(B)$. Weiter gilt die **Monotonieeigenschaft**

$$P(A) \leq P(B) \quad (A, B \in \mathcal{F}, A \subset B),$$

denn B kann als disjunkte Vereinigung $B = A \cup (B \setminus A)$ geschrieben werden, woraus $P(B) = P(A) + P(B \setminus A) \geq P(A)$ folgt.

3.1 Wahrscheinlichkeitsräume und Zufallsvariablen

Definition 3.5 Ein Tripel $(\Omega, \mathcal{F}, P)$ wird **Wahrscheinlichkeitsraum** genannt, wenn Ω eine beliebige nichtleere Menge, $\mathcal{F}$ eine σ-Algebra in Ω und $P : \mathcal{F} \to [0, 1]$ ein Wahrscheinlichkeitsmaß ist.

Ist $(\Omega, \mathcal{F}, P)$ ein Wahrscheinlichkeitsraum, dann wird Ω **Ergebnisraum** genannt. Die Elemente von Ω werden als **Ergebnisse** und die Elemente von $\mathcal{F}$ als **Ereignisse** bezeichnet.

Nach Williams [28] kann das Konzept eines Wahrscheinlichkeitsraums $(\Omega, \mathcal{F}, P)$ mit folgender Vorstellung verbunden werden: Die Glücksgöttin wählt bei einem Zufallsexperiment „zufällig" einen Punkt $\omega \in \Omega$ als *Ergebnis* aus, und diese Auswahl steht insofern im Einklang mit der Wahrscheinlichkeitsverteilung P, als dass für jedes *Ereignis* $A \in \mathcal{F}$ die Zahl $P(A)$ die „Wahrscheinlichkeit" im Sinne unserer Intuition angibt, dass $\omega \in A$ gilt.

Beispiel 3.6 Bei Würfelexperimenten kann der Ergebnisraum durch $\Omega = \{\omega_1, \ldots, \omega_6\}$ modelliert werden, wobei ω_i den Ausgang repräsentiert, dass nach einem Würfeln die Seite mit der Augenzahl i oben liegt. Jede Teilmenge von Ω kann bei einem Würfelexperiment als Ereignis zugelassen werden, sodass $\mathcal{F} = \mathcal{P}(\Omega)$ gewählt werden kann. Durch die Vorgabe $P(\{\omega_i\}) = \frac{1}{6}$ für $1 \leq i \leq 6$ wird ein Wahrscheinlichkeitsmaß auf $\mathcal{P}(\Omega)$ eindeutig festgelegt, indem für $A \subset \Omega$ definiert wird $P(A) = \sum_{\omega \in A} P(\{\omega\})$. Das Ereignis, dass eine gerade Augenzahl gewürfelt wird, entspricht der Teilmenge $A = \{\omega_2, \omega_4, \omega_6\}$. Dann gilt $P(A) = P(\{\omega_2\}) + P(\{\omega_4\}) + P(\{\omega_6\}) = \frac{3}{6} = \frac{1}{2}$. Wählt die Glücksgöttin im Rahmen eines Würfelexperiments ein Ergebnis ω_i aus, dann gilt $\omega_i \in A$ mit Wahrscheinlichkeit $P(A) = \frac{1}{2}$. Mit Wahrscheinlichkeit $\frac{1}{2}$ wird also eine gerade Augenzahl gewürfelt. $\triangle$

Definition 3.7 Sei $\mathcal{C}$ ein System von Teilmengen einer Menge Ω. Dann heißt

$$\sigma(\mathcal{C}) = \bigcap_{\substack{\mathcal{A} \ \sigma\text{-Algebra in } \Omega \\ \mathcal{C} \subset \mathcal{A}}} \mathcal{A}$$

die **von $\mathcal{C}$ erzeugte σ-Algebra.**

Beliebige Durchschnitte von σ-Algebren in einer Menge Ω bilden wieder eine σ-Algebra in Ω, daher ist $\sigma(\mathcal{C})$ eine σ-Algebra, und sie ist nach Konstruktion die kleinste σ-Algebra in Ω, die $\mathcal{C}$ enthält.

Definition 3.8 Sei $\mathcal{O}$ das System der offenen reellen Teilmengen, dann wird die von $\mathcal{O}$ erzeugte σ-Algebra

$$\sigma(\mathcal{O}) = \mathcal{B}(\mathbb{R})$$

die **σ-Algebra der Borelmengen** oder auch die **Borelsche σ-Algebra** genannt. Jedes $A \in \mathcal{B}(\mathbb{R})$ wird als **Borelmenge** bezeichnet.

Definition 3.9 Sei $(\Omega, \mathcal{F}, P)$ ein Wahrscheinlichkeitsraum. Eine Funktion

$$X : \Omega \to \mathbb{R}$$

wird **Zufallsvariable** genannt, wenn sie **messbar** ist, d.h., wenn das Urbild jeder Borelmenge eine messbare Menge in Ω ist und somit $X^{-1} : \mathcal{B}(\mathbb{R}) \to \mathcal{F}$ gilt.

Beispiel 3.10 Wir betrachten den in Beispiel 3.6 definierten Wahrscheinlichkeitsraum $(\Omega, \mathcal{F}, P)$ eines fairen Würfels. Dann definiert die Funktion $X : \Omega \to \mathbb{R}$, gegeben durch

$$X(\omega_i) = i \quad (1 \leq i \leq 6),$$

eine Zufallsvariable, denn das Urbild $X^{-1}(B)$ jeder Menge $B \subset \mathbb{R}$ ist eine Teilmenge von Ω, also ein Element von $\mathcal{F} = \mathcal{P}(\Omega)$. △

3.2 Verteilungsfunktionen

Seien Ω eine Menge und $X : \Omega \to \mathbb{R}$ eine Funktion, dann vereinbaren wir die Notation

$$\{X \leq x\} = \{\omega \in \Omega \mid X(\omega) \leq x\},$$

entsprechend für $\{X < x\}$, $\{X \geq x\}$, usw.

Definition 3.11 Sei X eine reellwertige Zufallsvariable auf einem Wahrscheinlichkeitsraum $(\Omega, \mathcal{F}, P)$. Die **Verteilungsfunktion** $F_X : \mathbb{R} \to [0, 1]$ von X ist definiert durch

$$F_X(x) = P(X \leq x),$$

wobei hier $P(X \leq x)$ abkürzend für $P(\{X \leq x\})$ geschrieben wurde. Wenn der Bezug zu X klar ist, dann wird auch die Bezeichnung F anstelle von F_X für die Verteilungsfunktion von X verwendet.

Jedes Wahrscheinlichkeitsmaß besitzt folgende **Stetigkeitseigenschaften:** Sei $A_n \in \mathcal{F}$ mit $A_n \subset A_{n+1}$ für alle $n \in \mathbb{N}$ und sei $A = \bigcup_{n \in \mathbb{N}} A_n$. Dies wird als $A_n \uparrow A$ notiert, und mithilfe der σ-Additivität von Maßen folgt $P(A_n) \to P(A)$ für $n \to \infty$. Gilt weiter $B_n \in \mathcal{F}$ mit $B_n \supset B_{n+1}$ für alle $n \in \mathbb{N}$ und sei $B = \bigcap_{n \in \mathbb{N}} B_n$, Schreibweise $B_n \downarrow B$, dann folgt $P(B_n) \to P(B)$ für $n \to \infty$ aufgrund der σ-Additivität und der Endlichkeit von Wahrscheinlichkeitsmaßen.

Satz 3.12 *Die Verteilungsfunktion F einer Zufallsvariablen X ist monoton wachsend und rechtsstetig. Weiter gilt*

3.2 Verteilungsfunktionen

$$\lim_{x \to -\infty} F(x) = 0, \quad \lim_{x \to +\infty} F(x) = 1.$$

Beweis Für $x \leq y$ gilt

$$\{X \leq x\} \subset \{X \leq y\}.$$

Aus der Monotonieeigenschaft von Maßen folgt

$$F(x) = P(\{X \leq x\}) \leq P(\{X \leq y\}) = F(y).$$

Sei $(x_n)_{n \in \mathbb{N}}$ eine monoton fallende Zahlenfolge mit $\lim_{n \to \infty} x_n = x$. Dann gilt

$$\{X \leq x_n\} \downarrow \{X \leq x\},$$

und mit den Stetigkeitseigenschaften von Maßen folgt die Rechtsstetigkeit von F.

Weiter gilt für eine monoton wachsende Folge $(x_n)_{n \in \mathbb{N}}$ mit $\lim_{n \to \infty} x_n = \infty$

$$\{X \leq x_n\} \uparrow \Omega,$$

und für eine monoton fallende Folge $(x_n)_{n \in \mathbb{N}}$ mit $\lim_{n \to \infty} x_n = -\infty$ gilt

$$\{X \leq x_n\} \downarrow \emptyset.$$

Daher folgen die übrigen Behauptungen des Satzes wiederum aus den Stetigkeitseigenschaften von Wahrscheinlichkeitsmaßen. □

Verteilungsfunktionen sind nicht notwendigerweise linksstetig, denn für eine streng monoton wachsende Zahlenfolge $(x_n)_{n \in \mathbb{N}}$ mit $\lim_{n \to \infty} x_n = x$ gilt

$$\{X \leq x_n\} \uparrow \{X < x\}.$$

Damit folgt, wiederum aus den Stetigkeitseigenschaften von Wahrscheinlichkeitsmaßen,

$$\lim_{n \to \infty} F(x_n) = P(X < x).$$

F ist also in x genau dann linksstetig und damit stetig, wenn $F(x) = P(X < x)$ gilt, wenn also $P(X = x) = 0$ gilt.

Andernfalls, also dann, wenn F in x nicht stetig ist, ist

$$P(X = x) > 0 \tag{3.1}$$

die Sprunghöhe von F an der Stelle x.

Verallgemeinerte Inverse von Verteilungsfunktionen

Die folgenden Ergebnisse bilden die Grundlage für die Definition von Quantilen, mithilfe derer die Risikomaße *Value at Risk* und *Expected Shortfall* definiert werden. In diesem Abschnitt sei $F : \mathbb{R} \to [0, 1]$ eine Funktion mit den in Satz 3.12 formulierten Eigenschaften einer Verteilungsfunktion. Wir definieren die **verallgemeinerten Inversen** $F_{\pm}^{-1} : (0, 1) \to (-\infty, \infty)$ von F durch

$$F_{+}^{-1}(\alpha) = \inf\{F > \alpha\} \quad (3.2)$$

und

$$F_{-}^{-1}(\alpha) = \inf\{F \geq \alpha\} \quad (3.3)$$

für $\alpha \in (0, 1)$.

Zunächst gilt: Ist F in einer Umgebung eines Punktes x streng monoton wachsend und stetig, dann existiert lokal um $\alpha = F(x)$ eine streng monoton wachsende und stetige Umkehrfunktion F^{-1} von F, und es gilt $F_{+}^{-1}(\alpha) = F_{-}^{-1}(\alpha) = F^{-1}(\alpha)$, siehe die obere Grafik in Abb. 3.1.

Auch im allgemeinen Fall sind die beiden durch (3.2) und (3.3) definierten Abbildungen $F_{\pm}^{-1}$ reellwertig. Sei dazu $0 < \alpha < 1$. Wegen $F(x) \downarrow 0$ für $x \to -\infty$ existiert ein $x_0 \in \mathbb{R}$

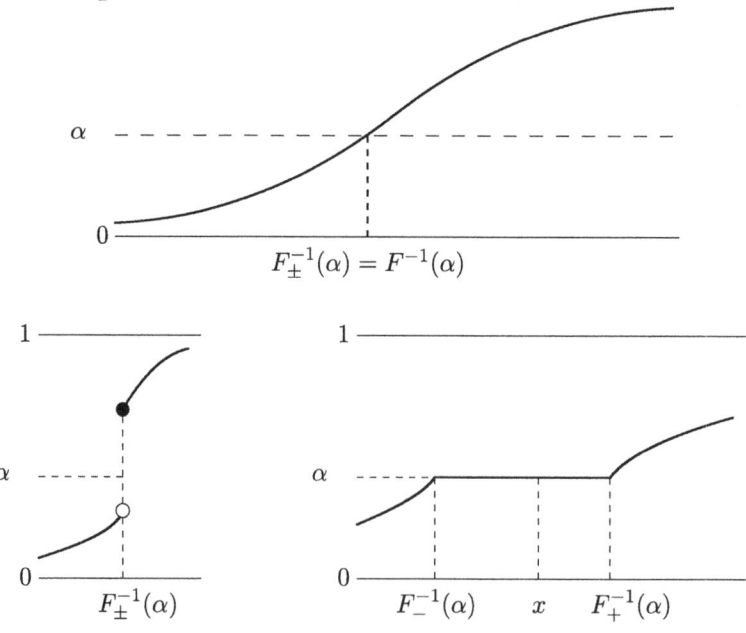

Abb. 3.1 $F_{\pm}^{-1}(\alpha)$ für verschiedene Situationen

mit $F(x_0) < \alpha$, also $x_0 \notin \{x \in \mathbb{R} \,|\, F(x) > \alpha\}$. Daraus folgt

$$x_0 \leq \inf\{x \in \mathbb{R} \,|\, F(x) > \alpha\} = F_+^{-1}(\alpha).$$

Wegen $F(x) \uparrow 1$ für $x \to \infty$ existiert ein x_1 mit $F(x_1) > \alpha$, sodass die Menge $\{x \in \mathbb{R} \,|\, F(x) > \alpha\}$ nicht leer ist. Daraus folgt

$$x_1 \geq \inf\{x \in \mathbb{R} \,|\, F(x) > \alpha\} = F_+^{-1}(\alpha).$$

Für F_-^{-1} wird analog argumentiert.

Lemma 3.13 *Für jedes $\alpha \in (0, 1)$ gilt*

$$F\left(F_-^{-1}(\alpha)\right) \geq \alpha \qquad (3.4)$$

und

$$\alpha \leq F(x) \Leftrightarrow F_-^{-1}(\alpha) \leq x. \qquad (3.5)$$

Beweis Sei $\alpha \in (0, 1)$. Aufgrund der Monotonie und der Rechtsstetigkeit von F gilt

$$\{F \geq \alpha\} = \left[F_-^{-1}(\alpha), \infty\right), \qquad (3.6)$$

also

$$F(x) \geq \alpha \Leftrightarrow x \in \left[F_-^{-1}(\alpha), \infty\right) \Leftrightarrow x \geq F_-^{-1}(\alpha)$$

und damit (3.5). Zum Nachweis von (3.4) wähle in (3.5) $x = F_-^{-1}(\alpha)$. □

Lemma 3.14 *Für $F_\pm^{-1}$ gelten folgende Aussagen:*

1. *Sowohl F_-^{-1} als auch F_+^{-1} sind monoton wachsend.*
2. *Für $\alpha \in (0, 1)$ gilt*
$$F_-^{-1}(\alpha) < F_+^{-1}(\alpha). \qquad (3.7)$$
3. *Für $0 < \alpha < \beta < 1$ gilt*
$$F_+^{-1}(\alpha) \leq F_-^{-1}(\beta). \qquad (3.8)$$

Beweis Für $A \subset B \subset \mathbb{R}$ gilt $\inf B \leq \inf A$, und damit erhalten wir:

1. Für $0 < \alpha \leq \beta < 1$ gilt
$$\{F \geq \beta\} \subset \{F \geq \alpha\},$$

    also folgt

$$F_-^{-1}(\alpha) = \inf\{F \geq \alpha\} \leq \inf\{F \geq \beta\} = F_-^{-1}(\beta).$$

Analog wird für F_+^{-1} geschlossen.

2. Wegen
$$\{F > \alpha\} \subset \{F \geq \alpha\}$$
folgt entsprechend
$$F_-^{-1}(\alpha) \leq F_+^{-1}(\alpha).$$

3. Für $0 < \alpha < \beta < 1$ gilt
$$\{F \geq \beta\} \subset \{F > \alpha\},$$
also folgt
$$F_+^{-1}(\alpha) \leq F_-^{-1}(\beta).$$
□

Aufgrund von (3.7) wird F_-^{-1} die **untere verallgemeinerte Inverse** und F_+^{-1} die **obere verallgemeinerte Inverse** von F genannt.

Lemma 3.15 *Für jedes $\alpha \in (0, 1)$ gilt*

$$F\left(F_+^{-1}(\alpha)\right) \geq \alpha \tag{3.9}$$

sowie

$$\alpha < F(x) \Rightarrow F_+^{-1}(\alpha) \leq x. \tag{3.10}$$

Beweis Zunächst folgt (3.9) aus (3.4), (3.7) und aus der Monotonie von F,

$$\alpha \leq F\left(F_-^{-1}(\alpha)\right) \leq F\left(F_+^{-1}(\alpha)\right).$$

Aufgrund der Monotonie und der Rechtsstetigkeit von F gilt weiter

$$\{F > \alpha\} = \begin{cases} \left[F_+^{-1}(\alpha), \infty\right) & \text{falls} \quad F\left(F_+^{-1}(\alpha)\right) > \alpha \\ \left(F_+^{-1}(\alpha), \infty\right) & \text{falls} \quad F\left(F_+^{-1}(\alpha)\right) = \alpha, \end{cases} \tag{3.11}$$

also folgt

$$F(x) > \alpha \Rightarrow x \in \left[F_+^{-1}(\alpha), \infty\right) \Rightarrow x \geq F_+^{-1}(\alpha)$$

und damit (3.10). □

3.2 Verteilungsfunktionen

Bemerkung 3.16

1. Vergleichen Sie (3.6) und (3.11) mit Abb. 3.1.
2. (3.10) ist äquivalent zu
$$x < F_+^{-1}(\alpha) \Rightarrow F(x) \leq \alpha. \tag{3.12}$$
3. Die Umkehrung der Folgerung (3.10) gilt im Allgemeinen nicht. Aus $F_+^{-1}(\alpha) \leq x$ folgt also nicht notwendigerweise $\alpha < F(x)$. Betrachten Sie dazu im rechten Teil der Abb. 3.1 den Punkt $x = F_+^{-1}(\alpha)$. Dann gilt $F(x) = \alpha$.
4. Aus (3.11) folgt
$$\{F \leq \alpha\} = \begin{cases} \left(-\infty, \ F_+^{-1}(\alpha)\right) & \text{falls} \quad F\left(F_+^{-1}(\alpha)\right) > \alpha \\ \left(-\infty, \ F_+^{-1}(\alpha)\right] & \text{falls} \quad F\left(F_+^{-1}(\alpha)\right) = \alpha, \end{cases}$$
also gilt auch
$$F_+^{-1}(\alpha) = \sup\{F \leq \alpha\}. \tag{3.13}$$

Sei F eine Funktion mit den Eigenschaften einer Verteilungsfunktion. Fassen wir die beiden verallgemeinerten Inversen $F_\pm^{-1} : (0, 1) \to \mathbb{R}$ von F als Zufallsvariablen auf dem Wahrscheinlichkeitsraum $((0, 1), \mathcal{B}(0, 1), \lambda)$ auf, dann wird im folgenden Satz gezeigt, dass die Verteilungsfunktionen $F_{F_\pm^{-1}}$ dieser Zufallsvariablen mit dem gegebenen F übereinstimmen. Dabei bezeichnen $\mathcal{B}(0, 1) = \mathcal{B}(\mathbb{R}) \cap (0, 1)$ die σ-Algebra der Borelmengen auf $(0, 1)$ und λ das Lebesgue-Maß. Für jedes Intervall $(a, b) \subset (0, 1)$ gilt nach Definition $\lambda(a, b) = b - a$, das Lebesgue-Maß eines Intervalls ist also seine Länge. Das Lebesgue-Maß λ definiert ein Wahrscheinlichkeitsmaß auf den Borelmengen in $(0, 1)$, das die Gleichverteilung beschreibt.

Satz 3.17 *Sei $F : \mathbb{R} \to [0, 1]$ eine Abbildung mit den in Satz 3.12 formulierten Eigenschaften einer Verteilungsfunktion. Weiter werden $F_\pm^{-1} : (0, 1) \to \mathbb{R}$ als Zufallsvariablen auf dem Wahrscheinlichkeitsraum $((0, 1), \mathcal{B}(0, 1), \lambda)$ interpretiert.*

1. Es gilt
$$F_{F_-^{-1}} = F. \tag{3.14}$$

2. Es gilt
$$F_{F_+^{-1}} = F. \tag{3.15}$$

Beweis Sei $\alpha \in (0, 1)$ beliebig gewählt.

1. Mit (3.5) folgt

$$F_{F_-^{-1}}(x) = \lambda\left(\left\{\alpha \in (0,\,1) \,\Big|\, F_-^{-1}(\alpha) \leq x\right\}\right) \tag{3.16}$$
$$= \lambda\left(\{\alpha \in (0,\,1)\,|\,\alpha \leq F(x)\}\right)$$
$$= \lambda\left((0,\,F(x)]\right)$$
$$= F(x).$$

2. (3.10) impliziert
$$(0,\,F(x)) \subset \left\{\alpha \in (0,\,1)\,\Big|\,F_+^{-1}(\alpha) \leq x\right\},$$
also
$$F(x) = \lambda(0,\,F(x)) \leq \lambda\left(F_+^{-1} \leq x\right) = F_{F_+^{-1}}(x).$$

Andererseits gilt für jedes $x \in \mathbb{R}$ wegen (3.7) die Inklusion $\left\{F_+^{-1} \leq x\right\} \subset \left\{F_-^{-1} \leq x\right\}$, also
$$F_{F_+^{-1}}(x) = \lambda\left(\left\{F_+^{-1} \leq x\right\}\right)$$
$$\leq \lambda\left(\left\{F_-^{-1} \leq x\right\}\right)$$
$$= F_{F_-^{-1}}(x)$$
$$= F(x),$$

wobei für die letzte Gleichheit (3.14) verwendet wurde. □

Satz 3.18 F_-^{-1} *ist linksstetig*, F_+^{-1} *ist rechtsstetig*.

Beweis Wir weisen zunächst nach, dass F_-^{-1} linksstetig ist. Sei dazu ein $\alpha \in (0,\,1)$ gegeben und setze $x_\alpha = F_-^{-1}(\alpha)$. Für jedes $\varepsilon > 0$ gilt dann $F(x_\alpha - \varepsilon) < \alpha$. Sei (α_n) eine streng monoton wachsende Folge aus $(0,\,1)$, die gegen α konvergiert. Dann gibt es zu gegebenem ε ein N, sodass $F(x_\alpha - \varepsilon) < \alpha_n < \alpha$ für alle $n \geq N$ gilt. Aus $F(x_\alpha - \varepsilon) < \alpha_n$ folgt mit (3.5) $x_\alpha - \varepsilon \leq F_-^{-1}(\alpha_n)$, und zusammen mit der Monotonie von F_-^{-1} folgt schließlich
$$F_-^{-1}(\alpha) - \varepsilon = x_\alpha - \varepsilon \leq F_-^{-1}(\alpha_n) \leq F_-^{-1}(\alpha),$$
also $F_-^{-1}(\alpha_n) \uparrow F_-^{-1}(\alpha)$.

Zum Nachweis der Rechtsstetigkeit von F_+^{-1} sei wieder $\alpha \in (0,\,1)$ gegeben und $x_\alpha = F_+^{-1}(\alpha)$. Dann gilt für jedes $\varepsilon > 0$ nach (3.11) $F(x_\alpha + \varepsilon) > \alpha$. Sei (α_n) eine streng monoton fallende Folge aus $(0,\,1)$, die gegen α konvergiert. Dann gibt es zu gegebenem ε ein N, sodass $\alpha < \alpha_n < F(x_\alpha + \varepsilon)$ für alle $n \geq N$ gilt. Aus (3.10) folgt $F_+^{-1}(\alpha_n) \leq x_\alpha + \varepsilon = F_+^{-1}(\alpha) + \varepsilon$. Zusammen mit der Monotonie von F_+^{-1} folgt schließlich

3.2 Verteilungsfunktionen

$$F_+^{-1}(\alpha) \leq F_+^{-1}(\alpha_n) \leq F_+^{-1}(\alpha) + \varepsilon,$$

also $F_+^{-1}(\alpha_n) \downarrow F_+^{-1}(\alpha)$. □

Beispiel 3.19 (Verteilungsfunktion eines fairen Würfels) Wir bestimmen die Verteilungsfunktion F für die in Beispiel 3.10 definierte Zufallsvariable X. Da X diskrete Funktionswerte besitzt, erhalten wir für F die Treppenfunktion

$$F(x) = \begin{cases} 0 & (x < 1) \\ 1/6 & (1 \leq x < 2) \\ \vdots & \vdots \\ 5/6 & (5 \leq x < 6) \\ 1 & (6 \leq x). \end{cases}$$

Insbesondere gilt

$$F(k) = \frac{k}{6} \quad (0 \leq k \leq 6).$$

Für $\alpha \in (0, 1)$ und für $1 \leq k \leq 6$ erhalten wir die verallgemeinerten Inversen

$$F_-^{-1}(\alpha) = k \quad \text{für} \quad (k-1)/6 < \alpha \leq k/6$$
$$F_+^{-1}(\alpha) = k \quad \text{für} \quad (k-1)/6 \leq \alpha < k/6.$$

Wir sehen, dass F_-^{-1} linksstetig und F_+^{-1} rechtsstetig ist, im Einklang mit Satz 3.18.

Für $\alpha = 1/6$ folgt

$$F_-^{-1}\left(\frac{1}{6}\right) = 1, \quad F_+^{-1}\left(\frac{1}{6}\right) = 2,$$

während für $\alpha = 1/12$ gilt

$$F_-^{-1}\left(\frac{1}{12}\right) = F_+^{-1}\left(\frac{1}{12}\right) = 1,$$

siehe auch Abb. 3.1. △

Konstruktion von Zufallsvariablen mit vorgegebener Verteilungsfunktion

Die Grundlage für diesen Abschnitt ist Satz 3.17, aus dem unmittelbar folgt:

Satz 3.20 *Sei X eine Zufallsvariable auf einem Wahrscheinlichkeitsraum $(\Omega, \mathcal{F}, P)$ mit Verteilungsfunktion F. Bezeichnen $F_{\pm}^{-1}$ die verallgemeinerten Inversen von F, dann haben die Zufallsvariablen*

$$F_{\pm}^{-1} : (0, 1) \to \mathbb{R}$$

auf $((0, 1), \mathcal{B}(0, 1), \lambda)$ dieselbe Verteilung wie X. □

Ist die Verteilungsfunktion F von X invertierbar, dann lässt sich auch wie folgt argumentieren:

$$\begin{aligned}
F_{F^{-1}}(x) &= \lambda\left(\left\{\alpha \in (0, 1) \,\middle|\, F^{-1}(\alpha) \leq x\right\}\right) \\
&= \lambda\left(\left\{\alpha \in (0, 1) \,\middle|\, F\left(F^{-1}(\alpha)\right) \leq F(x)\right\}\right) \\
&= \lambda\left(\{\alpha \in (0, 1) \,|\, \alpha \leq F(x)\}\right) \\
&= F(x).
\end{aligned}$$

Alternativ kann die Konstruktion von Zufallsvariablen mit gegebener Verteilung mithilfe gleichverteilter Zufallsvariablen formuliert werden:

Definition 3.21 Eine Zufallsvariable U heißt gleichverteilt auf $(0, 1)$, wenn für die Verteilungsfunktion F_U von U

$$F_U(x) = x$$

gilt für alle $x \in (0, 1)$. Dies wird als $U \sim \mathcal{U}(0, 1)$ notiert.

Satz 3.22 *Sei U eine gleichverteilte Zufallsvariable auf einem Wahrscheinlichkeitsraum $(\Omega, \mathcal{F}, P)$ i $X : \Omega \to \mathbb{R}$ eine Zufallsvariable und F deren Verteilungsfunktion mit verallgemeinerter Inversen F_-^{-1}. Dann hat $F_-^{-1} \circ U : \Omega \to \mathbb{R}$ dieselbe Verteilung wie X.*

Beweis Es gilt mit (3.5)

$$\begin{aligned}
P\left(F_-^{-1} \circ U \leq x\right) &= P\left(\left\{\omega \in \Omega \,\middle|\, F_-^{-1}(U(\omega)) \leq x\right\}\right) \\
&= P(\{\omega \in \Omega \,|\, U(\omega) \leq F(x)\}) \\
&= F_U(F(x)) \\
&= F(x).
\end{aligned}$$

□

Beispiel 3.23 Die Verteilungsfunktion einer exponentialverteilten Zufallsvariablen lautet

$$F(x) = \left(1 - e^{-\lambda x}\right) 1_{[0,\infty)}$$

3.2 Verteilungsfunktionen

für ein $\lambda > 0$. Daraus folgt

$$F^{-1}(x) = -\frac{1}{\lambda} \ln(1-x) \quad (x \in (0,1)).$$

Ist U eine gleichverteilte Zufallsvariable, dann ist $F^{-1} \circ U$ exponentialverteilt. △

Lemma 3.24 *Sei X eine Zufallsvariable mit Verteilungsfunktion F. Ist F invertierbar, dann ist $Z = F(X)$ gleichverteilt auf $(0, 1)$.*

Beweis Die Behauptung folgt für $x \in (0, 1)$ aus

$$P(Z \leq x) = P(F(X) \leq x) = P\left(X \leq F^{-1}(x)\right) = F\left(F^{-1}(x)\right) = x. \quad \square$$

Ist F nicht invertierbar, dann gilt die Aussage des Lemmas im Allgemeinen nicht, wie etwa Beispiel 3.19 demonstriert.

Angenommen, ein Zufallsprozess erzeugt Zufallszahlen $u_1, \ldots, u_n$, die als Realisierungen unabhängiger, gleichverteilter Zufallsvariablen interpretiert werden können. Sei weiter X eine Zufallsvariable, F deren Verteilungsfunktion und F_-^{-1} eine verallgemeinerte Inverse von F. Satz 3.22 legt nahe, dass die Zahlen $x_1, \ldots, x_n$, $x_i = F_-^{-1}(u_i)$, als unabhängige Realisierungen von X interpretiert werden können. Dies ist tatsächlich der Fall, wie im folgenden Abschnitt gezeigt wird.

Empirische Verteilungsfunktionen und der Satz von Glivenko-Cantelli

Definition 3.25 Wir betrachten eine Folge unabhängiger und identisch verteilter Zufallsvariablen $X_1, X_2, \ldots$ mit gemeinsamer Verteilungsfunktion F. Für $n \in \mathbb{N}$ heißt $F_n : \mathbb{R} \times \Omega \to [0, 1]$, gegeben durch

$$F_n(x, \omega) = \frac{1}{n} \sum_{k=1}^{n} 1_{(-\infty, x]}(X_k(\omega)), \quad (3.17)$$

die **empirische Verteilungsfunktion zu F und zum Stichprobenumfang n**. Dabei bezeichnet $1_{(-\infty, x]}$ die charakteristische Funktion von $(-\infty, x]$.

Für ein $\omega \in \Omega$ bilden Realisierungen $x_k = X_k(\omega)$ für $k = 1, \ldots, n$ eine Stichprobe $(x_1, \ldots, x_n)$ vom Umfang n. Dann wird auch $F_n(x)$ statt $F_n(x, \omega)$ geschrieben und es gilt

$$F_n(x) = \frac{\text{Anzahl der Beobachtungswerte in der Stichprobe} \leq x}{n}. \quad (3.18)$$

Lemma 3.26 *Für jedes $n \in \mathbb{N}$ und für jedes $\omega \in \Omega$ erfüllt die Funktion $F_n(\cdot, \omega)$ alle Eigenschaften einer Verteilungsfunktion.*

Beweis Für ein fest gewähltes $\omega \in \Omega$ sei $x_k = X_k(\omega)$ definiert. Zunächst gilt für alle $x, z \in \mathbb{R}$

$$0 \leq 1_{(-\infty, x]}(z) \leq 1,$$

und daraus folgt

$$0 \leq F_n(x, \omega) \leq 1 \quad (x \in \mathbb{R}).$$

Dann gilt für $x \leq y$ und für jedes $z \in \mathbb{R}$

$$1_{(-\infty, x]}(z) \leq 1_{(-\infty, y]}(z),$$

und daraus folgt die Monotonie von $F_n(\cdot, \omega)$.

Weiter gilt für jedes $z \in \mathbb{R}$

$$\lim_{h \downarrow 0} 1_{(-\infty, x+h]}(z) = 1_{(-\infty, x]}(z),$$

woraus die Rechtsstetigkeit von $F_n(\cdot, \omega)$ folgt.

Schließlich gilt für jedes $z \in \mathbb{R}$

$$\lim_{x \to -\infty} 1_{(-\infty, x]}(z) = 0, \quad \lim_{x \to \infty} 1_{(-\infty, x]}(z) = 1,$$

und daraus folgen die asymptotischen Eigenschaften einer Verteilungsfunktion. □

Jede Zufallsvariable X_k ist nach Definition messbar, und da Verkettungen und Linearkombinationen messbarer Funktionen messbar sind, ist $F_n(x, \cdot) : \Omega \to [0, 1]$ für jedes $n \in \mathbb{N}$ und für jedes $x \in \mathbb{R}$ messbar.

Theorem 3.27 (**Starkes Gesetz der großen Zahl**). *Sei (X_k) eine Folge unabhängiger und identisch verteilter, integrierbarer Zufallsvariablen mit $\mathbf{E}[X_k] = \mu$. Dann gilt fast sicher*

$$\lim_{n \to \infty} \frac{1}{n} \sum_{k=1}^{n} X_k = \mu.$$

Fast sichere Konvergenz bedeutet, dass es eine Nullmenge gibt, d. h. eine messbare Teilmenge $N \subset \Omega$ mit $P(N) = 0$, sodass für alle $\omega \in \Omega \setminus N$ gilt $\lim_{n \to \infty} \frac{1}{n} \sum_{k=1}^{n} X_k(\omega) = \mu$.

Das starke Gesetz der großen Zahl ist eines der fundamentalen Ergebnisse der Wahrscheinlichkeitstheorie; zum Beweis siehe Bauer [5], Schmidt [26] oder Williams [28]. Als einfache Folgerung erhalten wir die Aussage, dass die empirische Verteilungsfunktion fast sicher punktweise gegen die Verteilungsfunktion der zugrunde liegenden Zufallsvariablen konvergiert:

3.2 Verteilungsfunktionen

Satz 3.28 *Für jedes $x \in \mathbb{R}$ gilt fast sicher*

$$\lim_{n \to \infty} F_n(x, \omega) = F(x).$$

Beweis Sei $x \in \mathbb{R}$ fest gewählt. Mit (X_k) ist auch die Folge $\left(1_{(-\infty,x]} \circ X_k\right)$ unabhängig und identisch verteilt. Weiter gilt offenbar $1_{(-\infty,x]} \circ X_k = 1_{\{X_k \leq x\}}$, und daraus folgt

$$\mathbf{E}\left[1_{(-\infty,x]} \circ X_k\right] = \mathbf{E}\left[1_{\{X_k \leq x\}}\right] = P(\{X_k \leq x\}) = F(x).$$

Aus dem starken Gesetz der großen Zahl folgt nun

$$\lim_{n \to \infty} F_n(x, \omega) = \lim_{n \to \infty} \frac{1}{n} \sum_{k=1}^{n} \left(1_{(-\infty,x]} \circ X_k\right)(\omega) = F(x)$$

für fast alle $\omega \in \Omega$. □

Nach Satz 3.28 gibt es zu gegebenem $x \in \mathbb{R}$ eine Nullmenge $N_x \subset \Omega$, sodass für alle $\omega \in \Omega \backslash N_x$ gilt $\lim_{n \to \infty} F_n(x, \omega) = F(x)$. Die Nullmenge N_x hängt also vom gewählten Punkt x ab. Der folgende Satz verbessert dieses Ergebnis erheblich. Zunächst kann eine Nullmenge N unabhängig von x so gewählt werden, dass $\lim_{n \to \infty} F_n(x, \omega) = F(x)$ für jedes x und für alle $\omega \in \Omega \backslash N$ gilt. Darüber hinaus ist die Konvergenz für jedes $\omega \in \Omega \backslash N$ sogar gleichmäßig in x:

Satz 3.29 (**Glivenko-Cantelli**). *Es gilt fast sicher*

$$\lim_{n \to \infty} \sup_{x \in \mathbb{R}} |F_n(x, \omega) - F(x)| = 0.$$

Der Satz von Glivenko-Cantelli wird auch als Hauptsatz der mathematischen Statistik bezeichnet; zum Beweis des Satzes siehe Schmidt [26].

Aus dem Satz von Glivenko-Cantelli folgt:

Korollar 3.30 *Ein Zufallszahlengenerator erzeuge Zahlen $u_i \in (0, 1)$, die als Realisierungen $u_i = U_i(\omega)$ einer Folge unabhängiger, gleichverteilter Zufallsvariablen $U_1, U_2, \ldots$ interpretiert werden können und die wir dann gleichverteilte Zufallszahlen nennen. Es sei F_-^{-1} die verallgemeinerte Inverse der Verteilungsfunktion F einer gegebenen Zufallsvariablen X. Wir betrachten die mit den Werten $x_i = F_-^{-1}(u_i)$ gebildeten Stichproben $(x_1, \ldots, x_n)$ vom Umfang n. Dann gilt:*

1. Nach Satz 3.22 stimmt $F_-^{-1} \circ U$ mit der Verteilungsfunktion F von X überein.

2. Die mit den Stichproben $(x_1, \ldots, x_n)$ gebildeten empirischen Verteilungsfunktionen F_n konvergieren nach dem Satz von Glivenko-Cantelli fast sicher gleichmäßig gegen F. Wir sagen dann, dass die x_i Zufallszahlen sind, die wie X verteilt sind. □

Beispiel 3.31 Die Inverse der Verteilungsfunktion einer exponentialverteilten Zufallsvariablen lautet nach Beispiel 3.23

$$F^{-1}(u) = -\frac{1}{\lambda} \ln(1-u) \quad (u \in (0, 1)).$$

Sind u_i, $i = 1, \ldots, n$, unabhängige gleichverteilte Zufallszahlen im Intervall $(0, 1)$, dann sind nach Korollar 3.30

$$x_i = -\frac{1}{\lambda} \ln(1-u_i) \quad (i = 1, \ldots, n)$$

Zahlen, deren empirische Verteilungsfunktion die Verteilungsfunktion einer exponentialverteilten Zufallsvariablen für genügend großes n beliebig genau approximiert. Weil mit den u_i auch die Zahlen $1 - u_i$ gleichverteilt im Intervall $(0, 1)$ sind, können exponentialverteilte Zufallszahlen auch durch $-\frac{1}{\lambda} \ln(u_i)$ simuliert werden. △

3.3 Quantile

Definition 3.32 Sei X eine Zufallsvariable auf einem Wahrscheinlichkeitsraum $(\Omega, \mathcal{F}, P)$. Für $\alpha \in (0, 1)$ werden

$$q_\alpha(X) = F_-^{-1}(\alpha)$$

das **untere α-Quantil** von X und

$$q^\alpha(X) = F_+^{-1}(\alpha)$$

das **obere α-Quantil** von X genannt.

Ist die Verteilungsfunktion F von X streng monoton wachsend und stetig, dann ist F invertierbar und es gilt

$$F^{-1}(\alpha) = q_\alpha(X) = q^\alpha(X).$$

Satz 3.33 *Sei X eine Zufallsvariable auf einem Wahrscheinlichkeitsraum $(\Omega, \mathcal{F}, P)$ mit Verteilungsfunktion F_X. Sei weiter $f : \mathbb{R} \to \mathbb{R}$ eine stetige und streng monoton wachsende Funktion. Dann gilt für jedes $\alpha \in (0, 1)$*

$$q_\alpha(f(X)) = f(q_\alpha(X)), \quad q^\alpha(f(X)) = f(q^\alpha(X)).$$

3.3 Quantile

Beweis Mit $I = \{f(x) \mid x \in \mathbb{R}\}$ und

$$\begin{aligned}
\{y \in I \mid F_{f(X)}(y) \geq \alpha\} &= \{y \in I \mid P(f(X) \leq y) \geq \alpha\} \\
&= \{y \in I \mid P(X \leq f^{-1}(y)) \geq \alpha\} \\
&= \{f(x) \in I \mid P(X \leq x) \geq \alpha\} \\
&= \{f(x) \in I \mid F_X(x) \geq \alpha\}
\end{aligned}$$

folgt aufgrund der strengen Monotonie und Stetigkeit von f

$$\begin{aligned}
q_\alpha(f(X)) &= \inf\{y \in I \mid F_{f(X)}(y) \geq \alpha\} \\
&= \inf\{f(x) \in I \mid F_X(x) \geq \alpha\} \\
&= f(\inf\{x \in \mathbb{R} \mid F_X(x) \geq \alpha\}) \\
&= f(q_\alpha(X)).
\end{aligned}$$

Die zweite behauptete Gleichheit folgt analog. □

Korollar 3.34 *Sei X eine Zufallsvariable auf $(\Omega, \mathcal{F}, P)$. Seien weiter $\mu \in \mathbb{R}$ und $\sigma > 0$ beliebig gewählt. Dann gilt für jedes $\alpha \in (0, 1)$*

$$q_\alpha(\mu + \sigma X) = \mu + \sigma q_\alpha(X), \quad q^\alpha(\mu + \sigma X) = \mu + \sigma q^\alpha(X).$$

□

Lemma 3.35 *Sei X eine Zufallsvariable auf einem Wahrscheinlichkeitsraum $(\Omega, \mathcal{F}, P)$. Dann gilt*

$$-q^\alpha(X) = q_{1-\alpha}(-X).$$

Beweis Zunächst gilt

$$\begin{aligned}
q_{1-\alpha}(-X) &= \inf\{x \mid P(-X \leq x) \geq 1 - \alpha\} & (3.19) \\
&= \inf\{x \mid P(X \geq -x) \geq 1 - \alpha\} \\
&= \inf\{-x \mid P(X \geq x) \geq 1 - \alpha\} \\
&= -\sup\{x \mid P(X \geq x) \geq 1 - \alpha\} \\
&= -\sup\{x \mid 1 - P(X < x) \geq 1 - \alpha\} \\
&= -\sup\{x \mid P(X < x) \leq \alpha\} \\
&= -\inf\{x \mid P(X < x) > \alpha\}.
\end{aligned}$$

Wir zeigen nun, dass

$$\inf \{x \mid P(X < x) > \alpha\} = \inf \{x \mid P(X \leq x) > \alpha\} = q^\alpha(X) \qquad (3.20)$$

gilt. Zunächst folgt aus

$$\{X < x\} \subset \{X \leq x\},$$

also aus

$$P(X < x) \leq P(X \leq x),$$

die Implikation

$$\alpha < P(X < x) \Rightarrow \alpha < P(X \leq x),$$

also

$$\{x \mid P(X < x) > \alpha\} \subset \{x \mid P(X \leq x) > \alpha\}$$

und daher

$$\inf \{x \mid P(X < x) > \alpha\} \geq \inf \{x \mid P(X \leq x) > \alpha\}.$$

Angenommen, es wäre

$$x_0 = \inf \{x \mid P(X < x) > \alpha\} > \inf \{x \mid P(X \leq x) > \alpha\},$$

dann gäbe es Zahlen $x_0 > x > x'$ mit $P(X \leq x) > \alpha$ und $P(X \leq x') > \alpha$, aber mit $P(X < x) \leq \alpha$ und $P(X < x') \leq \alpha$.

Nun gilt aber

$$\{X \leq x'\} \subset \{X < x\},$$

also

$$\alpha < P(X \leq x') \leq P(X < x),$$

im Widerspruch zu $P(X < x) \leq \alpha$.

Mit (3.19) und (3.20) folgt schließlich

$$\begin{aligned} q_{1-\alpha}(-X) &= -\inf \{x \mid P(X < x) > \alpha\} \\ &= -\inf \{x \mid P(X \leq x) > \alpha\} \\ &= -q^\alpha(X), \end{aligned}$$

und das war zu zeigen. □

3.4 Normalverteilte Zufallsvariablen

Dieser Abschnitt orientiert sich an Jacod/Protter [15].

Definition 3.36 Eine reellwertige Zufallsvariable X wird **univariat normalverteilt** oder einfach **normalverteilt** genannt, wenn die Verteilungsfunktion F von X mithilfe der Dichte[1]

$$\varphi(x) = \frac{1}{\sigma\sqrt{2\pi}} \exp\left(-\frac{1}{2}\left(\frac{x-\mu}{\sigma}\right)^2\right)$$

geschrieben werden kann als

$$F(x) = \int_{-\infty}^{x} \varphi(t)\, dt.$$

Dabei sind μ und σ Parameter mit $\sigma > 0$. In diesem Fall wird

$$X \sim \mathcal{N}(\mu, \sigma^2)$$

geschrieben. Eine normalverteilte Zufallsvariable Z mit den Parametern $\mu = 0$ und $\sigma = 1$,

$$Z \sim \mathcal{N}(0, 1),$$

wird **standardnormalverteilte Zufallsvariable** genannt. Darüber hinaus werden auch konstante Zufallsvariablen X mit Funktionswert μ normalverteilt genannt und als $X \sim \mathcal{N}(\mu, 0)$ notiert.

Zufallsvariablen $X \sim \mathcal{N}(\mu, 0)$ besitzen keine Dichte und werden auch als **entartete normalverteilte Zufallsvariablen** bezeichnet.

Für $X \sim \mathcal{N}(\mu, \sigma^2)$ gilt[2]

$$\mathbf{E}[X] = \mu, \quad \mathbf{V}[X] = \sigma^2.$$

Die Dichte einer standardnormalverteilten Zufallsvariablen Z spezialisiert sich zu

$$\varphi(x) = \frac{1}{\sqrt{2\pi}} \exp\left(-\frac{1}{2}x^2\right).$$

Die Verteilungsfunktion F von $X \sim \mathcal{N}(\mu, \sigma^2)$ mit $\sigma > 0$ ist streng monoton wachsend und stetig, also ist F invertierbar mit

$$F^{-1}(\alpha) = q^{\alpha}(X) = q_{\alpha}(X)$$

---

[1] Siehe Aufgabe 3.4.
[2] Siehe Aufgabe 3.5 und 3.6.

und
$$\alpha = F\left(F^{-1}(\alpha)\right) = \int_{-\infty}^{F^{-1}(\alpha)} \varphi(t)\, dt$$

für $\alpha \in (0, 1)$. Die α-Quantile einer standardnormalverteilten Zufallsvariablen werden üblicherweise mit z_α bezeichnet. Mit Lemma 3.35 oder durch direkte Rechnung folgt

$$z_{1-\alpha} = -z_\alpha. \tag{3.21}$$

Definition 3.37 Eine $\mathbb{R}^n$-wertige Zufallsvariable $X = (X_1, \ldots, X_n)$ wird **Gaußsche Zufallsvariable** oder **multivariat normalverteilte Zufallsvariable** genannt, wenn jede Linearkombination $\sum_{i=1}^n \lambda_i X_i$ der $X_1, \ldots, X_n$ eine univariat normalverteilte Zufallsvariable ist.

Wenn X multivariat normalverteilt ist, dann ist jede Komponente X_i von X eine reellwertige normalverteilte Zufallsvariable.

Satz 3.38 *Seien $X_1, \ldots, X_n$ unabhängige normalverteilte Zufallsvariablen mit $X_i \sim \mathcal{N}(\mu_i, \sigma_i^2)$. Dann ist $X = (X_1, \ldots, X_n)$ multivariat normalverteilt.*
Falls $\sigma_i > 0$ für alle i gilt, dann besitzt X eine Dichte φ, gegeben durch

$$\varphi(x) = \frac{1}{(2\pi)^{n/2} \sqrt{\det C}} \exp\left(-\frac{1}{2} \langle x - \mu,\, C^{-1}(x - \mu) \rangle\right)$$

mit $\mu = (\mu_1, \ldots, \mu_n)$ und mit Kovarianzmatrix

$$C = \begin{pmatrix} \sigma_1^2 & & 0 \\ & \ddots & \\ 0 & & \sigma_n^2 \end{pmatrix}.$$

Ist umgekehrt $X = (X_1, \ldots, X_n)$ multivariat normalverteilt. Dann sind die Komponenten X_i von X genau dann unabhängig, wenn die Kovarianzmatrix C diagonal ist, wenn also die X_i unkorreliert sind.

Für $\mu = 0$ und $C = \mathrm{Id}$ heißt X **multivariat standardnormalverteilt**. Sind $X_i \sim \mathcal{N}(\mu_i, \sigma_i^2)$ für $i = 1, \ldots, n$ unabhängige normalverteilte Zufallsvariablen, dann gilt $X_1 + \cdots + X_n \sim \mathcal{N}(\mu, \sigma^2)$ mit $\mu = \mu_1 + \cdots + \mu_n$ und $\sigma^2 = \sigma_1^2 + \cdots + \sigma_n^2$. Weiter gilt für $Z \sim \mathcal{N}(0, 1)$ und $\mu, \sigma \in \mathbb{R}$

$$X = \mu + \sigma Z \sim \mathcal{N}(\mu, \sigma^2). \tag{3.22}$$

Jede multivariat normalverteilte Zufallsvariable lässt sich als affine Transformation unabhängiger univariat normalverteilter Zufallsvariablen darstellen:

3.4 Normalverteilte Zufallsvariablen

Satz 3.39 *Sei $X = (X_1, \ldots, X_n)$ eine multivariat normalverteilte Zufallsvariable mit Erwartungswertvektor $\mu = (\mu_1, \ldots, \mu_n)$. Dann existieren unabhängige univariat normalverteilte Zufallsvariablen $Y_1, \ldots, Y_n$, $Y_i \sim \mathcal{N}(0, \lambda_i)$ mit $\lambda_i \geq 0$ für $i = 1, \ldots, n$, und eine orthogonale $n \times n$-Matrix A mit*

$$X = \mu + AY. \qquad (3.23)$$

Seien umgekehrt $Y_1, \ldots, Y_n$, $Y_i \sim \mathcal{N}\left(0, \sigma_i^2\right)$ mit $\sigma_i^2 \geq 0$ für $i = 1, \ldots, n$, unabhängige univariat normalverteilte Zufallsvariablen. Seien weiter $\mu \in \mathbb{R}^n$ und eine $n \times n$-Matrix A beliebig gegeben. Dann ist $X = (X_1, \ldots, X_n)$, gegeben durch $X = \mu + AY$, eine multivariat normalverteilte Zufallsvariable.

Beweis Die Kovarianzmatrix C mit den Komponenten $C_{ij} = \mathbf{Cov}(X_i, X_j)$ ist symmetrisch und positiv semidefinit. Also gibt es nach dem Spektralsatz eine orthogonale Matrix A mit $C = A\Lambda A^t$, wobei Λ eine Diagonalmatrix mit nicht-negativen Einträgen $\lambda_1, \ldots, \lambda_n$ ist. Wird

$$Y = A^t(X - \mu) \qquad (3.24)$$

definiert, dann ist Y eine multivariat normalverteilte Zufallsvariable, denn jede Linearkombination der Komponenten von Y lässt sich als Linearkombination der Komponenten von X schreiben. Die Kovarianzmatrix der $Y_1, \ldots, Y_n$ lautet $A^t C A = \Lambda$, also sind die Y_i unkorreliert und damit nach Satz 3.38 unabhängig. Wegen $A^t = A^{-1}$ folgt (3.23) aus (3.24).

Die letzte Aussage des Satzes folgt, weil sich jede Linearkombination der Komponenten von X wegen $X = \mu + AY$ als Linearkombination der Komponenten von Y schreiben lässt. □

Korollar 3.40 *Eine $\mathbb{R}^n$-wertige multivariat normalverteilte Zufallsvariable $X = (X_1, \ldots, X_n)$ besitzt genau dann eine Dichte φ, wenn die Kovarianzmatrix C von X, definiert durch*

$$C_{ij} = \mathbf{Cov}(X_i, X_j),$$

positiv definit und damit invertierbar ist. In diesem Fall ist φ gegeben durch

$$\varphi(x) = \frac{1}{(2\pi)^{n/2} \sqrt{\det C}} \exp\left(-\frac{1}{2} \langle x - \mu, C^{-1}(x - \mu) \rangle\right)$$

mit $\mu = (\mu_1, \ldots, \mu_n)$ und $\mu_i = \mathbf{E}(X_i)$.

Sind X und Y normalverteilte Zufallsvariablen, die nicht als unabhängig vorausgesetzt werden, dann ist die Summe $X + Y$ nicht notwendigerweise normalverteilt. So ist leicht zu sehen, dass mit $X \sim \mathcal{N}(0, 1)$ und $a > 0$ auch

$$Y = X 1_{\{|X| \leq a\}} - X 1_{\{|X| > a\}}$$

standardnormalverteilt ist. Dann ist aber

$$X + Y = 2X 1_{\{|X| \leq a\}}$$

eine nicht-konstante Zufallsvariable mit $P(X + Y > 2a) = 0$. Daraus folgt aber, dass $X+Y$ nicht normalverteilt ist, denn andernfalls besäße $X+Y$ als nicht-konstante Normalverteilung eine auf $\mathbb{R}$ positive Dichte, und in diesem Fall wäre $P(X + Y > 2a) > 0$ im Widerspruch zur Konstruktion.

3.5 Der Value at Risk

Sei $(\Omega, \mathcal{F}, P)$ ein Wahrscheinlichkeitsraum und sei $c : \Omega \to \mathbb{R}$ eine zu einem zukünftigen Zeitpunkt $T > 0$ stattfindende zustandsabhängige Auszahlung mit aktuellem Wert c_0. Dann ist die **Wertänderung** X von c im Zeitintervall $[0, T]$ gegeben durch

$$X = c - c_0.$$

Die **Verlustverteilung** L von c für die Zeitperiode $[0, T]$ ist definiert durch

$$L = -X = c_0 - c.$$

Bei Verwendung von L werden Verluste als positive Werte angegeben.

Definition 3.41 Sei $(\Omega, \mathcal{F}, P)$ ein Wahrscheinlichkeitsraum und sei $c : \Omega \to \mathbb{R}$ eine zu einem zukünftigen Zeitpunkt $T > 0$ stattfindende zustandsabhängige Auszahlung mit aktuellem Wert c_0. Weiter bezeichne $X = c - c_0$ die Wertänderung und $L = -X$ die Verlustverteilung von c. Für eine gegebene Wahrscheinlichkeit $\alpha \in (0, 1)$ wird die Zahl

$$\mathbf{VaR}^\alpha (X) = -q^\alpha (X) = q_{1-\alpha} (L) \tag{3.25}$$

Value at Risk von X zum **Konfidenzniveau** $1 - \alpha$ genannt. Der Zeitraum $[0, T]$ wird als **Liquidationsperiode** bezeichnet.

In (3.25) wurde Lemma 3.35 verwendet. Die Liquidationsperiode wird im Rahmen aufsichtsrechtlicher Vorgaben auf $T = 10$ Tage festgelegt und für α ist der Wert 1 % vorgegeben.

Für ein Portfolio h gilt

$$X = V_T (h) - V_0 (h),$$

und in diesem Fall wird der Value at Risk von X auch als $\mathbf{VaR}^\alpha (h)$ notiert und Value at Risk des Portfolios h genannt.

Nach (3.4) gilt

$$P(L \leq q_{1-\alpha} (L)) \geq 1 - \alpha,$$

3.5 Der Value at Risk

also
$$P\left(L > \mathbf{VaR}^\alpha(X)\right) = 1 - P(L \leq q_{1-\alpha}(L)) \leq \alpha. \tag{3.26}$$

Dies bedeutet, dass höhere Verluste als $\mathbf{VaR}^\alpha(X)$ mit einer Wahrscheinlichkeit von höchstens α auftreten.

Wenn die Verteilungsfunktion F von L stetig und streng monoton wachsend ist, dann ist F invertierbar und es gilt

$$P\left(L > \mathbf{VaR}^\alpha(X)\right) = 1 - F\left(F^{-1}(1-\alpha)\right) = \alpha.$$

Der Value at Risk von X ist unter dieser Voraussetzung also derjenige Verlust, der mit Wahrscheinlichkeit α übertroffen wird.

Diese leicht verständliche Bedeutung lässt sich gut kommunizieren und wird in der Praxis verwendet: Angenommen, es kann die Aussage getroffen werden, dass bei einem Portfolio h

- am Ende der Liquidationsperiode
- größere Verluste als v Euro
- mit Wahrscheinlichkeit α

auftreten, dann beträgt der Value at Risk dieses Portfolios zum Konfidenzniveau $1 - \alpha$

$$\mathbf{VaR}^\alpha(h) = v \text{ Euro}.$$

Beispiel 3.42 Sei $[0, T]$ ein Zeitraum von 10 Tagen und sei $\alpha = 1\%$. Angenommen, die Wertänderungen $X = V_T(h) - V_0(h)$ eines Portfolios h sind normalverteilt, $X \sim \mathcal{N}(\mu, \sigma^2)$, mit $\mu = 500$ und $\sigma = 6000$. Bezeichnet $Z \sim \mathcal{N}(0, 1)$ die Standardnormalverteilung, dann gilt $X = \mu + \sigma Z$. Bezeichnet weiter z_α das α-Quantil der Standardnormalverteilung, dann folgt mit Korollar 3.34 und mit $L = -X = -\mu + \sigma Z$

$$\mathbf{VaR}^\alpha(h) = q_{1-\alpha}(L) \tag{3.27}$$
$$= -\mu + \sigma z_{1-\alpha}.$$

Mit $z_{99\%} = 2{,}326$ und den Daten des Beispiels erhalten wir

$$\mathbf{VaR}^\alpha(h) = 13.456.$$

Dies bedeutet, dass nach Ablauf von 10 Tagen mit 1 % Wahrscheinlichkeit größere Verluste als 13.456 auftreten. △

Der Value at Risk ist unempfindlich gegenüber den hohen seltenen Verlusten, wie das folgende Beispiel demonstriert.

Beispiel 3.43 Betrachten Sie einen Wahrscheinlichkeitsraum $(\Omega, \mathcal{F}, P)$. Seien $A, B \in \mathcal{F}$ gegeben mit $A \cap B = \emptyset$. Weiter seien Zahlen $a < b < c$ vorgegeben. Dann sei eine Verlustverteilung L mit $C = (A \cup B)^c$ gegeben durch

$$L(\omega) = \begin{cases} a & (\omega \in A) \\ b & (\omega \in B) \\ c & (\omega \in C). \end{cases}$$

Daraus folgt

$$\{L \leq x\} = \begin{cases} \emptyset & (x < a) \\ A & (a \leq x < b) \\ A \cup B & (b \leq x < c) \\ \Omega = A \cup B \cup C & (c \leq x). \end{cases}$$

Die Verteilungsfunktion F von L lautet daher

$$F(x) = P(L \leq x) = \begin{cases} 0 & (x < a) \\ P(A) & (a \leq x < b) \\ P(A) + P(B) & (b \leq x < c) \\ 1 & (c \leq x). \end{cases}$$

Angenommen, es gilt $P(A) < 1 - \alpha$ und $P(A) + P(B) \geq 1 - \alpha$. Der Value at Risk von L zum Konfidenzniveau $1 - \alpha$ lautet in diesem Fall

$$\mathbf{VaR}^\alpha(X) = q_{1-\alpha}(L) = \inf\{x \in \mathbb{R} \,|\, F(x) \geq 1 - \alpha\} = b.$$

siehe Abb. 3.2. Wir sehen, dass der Value at Risk unabhängig von Verlust c mit $c > b$ ist, der theoretisch beliebig groß gewählt werden kann. △

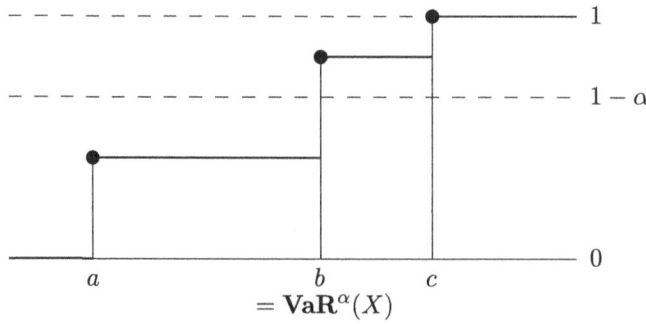

Abb. 3.2 Verteilungsfunktion F der in Beispiel 3.43 vorgestellten Verlustverteilung L und Value at Risk $\mathbf{VaR}^\alpha(X)$

Die Schätzung des Value at Risk durch Simulation

Sei h ein Portfolio mit Wertänderung $X = V_T(h) - V_0(h)$. Sei weiter angenommen, dass sich die Werte von X simulieren lassen. Dann kann der Value at Risk von h wie folgt geschätzt werden:

1. Es werden n Werte $X_1, \ldots, X_n$ von X simuliert.
2. Dann werden die X_j sortiert, sodass

$$X_{(1)} \leq X_{(2)} \leq \cdots \leq X_{(n)}$$

   gilt.
3. Zu einer vorgegebenen Wahrscheinlichkeit $\alpha \in (0, 1)$ wird nun der Index i_0 bestimmt mit

$$i_0 - 1 \leq n\alpha < i_0. \tag{3.28}$$

4. Dann ist

$$\widehat{\mathbf{VaR}^\alpha}(h) = -X_{(i_0)}$$

   ein Schätzwert für den Value at Risk zum Konfidenzniveau $1 - \alpha$.

Der Anteil der sortierten simulierten Werte mit Index kleiner als i_0 beträgt $(i_0 - 1)/n$. Nun gilt wegen (3.28)

$$\frac{i_0 - 1}{n} \leq \alpha,$$

und damit treten kleinere Werte als $X_{(i_0)}$, also größere Verluste als $-X_{(i_0)}$, höchstens mit relativer Häufigkeit α auf. Dies entspricht der Eigenschaft (3.26) des Value at Risk.

Beispiel 3.44 Für ein Portfolio h werden $n = 5000$ Werte $X_1, \ldots, X_{5000}$ von X simuliert und sortiert,

$$X_{(1)} \leq X_{(2)} \leq \cdots \leq X_{(5000)}.$$

Für $\alpha = 1\,\%$ gilt

$$i_0 - 1 = 5000 \cdot 1\,\% = 50,$$

also $i_0 = 51$. Damit wird der Value at Risk geschätzt als

$$\widehat{\mathbf{VaR}^\alpha}(h) = -X_{(51)}. \tag{3.29}$$

Die Verluste $-X_{(1)}, \ldots, -X_{(50)}$ können beliebig erhöht werden, ohne dass dies einen Einfluss auf den Schätzwert $-X_{(51)}$ hätte. Wir sehen auch hier, dass die Verteilung der hohen, seltenen Verluste keinen Einfluss auf den Value at Risk hat. △

Die Formulierung des Value at Risk mithilfe der Renditeverteilung einer Auszahlung

Sei c wieder eine zu einem zukünftigen Zeitpunkt T stattfindende Auszahlung mit aktuellem Wert $c_0 > 0$. Der Value at Risk von c lässt sich auch mithilfe der Renditeverteilung $R_c = (c - c_0)/c_0$ von c formulieren, denn mit Korollar 3.34 und mit $X = c - c_0$ und mit

$$R_c = \frac{X}{c_0}$$

folgt der Zusammenhang

$$\mathbf{VaR}^\alpha(X) = -q^\alpha(X) = -q^\alpha(c_0 R_c) = -c_0 q^\alpha(R_c).$$

Mit den Definitionen

$$\mu_X = \mathbf{E}[X], \quad \mu_R = \mathbf{E}[R_c],$$
$$\sigma_X = \sqrt{\mathbf{V}[X]}, \quad \sigma_R = \sqrt{\mathbf{V}[R_c]}$$

gilt

$$\mu_X = c_0 \mu_R$$
$$\sigma_X = c_0 \sigma_R.$$

Angenommen, die Rendite R_c von c ist normalverteilt,

$$R_c \sim \mathcal{N}(\mu, \sigma^2),$$

dann folgt

$$\mathbf{VaR}^\alpha(X) = -\mu_X + \sigma_X z_{1-\alpha} = c_0(-\mu_R + \sigma_R z_{1-\alpha}).$$

Ein Verteilungsmodell für Wertänderungen

Wertänderungen oder Renditen werden in der Regel nicht für einen Zeitraum von 10 Tagen geschätzt oder vorliegen. In der Praxis auftretende Zeiteinheiten sind in der Regel der *Tag* oder das *Jahr*. Es stellt sich die Frage, wie der Value at Risk in Abhängigkeit von einer gegebenen Zeiteinheit auf die Liquidationsperiode, also auf einen Zeitraum von 10 Tagen, zu skalieren ist. Diese Frage wird hier für den Fall beantwortet, dass aus den Modellannahmen normalverteilte Wertänderungen gefolgert werden können.

Sei c_t eine Auszahlung für beliebige Zeitpunkte t. Mit $X_{s,t} = c_t - c_s$ werde die Wertänderung zwischen den Zeitpunkten s und t bezeichnet. Seien $t_0 < t_1 < \cdots < t_n$ beliebige Zeitpunkte. Dann gilt

$$c_{t_n} - c_{t_0} = (c_{t_n} - c_{t_{n-1}}) + (c_{t_{n-1}} - c_{t_{n-2}}) + \cdots + (c_{t_1} - c_{t_0})$$

3.5 Der Value at Risk

also
$$X_{t_0,t_n} = X_{t_0,t_1} + X_{t_1,t_2} + \cdots + X_{t_{n-1},t_n}.$$

Angenommen, die Zeitintervalle $[t_{i-1}, t_i]$ besitzen paarweise dieselbe Länge $t_i - t_{i-1}$ für $i = 1, \ldots, n$. Sei weiter angenommen, dass die X_{t_{i-1},t_i} identisch verteilt und unabhängig sind,
$$X_{t_{i-1},t_i} \sim X$$
mit
$$\mathbf{E}[X] = \mu, \quad \mathbf{V}[X] = \sigma^2,$$
dann folgt
$$\mathbf{E}[X_{t_0,t_n}] = \sum_{i=1}^{n} \mathbf{E}[X_{t_{i-1},t_i}] = n\,\mathbf{E}[X] = n\mu$$
$$\mathbf{V}[X_{t_0,t_n}] = \sum_{i=1}^{n} \mathbf{V}[X_{t_{i-1},t_i}] = n\,\mathbf{V}[X] = n\sigma^2.$$

Aufgrund des zentralen Grenzwertsatzes erwarten wir, dass X_{t_0,t_n} näherungsweise normalverteilt ist. Dies motiviert folgende

Verteilungsannahme für die Wertänderungen Wir nehmen an, dass es zwei Parameter μ und $\sigma > 0$ gibt, sodass für alle $0 \leq s < t$ gilt

$$X_{s,t} = X_t - X_s \sim \mathcal{N}\left(\mu(t-s),\, \sigma^2(t-s)\right). \tag{3.30}$$

Die Wertänderungen $X_{s,t}$ werden also als normalverteilte Zufallsvariablen modelliert mit

$$\mathbf{E}[X_{s,t}] = \mu(t-s) \tag{3.31}$$
$$\mathbf{V}[X_{s,t}] = \sigma^2(t-s)$$

Da die Einheiten der Ausdrücke auf der linken und rechten Seite von (3.31) übereinstimmen müssen, werden die Differenzen $t - s$ als dimensionslose Vielfache der verwendeten Zeiteinheit interpretiert, d.h., wir identifizieren $t - s$ mit dem dimensionslosen Faktor $\frac{t-s}{1\,\text{Zeiteinheit}}$.

Die zeitliche Skalierung des Value at Risk

Zur Berechnung des Value at Risk muss bei gegebener Zeiteinheit der Faktor $\Delta t = \frac{t-s}{1\,\text{Zeiteinheit}}$ nach (3.31) so bestimmt werden, dass Δt Zeiteinheiten der Liquidationsperiode entsprechen. Dies bedeutet:

- Wird die Zeiteinheit Tag zugrundegelegt, dann entspricht ein Zeitraum von $T = 10$ Tagen dem Wert $\Delta t = 10$.
- Wird dagegen die Zeiteinheit Jahr verwendet und angenommen, dass ein Jahr 250 Handelstage enthält, dann entsprechen $T = 10$ Handelstage dem Bruchteil $\Delta t = \frac{10}{250} = \frac{1}{25}$ eines Jahres.

Bei vorgegebener Zeiteinheit gilt unter der Verteilungsannahme $X = c_T - c_0 \sim \mathcal{N}\left(\mu \Delta t, \sigma^2 \Delta t\right)$ nach (3.27) also

$$\mathbf{VaR}^\alpha (X) = -\mu \Delta t + z_{1-\alpha} \sigma \sqrt{\Delta t}. \tag{3.32}$$

3.6 Die Varianz-Kovarianz-Methode

Der Value at Risk lässt sich für ein Portfolio $h = \left(h^1, \ldots, h^N\right)$ mithilfe von (3.32) dann leicht bestimmen, wenn die Wertänderungen $X_h = V_1(h) - V_0(h)$ dieses Portfolios normalverteilt sind mit bekannten geschätzten Werten für $\mathbf{E}[X_h]$ und $\mathbf{V}[X_h]$. Wenn sich jedoch die Zusammensetzung des Portfolios im Zeitverlauf ändert, was der Regelfall ist, dann lassen sich die Parameter der Normalverteilung nicht aus der Zeitreihe der Portfoliokurse ermitteln. Mit $X_i = S_1^i - S_0^i$ gilt jedoch

$$X_h = V_1(h) - V_0(h) = \sum_{i=1}^{N} h^i \left(S_1^i - S_0^i\right) = \sum_{i=1}^{N} h^i X_i.$$

Damit folgt

$$\mathbf{E}[X_h] = \sum_{i=1}^{N} h^i \mathbf{E}[X_i] = \langle h, \mu \rangle$$

mit $\mu = (\mu_1, \ldots, \mu_N)$ und $\mu_i = \mathbf{E}[X_i]$ sowie

$$\mathbf{V}[X_h] = \mathbf{Cov}(X_h, X_h) = \langle h, Ch \rangle$$

mit $C_{ij} = \mathbf{Cov}(X_i, X_j)$. Unter Verwendung von (3.32) folgt daraus

$$\begin{aligned}\mathbf{VaR}^\alpha (h) &= -\mathbf{E}[X_h] \Delta t + z_{1-\alpha} \sqrt{\mathbf{V}[X_h]} \sqrt{\Delta t} \\ &= -\langle h, \mu \rangle \Delta t + z_{1-\alpha} \sqrt{\langle h, Ch \rangle} \sqrt{\Delta t}.\end{aligned} \tag{3.33}$$

Die μ_i und die C_{ij} lassen sich aus den Zeitreihen für die im Portfolio enthaltenen Wertpapiere unabhängig von der Portfoliostruktur h schätzen.

Die Berechnung des Value at Risk mithilfe von (3.33) wird **Varianz-Kovarianz-Methode** genannt. Die Varianz-Kovarianz-Methode ist anwendbar, wenn die Wertänderungen der Finanzinstrumente des betrachteten Portfolios multivariat normalverteilt sind, denn in diesem Fall ist jede Linearkombination dieser Wertänderungen, und damit X_h, normalverteilt.

3.7 Die Delta-Normal-Methode

Die Annahme, dass die Wertpapiere eines Portfolios normalverteilte Wertänderungen besitzen, ist problematisch, wenn das Portfolio Optionen oder strukturierte Produkte enthält, denn die Preise dieser Finanzinstrumente hängen nichtlinear von ihren **Risikofaktoren** ab. Dabei bezeichnen Risikofaktoren stochastische Größen, die den Wert eines Wertpapiers beeinflussen, und umfassen **Aktienkurse, Indexkurse, Wechselkurse, Zinsen, Credit Spreads** und **implizite Volatilitäten.** Weitere mögliche Risikofaktoren sind **Betafaktoren,** mithilfe derer die Bewertung einer Aktie auf die Bewertung eines Index zurückgeführt werden kann.

Beispiel 3.45 Der Risikofaktor einer Aktie S ist ihr Aktienkurs, der üblicherweise ebenfalls mit S bezeichnet wird. △

Beispiel 3.46 Die Black-Scholes-Formeln für eine europäische Call-Option oder für eine europäische Put-Option enthalten als stochastische Einflussgrößen den Aktienkurs S und die Volatilität σ des Basiswerts sowie den Zinssatz bis Fälligkeit r, siehe beispielsweise [17]. Diese Größen bilden die Risikofaktoren europäischer Standard-Optionen. △

Um die Vorteile einer geschlossenen Formel bei der Berechnung des Value at Risk eines Portfolios zu erhalten, wird eine Taylorentwicklung des Portfoliowerts nach den Risikofaktoren bis zur ersten Ordnung vorgenommen. Diese Entwicklung ist nach Konstruktion linear in den Risikofaktoren. Im Rahmen der Delta-Normal-Methode wird der Value at Risk nicht mithilfe der Wertänderung des Portfolios selbst, sondern mit ihrer Linearisierung berechnet.

Der Delta-Normal-Value at Risk

Sei h ein Portfolio, dessen Wert $V_t(h)$ von m Risikofaktoren $F = \left(F^1, \ldots, F^m\right)$ differenzierbar abhängt,
$$V_t(h) = c(F_t).$$
Wird die Wertänderung $X_h = V_1(h) - V_0(h) = c(F_1) - c(F_0)$ des Portfolios durch eine Taylorentwicklung 1. Ordnung ersetzt, also durch

$$\mathcal{X}_h = \sum_{i=1}^{m} \frac{\partial c}{\partial F^i}(F_0)\left(F_1^i - F_0^i\right) = \sum_{i=1}^{m} \pi_i X_i$$

mit $\pi_i = \frac{\partial c}{\partial F^i}(F_0)$ und $X_i = F_1^i - F_0^i$, dann wird der **Delta-Normal-Value at Risk** $\mathbf{VaR}_{\mathbf{DN}}^{\alpha}(h)$ des Portfolios h mithilfe dieser Linearisierung definiert durch

$$\mathbf{VaR}_{\mathbf{DN}}^{\alpha}(h) = -\mathbf{E}[\mathcal{X}_h]\Delta t + z_{1-\alpha}\sqrt{\mathbf{V}[\mathcal{X}_h]}\sqrt{\Delta t} \qquad (3.34)$$
$$= -\langle \pi, \mu \rangle \Delta t + z_{1-\alpha}\sqrt{\langle \pi, C\pi \rangle}\sqrt{\Delta t}.$$

Dabei gilt $\pi = (\pi_1, \ldots, \pi_m)$, $C_{ij} = \mathbf{Cov}(X_i, X_j)$ für $i, j = 1, \ldots, m$ und

$$\mu = (\mu_1, \ldots, \mu_m), \quad \mu_i = \mathbf{E}[X_i]. \qquad (3.35)$$

Zu beachten ist, dass $\mu = (\mu_1, \ldots, \mu_m)$ der Vektor der Erwartungswerte der Wertänderungen der Risikofaktoren ist und dass die C_{ij} die Kovarianzen der Wertänderungen der Risikofaktoren bezeichnen. Der Wert von Δt richtet sich wie zuvor nach der zugrundeliegenden Zeiteinheit.

$\pi_i = \partial c/\partial F^i(F_0)$ wird als **Sensitivität** des Portfolios h bezüglich des Risikofaktors F^i bezeichnet.

Wenn $\mathcal{X}_h$ die Wertänderung X_h des Portfolios h gut approximiert und normalverteilt ist, wenn also etwa die Wertänderungen der Risikofaktoren multivariat normalverteilt sind, dann werden wir erwarten, dass der Delta-Normal-Value at Risk $\mathbf{VaR}_{\mathbf{DN}}^{\alpha}(h)$ den Value at Risk des Portfolios gut approximiert.

3.8 Berechnung der Sensitivitäten

Die Erwartungswerte und die Kovarianzen der Wertänderungen der Risikofaktoren lassen sich mithilfe von Zeitreihen für diese Risikofaktoren schätzen. Die Berechnung der Sensitivitäten ist dagegen eine nicht-triviale Anforderung, denn die zu bewertenden Portfolios können ihrerseits wieder aus Portfolios zusammengesetzt sein, die wiederum komplexe Finanzinstrumente enthalten können. Mithilfe der Kettenregel lässt sich die Berechnung der Sensitivitäten jedoch rekursiv vornehmen, und dies ermöglicht eine effiziente Implementierung.

Wir betrachten dazu ein Finanzinstrument c, dessen Wert von den Werten anderer Finanzinstrumente $c^1, \ldots, c^n$ differenzierbar abhängt. Dann gilt

$$\frac{\partial c}{\partial F^j} = \sum_{i=1}^{n} \frac{\partial c}{\partial c^i}\frac{\partial c^i}{\partial F^j}. \qquad (3.36)$$

Zur Berechnung der Sensitivitäten eines Finanzinstruments werden mit der Kettenregel rekursiv so lange die Sensitivitäten der abhängigen Finanzinstrumente berechnet, bis die Risikofaktoren erreicht werden.

In diesem Abschnitt werden die Berechnungen der Sensitivitäten für einige Beispiele vorgeführt. Dabei bezeichnet die Notation $\pi_j(c)$ die Sensitivität des Finanzinstruments c

3.8 Berechnung der Sensitivitäten

bezüglich des Risikofaktors F^j. Alternativ bezeichnet $\pi_F(c)$ die Sensitivität des Finanzinstruments c bezüglich des Risikofaktors F.

Beispiel 3.47 (Finanzinstrumente, deren Kurse Risikofaktoren sind). Sei F^i ein Finanzinstrument, dessen Kurs ein Risikofaktor ist, wie beispielsweise eine Aktie, dann folgt mit (3.35)

$$\pi_j\left(F^i\right) = \frac{\partial F^i}{\partial F^j} = \delta_{ij}.$$

Die Sensitivität π_j von F^i hat den Wert 1 für $j = i$ und ist sonst null. △

Beispiel 3.48 (Aktien). Da Aktienkurse als Risikofaktoren interpretiert werden, lautet die Sensitivität $\pi_S(S)$ einer Aktie S

$$\pi_S(S) = 1.$$

△

Beispiel 3.49 (Aktien-Portfolios). Ein Portfolio c bestehe aus N Aktien S^i mit Stückzahlen h^i. Werden die Aktienkurse wie oben als Risikofaktoren aufgefasst, dann gilt

$$c\left(S^1, \ldots, S^N\right) = \sum_{i=1}^{N} h^i S^i$$

und mit $\partial c / \partial S^j = h^j$ folgt

$$\pi_j(c) = \frac{\partial c}{S^j}\left(S_0^1, \ldots, S_0^N\right) = h^j. \tag{3.37}$$

△

Beispiel 3.50 (Anleihen). Eine **Nullkupon-Anleihe** B ist ein Finanzinstrument, das zu einem n Jahre in der Zukunft liegenden Fälligkeitszeitpunkt einen Kapitalbetrag N, den Nennwert der Anleihe, auszahlt. Ist r der Jahreszins bis Fälligkeit, dann besitzt dieses Kapital zum aktuellen Zeitpunkt 0 den Wert

$$B(r) = N(1+r)^{-n}.$$

Mit

$$\frac{\partial B}{\partial r}(r_0) = -nN(1+r_0)^{-n-1}$$

lautet die Sensitivität $\pi_r(B)$ der Anleihe bezüglich des Risikofaktors r

$$\pi_r(B) = -n \frac{B_0}{1+r_0}. \tag{3.38}$$

Dabei bezeichnet r_0 den aktuellen Zinssatz bis Fälligkeit, und der aktuelle Preis B_0 der Anleihe B ist gegeben durch $B_0 = B(r_0)$. △

Beispiel 3.51 (Standard-Optionen). Es bezeichne $c(S, r, \sigma)$ die Black-Scholes-Formel für eine **Call-** oder eine **Put-Option** auf eine Aktie S, deren Wert neben dem Aktienkurs vom Zinssatz r und von der Volatilität σ abhängt. Dann sind S, r und σ Risikofaktoren. Üblicherweise wird $\Delta = \frac{\partial c}{\partial S}(S_0, r_0, \sigma_0)$ als das **Delta,** $\rho = \frac{\partial c}{\partial r}(S_0, r_0, \sigma_0)$ als das **Rho** und $\nu = \frac{\partial c}{\partial \sigma}(S_0, r_0, \sigma_0)$ als das **Vega** der Option bezeichnet. Für die Sensitivitäten der Black-Scholes-Preise bezüglich der jeweiligen Risikofaktoren gilt also

$$\pi_S(c) = \Delta,$$
$$\pi_r(c) = \rho,$$
$$\pi_\sigma(c) = \nu.$$

Mit Hilfe der Black-Scholes-Formeln lassen sich diese Sensitivitäten berechnen, siehe Aufgabe 3.8. △

Beispiel 3.52 (Summen). Sei c eine Auszahlung, die sich als Summe von Auszahlungen $c^1, \ldots, c^n$ schreiben lässt,

$$c = \sum_{i=1}^{n} c^i.$$

Dann folgt aus $\partial c/\partial F^j = \sum_{i=1}^{n} \partial c^i/\partial F^j$ unmittelbar

$$\pi_j(c) = \sum_{i=1}^{n} \pi_j\left(c^i\right).$$

△

Beispiel 3.53 (Produkte). Sei c ein Finanzinstrument, das als Produkt zweier Auszahlungen c^1 und c^2 dargestellt werden kann,

$$c = c^1 c^2.$$

Dann folgt wegen $\partial c/\partial F^j = \left(\partial c^1/\partial F^j\right) c^2 + c^1 \partial c^2/\partial F^j$

$$\pi_j(c) = \frac{\partial c}{F^j}(F_0)$$
$$= \left(\frac{\partial c^1}{F^j}(F_0)\right) c^2(F_0) + c^1(F_0) \frac{\partial c^2}{F^j}(F_0)$$
$$= \pi_j\left(c^1\right) c_0^2 + c_0^1 \pi_j\left(c^2\right).$$

△

Beispiel 3.54 (Aktie in Fremdwährung). Wir betrachten die Situation, dass eine Aktie S in einer anderen Währung ausgedrückt werden muss. Dann gilt

$$c(X, S) = XS,$$

wobei X den Wechselkurs bezeichnet. Sowohl der Aktienkurs S als auch der Wechselkurs X wird als Risikofaktor aufgefasst. Damit folgt

$$\pi_X(c) = \frac{\partial c}{\partial X}(X_0, S_0)$$
$$= S_0$$

und

$$\pi_S(c) = \frac{\partial c}{\partial S}(X_0, S_0)$$
$$= X_0.$$

△

3.9 Sensitivitäten und Zerlegungen des Value at Risk

Sowohl von theoretischem als auch von praktischem Interesse sind folgende Fragestellungen:

- Wie reagiert das Gesamtrisiko auf die Änderung eines Risikofaktors?
- Wie hoch ist der Anteil des Aktien-, Index-, Zins- Wechselkurs- oder Volatilitätsrisikos am Gesamtrisiko?

Im vorliegenden Abschnitt werden diese Fragen im Rahmen des Delta-Normal-Ansatzes für den Value at Risk beantwortet.

Sensitivitäten des Value at Risk

Die Sensitivität des Portfoliorisikos (3.34) gegenüber der Änderung des Sensitivität π_j eines Risikofaktors F^j lautet

$$\frac{\partial}{\partial \pi_j} \mathbf{VaR}_{\mathbf{DN}}^{\alpha}(h) = -\Delta t \mu_j + z_{1-\alpha} \sqrt{\Delta t} \frac{(C\pi)_j}{\sqrt{\langle \pi, C\pi \rangle}},$$

denn es gilt

$$\frac{\partial}{\partial \pi_j} \sqrt{\langle \pi, C\pi \rangle} = \frac{1}{2} \frac{\frac{\partial}{\partial \pi_j} \langle \pi, C\pi \rangle}{\sqrt{\langle \pi, C\pi \rangle}}$$

und

$$\frac{\partial}{\partial \pi_j} \langle \pi, C\pi \rangle = 2 \sum_{k=1}^{m} C_{jk} \pi_k = 2 (C\pi)_j.$$

Der Gradient des Delta-Normal-Risikos von h bezüglich der Sensitivitäten π_j,

$$\nabla_\pi \mathbf{VaR}_{\mathbf{DN}}^\alpha (h) = \left(\frac{\partial}{\partial \pi_1}, \ldots, \frac{\partial}{\partial \pi_m} \right) \mathbf{VaR}_{\mathbf{DN}}^\alpha (h) = -\Delta t\, \mu + z_{1-\alpha} \sqrt{\Delta t} \frac{C\pi}{\sqrt{\langle \pi, C\pi \rangle}},$$

wird auch als VARdelta von h bezeichnet, siehe [11, 12].

Zur Beantwortung der Frage, wie sich die Änderung eines Risikofaktors F^j auf das Portfoliorisiko auswirkt, wird die Bewertungsfunktion $V_t(h) = c\left(F_t^1, \ldots, F_t^m\right)$ als zweimal stetig differenzierbar vorausgesetzt und es werden für $j = 1, \ldots, m$ die partiellen Ableitungen $\frac{\partial}{\partial F^j} \mathbf{VaR}_{\mathbf{DN}}^\alpha (h)$ berechnet,

$$\frac{\partial}{\partial F^j} \mathbf{VaR}_{\mathbf{DN}}^\alpha (h) = \sum_{i=1}^{m} \frac{\partial}{\partial \pi_i} \mathbf{VaR}_{\mathbf{DN}}^\alpha (h) \frac{\partial \pi_i}{\partial F^j} = \left\langle \nabla_\pi \mathbf{VaR}_{\mathbf{DN}}^\alpha (h), \frac{\partial}{\partial F^j} \pi \right\rangle.$$

Bezeichnet H die Hesse-Matrix von c, also

$$H_{ij} = \frac{\partial^2 c}{\partial F^j \partial F^i} = \frac{\partial}{\partial F^j} \pi_i,$$

dann lässt sich die Sensitivität des Delta-Normal-Risikos bezüglich eines Risikofaktors F^j schreiben als

$$\frac{\partial}{\partial F^j} \mathbf{VaR}_{\mathbf{DN}}^\alpha (h) = \left\langle \nabla_\pi \mathbf{VaR}_{\mathbf{DN}}^\alpha (h), H_j \right\rangle, \tag{3.39}$$

wenn H_j die j-te Zeile oder, was aufgrund der Symmetrie von H dazu gleichwertig ist, die j-te Spalte von H bezeichnet.

Durch (3.39) wird abgeschätzt, wie das Gesamtrisiko auf die Änderung eines Risikofaktors reagiert. Werden diese Sensitivitäten des Risikos für jeden Risikofaktor berechnet und anschließend der Größe nach sortiert, dann lässt sich ablesen, auf die Änderung welcher Risikofaktoren das Gesamtrisiko am empfindlichsten reagiert.

Zerlegungen des Value at Risk

In diesem Abschnitt werden zwei Ansätze für die Zerlegung des Gesamtrisikos (3.34) in Teilrisiken dargestellt. Sei I eine Teilmenge von $\{1, \ldots, m\}$ und sei $P_I : \mathbb{R}^m \to \mathbb{R}^m$ der Projektionsoperator auf den durch I definierten Unterraum des $\mathbb{R}^m$,

3.9 Sensitivitäten und Zerlegungen des Value at Risk

$$(P_I \pi)_j = \begin{cases} \pi_j & \text{falls } j \in I \\ 0 & \text{falls } j \notin I. \end{cases}$$

Für jede durch eine Teilmenge I spezifizierte **Risikofaktorgruppe** wird das zu I gehörende **Teilrisiko** des Delta-Normal-Risikos $\text{VaR}^\alpha_{\text{DN}}(h)$ von h definiert durch

$$\text{VaR}^\alpha_I(h) = -\Delta t \langle P_I \pi, \mu \rangle + z_{1-\alpha} \sqrt{\Delta t} \sqrt{\langle P_I \pi, C P_I \pi \rangle}. \tag{3.40}$$

Diese Definition beinhaltet folgende Spezialfälle:

- **Risiko für einen Risikofaktortyp.** Werden die Indizes aller Risikofaktoren, die zu einem bestimmten Typ, also etwa zum Typ Aktie, Index, Zins, Wechselkurs und Volatilität, gehören, zu jeweils einer Indexmenge I zusammengefasst, dann ist das Aktien-, Index-, Zins-, Wechselkurs- und Volatilitätsrisiko definiert durch

$$\text{VaR}^\alpha_I(h) = -\Delta t \sum_{i \in I} \pi_i \mu_i + z_{1-\alpha} \sqrt{\Delta t} \sqrt{\sum_{i,j \in I} \pi_i \pi_j \text{Cov}(R_i, R_j)}.$$

- **Risiko für einen einzelnen Risikofaktor.** Für jeden Risikofaktor F^i wird die einelementige Teilmenge $I = \{i\}$ betrachtet. Damit wird das Risiko $\text{VaR}^\alpha_i(h) = \text{VaR}^\alpha_I(h)$ für diesen Risikofaktor definiert als

$$\text{VaR}^\alpha_i(h) = -\Delta t \pi_i \mu_i + z_{1-\alpha} \sqrt{\Delta t} \sqrt{\langle P_I \pi, C P_I \pi \rangle}$$
$$= -\Delta t \pi_i \mu_i + z_{1-\alpha} \sqrt{\Delta t} \sqrt{(\pi_i)^2 \text{Cov}(R_i, R_i)}$$
$$= -\Delta t \pi_i \mu_i + z_{1-\alpha} \sqrt{\Delta t} |\pi_i| \sigma_i.$$

Diese Zerlegung des Gesamtrisikos hat die Eigenschaft, dass das Gesamtrisiko kleiner oder gleich der Summe aller Teilrisiken ist:

Lemma 3.55 *Seien I_j, $j = 1, \ldots, k$, nicht-leere, paarweise disjunkte Teilmengen von $\{1, \ldots, m\}$ mit $I_1 \cup \cdots \cup I_k = \{1, \ldots, m\}$. Dann gilt für $\alpha \leq 0{,}5$*

$$\text{VaR}^\alpha_{\text{DN}}(h) \leq \sum_{j=1}^{k} \text{VaR}^\alpha_{I_j}(h).$$

Beweis Seien I eine nicht-leere Teilmenge von $\{1, \ldots, m\}$ und $I^c = \{1, \ldots, m\} \setminus I$ die zu I komplementäre Indexmenge, dann gilt

$$\langle \pi, C\pi \rangle = \langle (P_I + P_{I^c})\pi, C(P_I + P_{I^c})\pi \rangle$$
$$= \langle P_I \pi, C P_I \pi \rangle + \langle P_{I^c} \pi, C P_{I^c} \pi \rangle + 2 \langle P_I \pi, C P_{I^c} \pi \rangle.$$

Für $x, y \in \mathbb{R}^m$ definiert
$$g(x, y) = \langle x, Cy \rangle$$
ein inneres Produkt, also gilt die Cauchy-Schwarzsche Ungleichung
$$g(x, y) \leq \sqrt{g(x, x)} \sqrt{g(y, y)},$$
und damit folgt
$$\langle \pi, C\pi \rangle \leq \langle P_I\pi, CP_I\pi \rangle + \langle P_{I^c}\pi, CP_{I^c}\pi \rangle + 2\sqrt{\langle P_I\pi, CP_I\pi \rangle}\sqrt{\langle P_{I^c}\pi, CP_{I^c}\pi \rangle}$$
$$= \left(\sqrt{\langle P_I\pi, CP_I\pi \rangle} + \sqrt{\langle P_{I^c}\pi, CP_{I^c}\pi \rangle}\right)^2$$
oder
$$\sqrt{\langle \pi, C\pi \rangle} \leq \sqrt{\langle P_I\pi, CP_I\pi \rangle} + \sqrt{\langle P_{I^c}\pi, CP_{I^c}\pi \rangle}.$$
Für $\alpha \leq 0{,}5$ gilt $z_{1-\alpha} \geq 0$, und mit (3.34) folgt
$$\mathbf{VaR}_{\mathbf{DN}}^{\alpha}(h) \leq \mathbf{VaR}_I^{\alpha}(h) + \mathbf{VaR}_{I^c}^{\alpha}(h).$$
Daraus folgt die Behauptung induktiv. □

Der Component Value at Risk

Die Summe der Teilrisiken ist also größer oder gleich dem Delta-Normal-Gesamtrisiko. Das von Garman in [11, 12] vorgeschlagene Konzept des *Component Value at Risk* hat demgegenüber die Eigenschaft, dass die Summe aller Teilrisiken mit dem Gesamtrisiko übereinstimmt. Ausgangspunkt der Zerlegung ist die Identität
$$\sqrt{\langle \pi, C\pi \rangle} = \frac{\langle \pi, C\pi \rangle}{\sqrt{\langle \pi, C\pi \rangle}} = \left\langle \pi, \frac{C\pi}{\sqrt{\langle \pi, C\pi \rangle}} \right\rangle.$$
Wird für eine Risikofaktorgruppe $I \subset \{1, \ldots, m\}$ der **Component Value at Risk** oder **Component VaR** definiert durch
$$\mathbf{cVaR}_I^{\alpha}(h) = -\Delta t \langle P_I\pi, \mu \rangle + z_{1-\alpha}\sqrt{\Delta t}\left\langle P_I\pi, \frac{C\pi}{\sqrt{\langle \pi, C\pi \rangle}}\right\rangle, \tag{3.41}$$
dann lässt sich das Gesamtrisiko in eine Summe von Teilrisiken zerlegen:

Lemma 3.56 *Seien I_j, $j = 1, \ldots, k$, nicht-leere, paarweise disjunkte Teilmengen von $\{1, \ldots, m\}$ mit $I_1 \cup \cdots \cup I_k = \{1, \ldots, m\}$. Dann gilt*
$$\mathbf{VaR}_{\mathbf{DN}}^{\alpha}(h) = \sum_{j=1}^{k} \mathbf{cVaR}_{I_j}^{\alpha}(h).$$

3.9 Sensitivitäten und Zerlegungen des Value at Risk

Beweis Die Behauptung folgt mit $v = -\Delta t \mu - z_\alpha \sqrt{\Delta t} \frac{C\pi}{\sqrt{\langle \pi, C\pi \rangle}}$ und

$$\mathbf{cVaR}_I^\alpha(h) = -\Delta t \langle P_I \pi, \mu \rangle + z_{1-\alpha} \sqrt{\Delta t} \left\langle P_I \pi, \frac{C\pi}{\sqrt{\langle \pi, C\pi \rangle}} \right\rangle = \langle P_I \pi, v \rangle$$

für $I \subset \{1, \ldots, m\}$, denn es gilt

$$\sum_{j=1}^k P_{I_j} \pi = \pi,$$

also

$$\mathbf{VaR}_{\mathbf{DN}}^\alpha(h) = \langle \pi, v \rangle = \sum_{j=1}^k \langle P_{I_j} \pi, v \rangle = \sum_{j=1}^k \mathbf{cVaR}_{I_j}^\alpha(h).$$

□

Die Definition des Component Value at Risk beinhaltet folgende Spezialfälle:

- **Risiko für einen Risikofaktortyp.** Werden die Indizes aller Risikofaktoren, die zu einem bestimmten Typ, also etwa zum Typ Aktie, Index, Zins, Wechselkurs und Volatilität, gehören, zu jeweils einer Indexmenge I zusammengefasst, dann ist das Aktien-, Index-, Zins-, Wechselkurs- und Volatilitätsrisiko definiert durch

$$\mathbf{cVaR}_I^\alpha(h) = -\Delta t \sum_{i \in I} \pi_i \mu_i + z_{1-\alpha} \sqrt{\Delta t} \sum_{i \in I} \pi_i \frac{(C\pi)_i}{\sqrt{\langle \pi, C\pi \rangle}}.$$

- **Risiko für einen einzelnen Risikofaktor.** Für jeden Risikofaktor F^i wird die einelementige Teilmenge $I = \{i\}$ betrachtet. Damit wird das Risiko $\mathbf{cVaR}_i(h) = \mathbf{cVaR}_I(h)$ für diesen Risikofaktor definiert als

$$\mathbf{cVaR}_i^\alpha(h) = -\Delta t \pi_i \mu_i + z_{1-\alpha} \sqrt{\Delta t} \frac{\pi_i (C\pi)_i}{\sqrt{\langle \pi, C\pi \rangle}}.$$

Eine Konsequenz der Definition des Component Value at Risk ist, dass in die Berechnung des Risikos einer Risikofaktorgruppe auch alle anderen Risikofaktoren eingehen.

Im Gegensatz zur mithilfe von (3.40) definierten Zerlegung des Gesamtrisikos in Teilrisiken werden beim Component Value at Risk die Korrelationen der Risikofaktoren untereinander berücksichtigt.

Beide Ansätze liefern so je nach Fragestellung aufschlussreiche Informationen über die Struktur des Gesamtrisikos.

3.10 Das Wichtigste im Überblick

Sei $c: \Omega \to \mathbb{R}$ eine zu einem zukünftigen Zeitpunkt $T > 0$ stattfindende zustandsabhängige Auszahlung mit aktuellem Wert c_0. Dann ist die Wertänderung X von c im Zeitintervall $[0, T]$ gegeben durch

$$X = c - c_0.$$

Die Verlustverteilung L von c für die Zeitperiode $[0, T]$ ist definiert durch

$$L = -X = c_0 - c.$$

Bei Verwendung von L werden Verluste als positive Werte angegeben.

Bezeichnen q^α und q_α die in Abschn. 3.3 definierten oberen und unteren Quantilfunktionen, dann wird für eine gegebene Wahrscheinlichkeit $\alpha \in (0, 1)$ die Zahl

$$\mathbf{VaR}^\alpha(X) = -q^\alpha(X) = q_{1-\alpha}(L)$$

Value at Risk von X zum Konfidenzniveau $1 - \alpha$ genannt. Der Zeitraum $[0, T]$ wird als Liquidationsperiode bezeichnet, siehe Abschn. 3.5.

Wenn die Verteilungsfunktion F von L stetig und streng monoton wachsend ist, dann gilt

$$P\left(L > \mathbf{VaR}^\alpha(X)\right) = \alpha.$$

Der Value at Risk von X ist unter dieser Voraussetzung also derjenige Verlust, der mit Wahrscheinlichkeit α übertroffen wird, siehe wiederum Abschn. 3.5.

Diese leicht verständliche Bedeutung lässt sich gut kommunizieren und wird in der Praxis verwendet: Angenommen, es kann die Aussage getroffen werden, dass bei einem Portfolio h

- am Ende der Liquidationsperiode
- größere Verluste als v Euro
- mit Wahrscheinlichkeit α

auftreten, dann beträgt der Value at Risk dieses Portfolios zum Konfidenzniveau $1 - \alpha$

$$\mathbf{VaR}^\alpha(h) = v \text{ Euro}.$$

Für normalverteilte Wertänderungen $X \sim \mathcal{N}(\mu, \sigma^2)$ gilt

$$\mathbf{VaR}^\alpha(h) = -\mu + \sigma z_{1-\alpha},$$

wobei z_α das α-Quantil der Standardnormalverteilung bezeichnet.

Sei h ein Portfolio, dessen Wert $V_t(h)$ von m Risikofaktoren $F = (F^1, \ldots, F^m)$ differenzierbar abhängt,

$$V_t(h) = c(F_t).$$

Wird die Wertänderung $X_h = V_1(h) - V_0(h) = c(F_1) - c(F_0)$ des Portfolios h durch eine Taylorentwicklung 1. Ordnung bezüglich der Risikofaktoren $\mathcal{X}_h$ ersetzt, dann wird der Delta-Normal-Value at Risk des Portfolios h mithilfe dieser Linearisierung definiert, siehe Abschn. 3.7. Der Delta-Normal-Value at Risk $\mathbf{VaR}_{DN}^{\alpha}(h)$ ist aufgrund der Linearisierung ein Näherungswert, dieser lässt sich jedoch mithilfe der vergleichsweise einfachen Formel (3.34),

$$\mathbf{VaR}_{DN}^{\alpha}(h) = -\mathbf{E}[\mathcal{X}_h]\Delta t + z_{1-\alpha}\sqrt{\mathbf{V}[\mathcal{X}_h]}\sqrt{\Delta t},$$

berechnen.

Der Delta-Normal-Value at Risk bietet darüber hinaus die Möglichkeit, das Gesamtrisiko in Teilrisiken zu zerlegen. Dies wird in Abschn. 3.9 dargestellt.

3.11 Aufgaben

Aufgabe 3.1 Sei $\mathcal{C}$ ein System von Teilmengen einer Menge Ω. Zeigen Sie, dass

$$\sigma(\mathcal{C}) = \bigcap_{\substack{\mathcal{A}\, \sigma\text{-Algebra in } \Omega \\ \mathcal{C} \subset \mathcal{A}}} \mathcal{A}$$

eine σ-Algebra in Ω ist. $\sigma(\mathcal{C})$ wird die **von $\mathcal{C}$ erzeugte σ-Algebra** genannt.

Hinweis: Zeigen Sie zunächst, dass ein beliebiger Durchschnitt von σ-Algebren in einer Menge Ω wieder eine σ-Algebra in Ω ist.

Aufgabe 3.2 (Stetigkeitseigenschaften von Maßen) Sei Ω eine nicht-leere Menge und $\mathcal{F}$ eine σ-Algebra in Ω. Sei weiter

$$\mu : \mathcal{F} \to [0, \infty]$$

ein **Maß**, d. h. eine Abbildung mit

1. $\mu(\emptyset) = 0$.
2. Für $A_n \in \mathcal{F}$, $n \in \mathbb{N}$, mit $A_n \cap A_m = \emptyset$ für $n \neq m$ gilt $\mu\left(\bigcup_{n \in \mathbb{N}} A_n\right) = \sum_{n=1}^{\infty} \mu(A_n)$.

Zeigen Sie:

1. Sei $A_n \in \mathcal{F}$ mit $A_n \subset A_{n+1}$ für alle $n \in \mathbb{N}$ und sei $A = \bigcup_{n \in \mathbb{N}} A_n$, also $A_n \uparrow A$. Dann gilt
$$\mu(A_n) \to \mu(A) \quad \text{für} \quad n \to \infty.$$

2. Weiter sie $A_n \in \mathcal{F}$ mit $A_n \supset A_{n+1}$ für alle $n \in \mathbb{N}$ und sei $A = \bigcap_{n \in \mathbb{N}} A_n$, also $A_n \downarrow A$. Angenommen, $\mu(A_1) < \infty$, dann folgt

$$\mu(A_n) \to \mu(A) \quad \text{für} \quad n \to \infty.$$

Bemerkungen: Die Eigenschaft 2. eines Maßes wird σ-**Additivität** genannt. Ein Wahrscheinlichkeitsmaß ist ein Maß mit $\mu(\Omega) = 1$.

Aufgabe 3.3 (Empirische Verteilungsfunktion) Sei $x_1, \ldots, x_n$ eine Stichprobe vom Umfang n. Bestimmen Sie die empirische Verteilungsfunktion $F_n(x)$ der Stichprobe.

1. Nehmen Sie zunächst an, dass die Datenpunkte der Stichprobe paarweise verschieden sind.
2. Betrachten Sie nun den allgemeinen Fall.

Aufgabe 3.4 Besitzt die Verteilungsfunktion F_c einer Auszahlung c eine **Dichte** φ, dann gilt nach Definition

$$F'_c(x) = \varphi(x),$$

also

$$F_c(x) = \int_{-\infty}^{x} \varphi(y) \, dy.$$

Die Wahrscheinlichkeit $F_c(x) = P(c \leq x)$, dass Auszahlungswerte $c \leq x$ auftreten werden, entspricht also der Fläche unter der Kurve der Dichtefunktion φ bis zum Wert x, siehe Abb. 3.3.

Ist eine Auszahlung c beispielsweise normalverteilt mit Erwartungswert μ und Varianz σ^2, was durch $c \sim \mathcal{N}(\mu, \sigma^2)$ gekennzeichnet wird, dann ist die Verteilungsfunktion von c gegeben durch

$$F_c(x) = \frac{1}{\sigma \sqrt{2\pi}} \int_{-\infty}^{x} \exp\left(-\frac{1}{2}\left(\frac{y-\mu}{\sigma}\right)^2\right) dy.$$

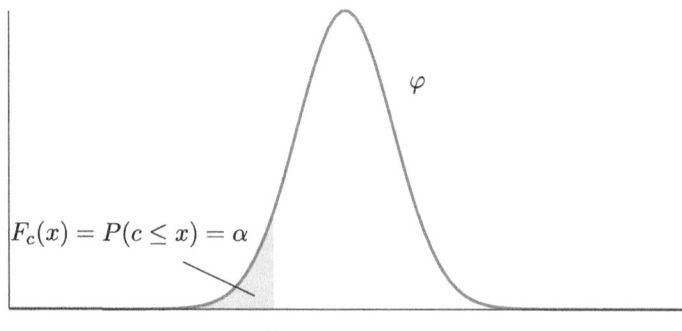

Abb. 3.3 Die Dichtefunktion φ von c

Die zugehörige Dichtefunktion lautet also

$$\varphi(x) = \frac{1}{\sigma\sqrt{2\pi}} \exp\left(-\frac{1}{2}\left(\frac{x-\mu}{\sigma}\right)^2\right).$$

Insbesondere besitzt eine standardnormalverteilte Zufallsvariable $Z \sim \mathcal{N}(0, 1)$ die Dichtefunktion

$$\varphi(x) = \frac{1}{\sqrt{2\pi}} \exp\left(-\frac{1}{2}x^2\right).$$

Zeigen Sie

$$\int_{-\infty}^{\infty} \varphi(x)\,dx = 1.$$

Hinweis: Verwenden Sie

$$\left(\int_{-\infty}^{\infty} \varphi(x)\,dx\right)^2 = \left(\int_{-\infty}^{\infty} \varphi(x)\,dx\right)\left(\int_{-\infty}^{\infty} \varphi(y)\,dy\right)$$
$$= \int_{-\infty}^{\infty}\int_{-\infty}^{\infty} \varphi(x)\varphi(y)\,dx\,dy$$

und transformieren Sie auf Polarkoordinaten.

Aufgabe 3.5 (Momenterzeugende Funktionen) Sei X eine Zufallsvariable, dann ist die momenterzeugende Funktion von X definiert durch

$$M(t) = \mathbf{E}\left[e^{tX}\right].$$

Besitzt X die Dichte φ, dann gilt

$$M(t) = \int_{-\infty}^{\infty} e^{tx}\varphi(x)\,dx.$$

Eine wichtige Eigenschaft der momenterzeugenden Funktion besteht darin, dass sie die Wahrscheinlichkeitsverteilung der zugehörigen Zufallsvariablen X eindeutig bestimmt, wenn $M(t)$ in einem offenen Intervall, das die null enthält, existiert. Wenn $M(t)$ existiert, dann gilt

$$M'(t) = \int_{-\infty}^{\infty} xe^{tx}\varphi(x)\,dx,$$

also

$$M'(0) = \int_{-\infty}^{\infty} x\varphi(x)\,dx = \mathbf{E}[X],$$

und allgemeiner

$$M^{(n)}(0) = \mathbf{E}\left[X^n\right].$$

Lässt sich also die momenterzeugende Funktion einer Zufallsvariablen X berechnen, dann lassen sich alle Momente der zugehörigen Zufallsvariablen X durch Differentiation bestimmen.

1. Berechnen Sie die momenterzeugende Funktion der Standardnormalverteilung.
2. Zeigen Sie, dass die Momente der Standardnormalverteilung $X \sim \mathcal{N}(0, 1)$ gegeben sind durch
$$\mathbf{E}[X^n] = \begin{cases} 0 & (n \text{ ungerade}) \\ \frac{n!}{\sqrt{2^n}(\frac{n}{2})!} & (n \text{ gerade}), \end{cases}$$
3. Bestimmen Sie die ersten 4 Momente $\mathbf{E}[X^i]$, $i = 1, \ldots, 4$, der Standardnormalverteilung.

Aufgabe 3.6 (**Momente der Normalverteilung**)

1. Zeigen Sie: Besitzt eine Zufallsvariable X die momenterzeugende Funktion $M_X(t)$, dann hat die Zufallsvariable $Y = a + bX$ die momenterzeugende Funktion $M_Y(t) = e^{at} M_X(bt)$.
2. Berechnen Sie mit diesem Ergebnis die ersten 4 Momente einer Normalverteilung $Y \sim \mathcal{N}(\mu, \sigma^2)$.
3. Berechnen Sie $\mathbf{E}[Y]$ und $\mathbf{V}[Y]$.

Aufgabe 3.7 (**Momente der Lognormalverteilung**) Sei X eine **lognormalverteilte Zufallsvariable,** d.h., es gilt
$$X = e^Y, \quad Y \sim \mathcal{N}(\mu, \sigma^2).$$

1. Berechnen Sie die Momente
$$\mathbf{E}\left[X^k\right]$$
von X für $k \in \mathbb{N}$.
2. Berechnen Sie $\mathbf{E}[X]$ und $\mathbf{V}[X]$.

Hinweis: Es lässt sich zeigen, dass die momenterzeugende Funktion lognormalverteilter Zufallsvariablen nicht existiert. Berechnen Sie daher die Momente von X, indem Sie $X = e^{\mu + \sigma Z}$ für $Z \sim \mathcal{N}(0, 1)$ schreiben und integrieren.

Aufgabe 3.8 (**Sensitivitäten der Black-Scholes Preise**) Für die Preise c_0 und p_0 europäischer Call- und Put-Optionen, deren Basiswerte während der Laufzeit der Optionen keine Dividenden auszahlen, gelten die Black-Scholes-Formeln

3.11 Aufgaben

$$c_0 = S\Phi(d_+) - e^{-rT} K \Phi(d_-)$$
$$p_0 = e^{-rT} K \Phi(-d_-) - S\Phi(-d_+),$$

wobei Φ die Verteilungsfunktion der Standard-Normalverteilung bezeichnet,

$$\Phi(x) = \frac{1}{\sqrt{2\pi}} \int_{-\infty}^{x} \exp\left(-\frac{y^2}{2}\right) dy,$$

und wobei

$$d_\pm = \frac{\ln\left(\frac{S}{K}\right) + \left(r \pm \frac{\sigma^2}{2}\right)T}{\sigma\sqrt{T}}$$

gilt. Zeigen Sie, dass für die Sensitivitäten

$$\Delta = \frac{\partial c_0}{\partial S}, \quad \rho = \frac{\partial c_0}{\partial r}, \quad \nu = \frac{\partial c_0}{\partial \sigma}$$

bzw.

$$\Delta = \frac{\partial p_0}{\partial S}, \quad \rho = \frac{\partial p_0}{\partial r}, \quad \nu = \frac{\partial p_0}{\partial \sigma}$$

gilt

	Call	Put
Δ	$\Phi(d_+)$	$\Phi(d_+) - 1 = -\Phi(-d_+)$
ρ	$KTe^{-rT}\Phi(d_-)$	$-KTe^{-rT}\Phi(-d_-) = KTe^{-rT}(\Phi(d_-) - 1)$
ν	$S\sqrt{T}\Phi'(d_+)$	$S_0\sqrt{T}\Phi'(d_+)$

Aufgabe 3.9 (**Berechnung des Value at Risk**) Sei h Portfolio mit $V_0(h) = 1.000.000$ EUR, dessen erwartete Jahresrendite $\mu = 10\%$ und dessen Jahresvolatilität $\sigma = 25\%$ beträgt. Die Portfoliorendite darf als normalverteilt vorausgesetzt werden.

1. Es ist der Value at Risk von h zum Konfidenzniveau 99 % bei einer Liquidationsperiode von 10 Tagen zu berechnen, wobei die Portfoliorendite als normalverteilt vorausgesetzt werden kann. (Nehmen Sie für das Jahr 250 Handelstage an.)
2. Wie groß wird der Fehler bei der Bestimmung des Value at Risk, wenn die erwartete Rendite bei der Berechnung vernachlässigt wird?

Aufgabe 3.10 (**Näherungsformel für den Value at Risk**) Sei h Portfolio, dessen Portfoliorendite als normalverteilt vorausgesetzt werden darf, $R \sim \mathcal{N}(\mu, \sigma^2)$. In diesem Fall gilt

$$\textbf{VaR}^\alpha(h) = -\mu\Delta t + z_{1-\alpha}\sigma\sqrt{\Delta t}.$$

Angenommen, der Summand $\mu \Delta t$ kann vernachlässigt werden. Zeigen Sie:

1. Lautet die zugrundeliegende Zeiteinheit *Tag*, dann gilt näherungsweise
$$\mathbf{VaR}^{1\%}(S) \approx 8\sigma S_0.$$

2. Lautet die zugrundeliegende Zeiteinheit *Jahr*, dann gilt näherungsweise
$$\mathbf{VaR}^{1\%}(S) \approx \frac{1}{2}\sigma S_0.$$

Aufgabe 3.11 (Verteilungsmodell für Aktienkurse) Werden die Renditen R von Aktienkursen S als normalverteilt angenommen $R \sim \mathcal{N}(\mu, \sigma^2)$, dann lautet der Value at Risk der Aktie
$$\mathbf{VaR}^\alpha(S) = S_0(-\mu + \sigma z_{1-\alpha}),$$
wenn S_0 den aktuellen Aktienkurs bezeichnet. Da σ theoretisch beliebig groß werden kann, könnte $\mathbf{VaR}^\alpha(S)$ den Wert S_0 übersteigen. Da eine Aktie nicht mehr als ihren aktuellen Kurs verlieren kann, sollte das Risiko einer Aktie nicht höher sein als der aktuelle Kurs. Die vorliegende Aufgabe beinhaltet die Herleitung eines Verteilungsmodells für Aktienkurse, sodass das Aktienrisiko stets kleiner als der aktuelle Kurs ist.

Seien dazu S_{t_i} Aktienkurse zu Zeitpunkten $t_0 < t_1 < \cdots < t_n$. Dann gilt
$$\frac{S_{t_n}}{S_{t_0}} = \frac{S_{t_n}}{S_{t_{n-1}}} \frac{S_{t_{n-1}}}{S_{t_{n-2}}} \cdots \frac{S_{t_1}}{S_{t_0}},$$

also
$$\ln \frac{S_{t_n}}{S_{t_0}} = \ln \frac{S_{t_n}}{S_{t_{n-1}}} + \ln \frac{S_{t_{n-1}}}{S_{t_{n-2}}} + \cdots + \ln \frac{S_{t_1}}{S_{t_0}}.$$

1. Die **logarithmische Rendite** $R_{s,t}^{\log}$ des Aktienkurses S zwischen den Zeitpunkten $0 \leq s < t$ ist definiert durch
$$R_{s,t}^{\log} = \ln \frac{S_t}{S_s}.$$

Zeigen Sie: Bezeichnet $R_{s,t} = \frac{S_t - S_s}{S_s}$ die gewöhnliche Rendite und gilt $|R_{s,t}| \ll 1$, dann stimmen die logarithmischen Renditen mit den gewöhnlichen Renditen näherungsweise überein.

2. Angenommen, die Zeitintervalle $[t_{i-1}, t_i]$ besitzen paarweise dieselbe Länge $t_i - t_{i-1}$ für $i = 1, \ldots, n$. Sei weiter angenommen, dass die $R_{t_{i-1},t_i}^{\log}$ identisch verteilt und unabhängig sind,
$$R_{t_{i-1},t_i}^{\log} \sim R,$$
mit
$$\mathbf{E}[R] = \mu, \quad \mathbf{V}[R] = \sigma^2.$$

3.11 Aufgaben

Zeigen Sie, dass dann gilt:

$$E\left[R_{t_0,t_n}^{\log}\right] = n\mu$$
$$V\left[R_{t_0,t_n}^{\log}\right] = n\sigma^2.$$

3. Argumentieren Sie mit dem Zentralen Grenzwertsatz, dass $R_{t_0,t_n}^{\log}$ näherungsweise normalverteilt sein sollte.
4. Mit 2. und 3. lautet die **Verteilungsannahme für Aktienkurse:** Es gibt zwei dimensionslose Parameter μ und $\sigma > 0$ gibt, sodass für alle $0 \leq s < t$ gilt

$$R_{s,t}^{\log} = \ln\frac{S_t}{S_s} \sim \mathcal{N}\left(\mu\left(t-s\right), \sigma^2\left(t-s\right)\right).$$

Die Liquidationsperiode werden wie üblich mit $[0, T]$ bezeichnet. Zeigen Sie, dass die Quantile von S_T gegeben sind durch

$$q^\alpha(S_T) = S_0 e^{\mu\Delta t + z_\alpha \sigma \sqrt{\Delta t}},$$

wenn $\Delta t = \frac{t-s}{1\,\text{Zeiteinheit}}$ bei gegebener Zeiteinheit der Länge der Liquidationsperiode entspricht.

5. Zeigen Sie, dass der Value at Risk einer Aktie unter diesen Voraussetzungen gegeben ist durch

$$\text{VaR}^\alpha(S) = S_0\left(1 - e^{\mu\Delta t + z_\alpha \sigma \sqrt{\Delta t}}\right).$$

6. Zeigen Sie, dass stets gilt

$$\text{VaR}^\alpha(S) < S_0.$$

7. Zeigen Sie, dass für $\left|\mu\Delta t + z_\alpha \sigma \sqrt{\Delta t}\right| \ll 1$ näherungsweise

$$\text{VaR}^\alpha(S) \approx -S_0\left(\mu\Delta t + z_\alpha \sigma \sqrt{\Delta t}\right)$$

gilt. In diesem Fall erhalten wir also näherungsweise den Value at Risk für normalverteilte Renditen.

Aufgabe 3.12 (Berechnung des Value at Risk)

1. Wir betrachten ein Portfolio $h = (h_1, h_2)$, das aus zwei Aktien S^1 und S^2 mit aktuellen Kursen $S_0^1 = 120$ und $S_0^2 = 6$ besteht. Die Stückzahlen seien gegeben durch

$$h^1 = 5$$
$$h^2 = 67.$$

Weiter gelte mit den Wertänderungen $X_1 = S_1^1 - S_0^1$ und $X_2 = S_1^2 - S_0^2$

$$\mu_1 = \mathbf{E}[X_1] = 4{,}8,$$
$$\mu_2 = \mathbf{E}[X_2] = 0{,}6.$$

Die Kovarianzmatrix der Wertänderungen mit den Einträgen $C_{ij} = \mathbf{Cov}(X_i, X_j)$ laute

$$C = \begin{pmatrix} 116{,}64 & 2{,}592 \\ 2{,}592 & 1{,}44 \end{pmatrix}.$$

Bestimmen Sie den Value at Risk des Portfolios unter der Voraussetzung, dass die Renditen der Aktien als multivariat normalverteilt vorausgesetzt werden können. Die Liquidationsperiode betrage 10 Tage, das Konfidenzniveau 99 %.
2. Wir betrachten erneut das Portfolio h bestehend aus 5 Aktien vom Typ S^1 und aus 67 Aktien vom Typ S^2. Dieses Portfolio werde ergänzt um 2 Stücke eines Derivats mit der Preisfunktion $f(S^1, S^2) = S^1 S^2$. Es ist der Value at Risk dieses Portfolios nach der Delta-Normal-Methode zu berechnen.

Aufgabe 3.13 (Berechnung von Value at Risk und Teilrisiken)
Für ein Portfolio $h = (h^1, h^2, h^3)$, bestehend aus zwei Aktien S^1, S^2 und aus einer Nullkupon-Anleihe B, seien folgende Daten gegeben:

Wertpapier	Preis	Stückzahl
Aktie S^1	$S_0^1 = 100$	$h^1 = 20$
Aktie S^2	$S_0^2 = 10$	$h^2 = 120$
Bond B	$N = 10.000$	$h^3 = 25$
Fälligkeit	$n = 2$	
	$r_0 = 2\%$	

Die Risikofaktoren für die beiden Aktien S^1 und S^2 sind die entsprechenden Aktienkurse, der Risikofaktor für den Bond B ist der Jahreszinssatz r. Weiter sei $X_i = F_1^i - F_0^i$ die Wertänderung des i-ten Risikofaktors. Wird als Zeiteinheit das Jahr verwendet, dann seien für die Risikofaktoren folgende Daten gegeben:

Risikofaktor	Aktueller Wert	$\mu_i = \mathbf{E}[X_i]$
F^1: Kurs S^1	$F_0^1 = S_0^1 = 100$	$\mu_1 = 12$
F^2: Kurs S^2	$F_0^2 = S_0^2 = 10$	$\mu_2 = 1{,}5$
F^3: Zinssatz r	$F_0^3 = r_0 = 2\%$	$\mu_3 = 0{,}0004$

Die Kovarianzmatrix der Wertänderungen der Risikofaktoren mit den Einträgen $C_{ij} = \mathbf{Cov}(X_i, X_j)$ sei gegeben durch

3.11 Aufgaben

$$C = \begin{pmatrix} 400 & 10 & -0{,}002 \\ 10 & 6{,}25 & -0{,}000375 \\ -0{,}002 & -0{,}000375 & 1 \cdot 10^{-6} \end{pmatrix}.$$

1. Unter der Voraussetzung, dass die Wertänderungen aller Risikofaktoren als normalverteilt vorausgesetzt werden dürfen, ist der Delta-Normal-Value at Risk von h für eine Liquidationsperiode von 10 Tagen zum Konfidenzniveau 99 % zu bestimmen.
2. Für jede der beiden Risikofaktorgruppen Aktien und Zinsen ist jeweils das Teilrisiko und der Component VaR zu bestimmen. Vergleichen Sie die Summen der Teilrisiken mit dem unter 1. erhaltenen Gesamtrisiko und interpretieren Sie die erhaltenen Ergebnisse.

Kohärente Risikomaße 4

In Abschn. 4.1 wird ein Zugang zur Messung finanzieller Risiken vorgestellt, der in der Arbeit von Artzner/Delbaen/Eber/Heath [2] begründet wurde und große Beachtung gefunden hat. In der genannten Arbeit werden abstrakt eine Reihe von Forderungen formuliert, die ein „gutes" Risikomaß erfüllen sollte. Risikomaße, die diese Eigenschaften besitzen, werden als *kohärent* bezeichnet.

Zunächst wird in Abschn. 4.2 nachgewiesen, dass der *Value at Risk* bis auf die Subadditivität alle Kohärenzeigenschaften erfüllt. Dann wird gezeigt, dass der Value at Risk für die Klasse der multivariat normalverteilten Wertänderungen jedoch als subadditiv nachgewiesen werden kann und damit für diese Klasse sogar ein kohärentes Risikomaß ist.

Anschließend wird in Abschn. 4.3 das Risikomaß *Expected Shortfall* vorgestellt und als kohärent nachgewiesen.

In Abschn. 4.4 wird gezeigt, dass sich der Expected Shortfall für normalverteilte und für lognormalverteilte Auszahlungen in geschlossener Form berechnen lasst, und in Abschn. 4.5 wird das Verhältnis von Value at Risk zu Expected Shortfall untersucht.

Die folgende Darstellung kohärenter Risikomaße, insbesondere der Nachweis der Kohärenz des Expected Shortfall, orientiert sich an Acerbi/Tasche [1].

Für weiterführende Literatur siehe Embrechts et al. [9], Föllmer/Schied [10], Kriele/Wolf [18] und McNeil et al. [21].

4.1 Definition und Eigenschaften kohärenter Risikomaße

Wir legen einen Wahrscheinlichkeitsraum $(\Omega, \mathcal{F}, P)$ zugrunde und interpretieren eine Zufallsvariable $X : \Omega \to \mathbb{R}$ als Wertänderung. Ein Risikomaß ρ ordnet jedem X ein Kapital $\rho(X) \in \mathbb{R}$ zu, das vorgehalten werden muss, damit X im Sinne einer Risikokontrolle oder einer regulatorischen Vorschrift *akzeptabel* ist. Ein Betrag $\rho(X) > 0$ entspricht dabei einer Sicherheitsleistung, die, wie auf einem Marginkonto, zur Absicherung von X hinterlegt werden muss. Gilt dagegen $\rho(X) < 0$, dann ist X auch nach Entnahme des Kapitalbetrags $-\rho(X)$ noch akzeptabel.

Definition 4.1 Sei $(\Omega, \mathcal{F}, P)$ ein Wahrscheinlichkeitsraum und sei V eine Menge reellwertiger Zufallsvariablen auf Ω mit der Eigenschaft $\mathbf{E}[X^-] < \infty$, wobei $X^- = \max(0, -X)$ den Negativteil von X bezeichnet. Ein **Risikomaß** ist eine Abbildung $\rho : V \to \mathbb{R}$.

Im Rahmen der Maßtheorie wird eine messbare Funktion X integrierbar genannt, wenn sowohl ihr Positivteil $X^+ = \max(0, X)$ als auch ihr Negativteil X^- jeweils ein endliches Integral besitzt, und in diesem Fall wird $\int X \, dP = \mathbf{E}[X] = \mathbf{E}[X^+] - \mathbf{E}[X^-]$ definiert. Hier wird lediglich die schwächere Eigenschaft $\mathbf{E}[X^-] < \infty$ verlangt und definiert

$$\mathbf{E}[X] = \begin{cases} \mathbf{E}[X^+] - \mathbf{E}[X^-] & \text{falls } \mathbf{E}[X^+] < \infty \\ \infty & \text{falls } \mathbf{E}[X^+] = \infty. \end{cases}$$

Definition 4.2 Ein Risikomaß $\rho : V \to \mathbb{R}$ heißt **kohärent**, wenn es die folgenden Eigenschaften erfüllt:

1. $\rho(X) \leq 0$ $(X \in V, X \geq 0)$ **(Monotonie)**
2. $\rho(X + Y) \leq \rho(X) + \rho(Y)$ $(X, Y, X + Y \in V)$ **(Subadditivität)**
3. $\rho(\lambda X) = \lambda \rho(X)$ $(X, \lambda X \in V, \lambda > 0)$ **(Positive Homogenität)**
4. $\rho(X + a) = \rho(X) - a$ $(X \in V, a \in \mathbb{R})$ **(Translationsinvarianz)**

Die Interpretation der Eigenschaft *Monotonie* ist klar: Treten bei einer Wertänderung X keine Verluste auf, gilt also $X \geq 0$, dann soll auch kein Sicherungskapital erforderlich sein, $\rho(X) \leq 0$.

Die *Subadditivitätseigenschaft* besagt, dass die Anforderung an das Sicherungskapital für die Kombination zweier Wertänderungen nicht größer sein sollte als die Summe aus den Anforderungen für jede einzelne Verteilung. Dies formalisiert das grundlegende Ergebnis der Portfoliotheorie, wonach sich die Risiken bei Portfoliobildung durch Diversifikationseffekte verringern.

Umgekehrt sollte es nicht möglich sein, den Kapitalbedarf durch geschickte Aufspaltung des Gesamtportfolios in geeignete Teilportfolios „herunter zu rechnen", und eine Dezentralisierung der Risikomessung sollte gefahrlos möglich sein.

Ist für eine Wertänderung X ein Sicherungskapital $\rho(X)$ erforderlich, dann wird unterstellt, dass für ein positives Vielfaches von X das entsprechende Vielfache des Sicherungskapitals benötigt wird. Die Eigenschaft *positive Homogenität* formalisiert diese Annahme.

Wird eine Wertänderung X um einen konstanten Kapitalbetrag a zu $X + a$ verändert, dann sollte sich das erforderliche Sicherungskapital $\rho(X + a)$ für $X + a$ gegenüber $\rho(X)$ um a

4.1 Definition und Eigenschaften kohärenter Risikomaße

verringern, wenn a positiv ist. Ist a dagegen negativ, dann sollte das Sicherungskapital von $X + a$ gegenüber X um $-a$ erhöht werden. Diese Eigenschaft wird *Translationsinvarianz* genannt.

Aus der Translationsinvarianz folgt offenbar

$$\rho(X + \rho(X)) = 0.$$

Das folgende Beispiel demonstriert die Existenz kohärenter Risikomaße.

Beispiel 4.3 Sei Ω ein endlicher Wahrscheinlichkeitsraum, und seien $X, Y : \Omega \to \mathbb{R}$. Wir betrachten das Risikomaß

$$\rho(X) = -\min\{X(\omega) \mid \omega \in \Omega\}$$

und prüfen es auf Kohärenz.

Zunächst folgt aus $X \geq 0$ die Eigenschaft

$$\min\{X(\omega) \mid \omega \in \Omega\} \geq 0,$$

und dies bedeutet $\rho(X) \leq 0$, also ist ρ monoton. Weiter gilt für jedes $\omega \in \Omega$

$$X(\omega) + Y(\omega) \geq \min\{X(\omega) \mid \omega \in \Omega\} + \min\{Y(\omega) \mid \omega \in \Omega\}.$$

Daher folgt

$$\min\{X(\omega) + Y(\omega) \mid \omega \in \Omega\} \geq \min\{X(\omega) \mid \omega \in \Omega\} + \min\{Y(\omega) \mid \omega \in \Omega\},$$

also

$$\rho(X + Y) \leq \rho(X) + \rho(Y).$$

Somit ist ρ subadditiv. Wegen

$$\min\{\lambda X(\omega) \mid \omega \in \Omega\} = \lambda \min\{X(\omega) \mid \omega \in \Omega\}$$

für alle $\lambda > 0$ ist ρ positiv homogen. Schließlich gilt

$$\rho(X + a) = -\min\{X(\omega) + a \mid \omega \in \Omega\}$$
$$= -\min\{X(\omega) \mid \omega \in \Omega\} - a$$
$$= \rho(X) - a,$$

also ist ρ translationsinvariant. $\triangle$

Der maximale Verlust einer zukünftigen unsicheren Auszahlung ist im Rahmen des Beispiels 4.3 also ein kohärentes Risikomaß. Dennoch wird es in der Praxis nicht eingesetzt, denn realistische Werteverteilungen sind in der Regel nicht beschränkt und beliebig hohe Verluste daher theoretisch möglich. Aus diesem Grund werden die Verluste unsicherer zukünftiger Auszahlungen bei praxistauglichen Risikomaßen unter geeigneter Berücksichtigung ihrer Eintrittswahrscheinlichkeiten in ein zur Absicherung erforderliches Risikokapital umgesetzt.

Beispiel 4.4 Sei $(\Omega, \mathcal{F}, P)$ ein Wahrscheinlichkeitsraum. Es ist leicht zu sehen, dass die Abbildung $\rho : V \to \mathbb{R} \cup \{-\infty\}$, gegeben durch

$$\rho(X) = -\mathbf{E}[X],$$

alle Eigenschaften eines kohärenten Risikomaßes erfüllt, siehe Aufgabe 4.1. Allerdings ist ρ nicht reellwertig, weil der Fall $\rho(X) = -\infty$ nicht ausgeschlossen ist. Ist Ω jedoch endlich oder wird der Definitionsbereich von ρ auf die Menge aller integrierbaren reellwertigen Zufallsvariablen eingeschränkt, dann wird ρ zu einem reellwertigen Risikomaß, das alle Kohärenzeigenschaften erfüllt. △

Das Risikomaß des Beispiels 4.4 ist zwar kohärent und bei zukünftigen Wertänderungen werden die Eintrittswahrscheinlichkeiten von Verlusten berücksichtigt, jedoch wird hier über Gewinne und Verluste gemittelt, sodass der Wert $\rho(X)$ das Verlustrisiko einer Wertänderung $X \in V$ nicht angemessen wiedergibt. Eine naheliegende Modifikation obiger Definition von ρ besteht darin, nur über die Verluste der Wertänderungen zu mitteln, also $\rho(X) = \mathbf{E}[X^-]$ zu definieren. Dieses Risikomaß ist jedoch nicht kohärent, siehe Aufgabe 4.2.

Nun werden einige Schlussfolgerungen aus Definition 4.2 gezogen.

Lemma 4.5 *Sei ρ ein kohärentes Risikomaß. Dann gilt:*

1. $\rho(0) = 0$.
2. $\rho(-a) = a$ *für beliebiges* $a \in \mathbb{R}$.
3. *Aus* $X \leq Y$ *folgt* $\rho(X) \geq \rho(Y)$ *für alle* $X, Y \in V$.
4. *Aus* $X \leq 0$ *folgt* $\rho(X) \geq 0$ *für* $X \in V$.
5. *Aus* $\sup X < 0$ *folgt* $0 < \rho(X)$.
6. ρ *ist konvex, d. h., es gilt*

$$\rho(\lambda X + (1-\lambda)Y) \leq \lambda \rho(X) + (1-\lambda)\rho(Y),$$

für $0 \leq \lambda \leq 1$ *und für alle* $X, Y \in V$.

Beweis

1. Für $X = 0$ folgt mit der Monotonie von ρ zunächst $\rho(0) \leq 0$. Die Subadditivitätseigenschaft von ρ liefert $\rho(0) \leq \rho(0) + \rho(0)$, also $0 \leq \rho(0)$. Zusammen folgt $\rho(0) = 0$.

2. Wird für $X(\omega) = -a$ zunächst 1. und anschließend die Translationsinvarianz von ρ verwendet, dann folgt

$$0 = \rho(0) = \rho(-a + a) = \rho(-a) - a.$$

3. Wird zunächst die Subadditivität und anschließend die Monotonie von ρ unter Beachtung von $Y - X \geq 0$ verwendet, dann folgt

$$\begin{aligned}\rho(Y) &= \rho((Y - X) + X) \\ &\leq \rho(Y - X) + \rho(X) \\ &\leq \rho(X).\end{aligned}$$

4. folgt für $Y = 0$ unmittelbar aus 3. und 1.
5. Im Falle von $\sup X < 0$ existiert ein $a > 0$, sodass

$$X(\omega) + a \leq 0$$

für alle $\omega \in \Omega$ gilt. Wird 4. mit der Translationsinvarianz von ρ verwendet, dann folgt $0 \leq \rho(X + a) = \rho(X) - a$, also

$$a \leq \rho(X).$$

6. folgt unmittelbar aus der Subadditivität und aus der positiven Homogenität. □

Analog zum Beweis von 5. in Lemma 4.5 zeigt man auch, dass aus $\sup X > 0$ die Eigenschaft $\rho(X) < 0$ folgt.

4.2 Der Value at Risk

Seien $(\Omega, \mathcal{F}, P)$ ein Wahrscheinlichkeitsraum und $\alpha \in (0, 1)$ eine vorgegebene Wahrscheinlichkeit. Sei $c : \Omega \to \mathbb{R}$ eine zu einem zukünftigen Zeitpunkt $T > 0$ stattfindende zustandsabhängige Auszahlung mit aktuellem Wert c_0. Bezeichnet $X = c - c_0$ die Wertänderung von c, dann lautet der Value at Risk von X nach (3.25)

$$\mathbf{VaR}^\alpha(X) = -q^\alpha(X).$$

Das folgende Lemma weist nach, dass der Value at Risk drei der vier Kohärenzeigenschaften besitzt.

Lemma 4.6 *Der Value at Risk erfüllt die Eigenschaften Monotonie, positive Homogenität und Translationsinvarianz.*

Beweis Sei $X = c - c_0$ die Wertänderung einer zukünftigen zustandsabhängigen Auszahlung $c : \Omega \to \mathbb{R}$ mit aktuellem Wert c_0. Dann gelten für $\mathbf{VaR}^\alpha(X)$ folgende Eigenschaften:

1. **(Monotonie)** Für $X \geq 0$ und $x < 0$ gilt $F(x) = P(X \leq x) = 0$, und daraus folgt $q^\alpha(X) \geq 0$ für alle $\alpha \in (0, 1)$. Damit gilt aber

$$\mathbf{VaR}^\alpha(X) = -q^\alpha(X) \leq 0,$$

 der Value at Risk ist also monoton.

2. **(Positive Homogenität)** Für beliebiges $\lambda > 0$ gilt mit Korollar 3.34

$$\mathbf{VaR}^\alpha(\lambda X) = -q^\alpha(\lambda X) = -\lambda q^\alpha(X) = \lambda \mathbf{VaR}^\alpha(X).$$

3. **(Translationsinvarianz)** Für beliebiges $a \in \mathbb{R}$ gilt mit Korollar 3.34

$$\mathbf{VaR}^\alpha(X + a) = -q^\alpha(X + a) = -\left(q^\alpha(X) + a\right) = \mathbf{VaR}^\alpha(X) - a. \qquad \square$$

Lemma 4.7 *Im Allgemeinen ist der Value at Risk nicht subadditiv und daher kein kohärentes Risikomaß.*

Beweis Durch ein Gegenbeispiel wird gezeigt, dass der Value at Risk im Allgemeinen nicht subadditiv ist. Betrachten Sie dazu einen Wahrscheinlichkeitsraum $(\Omega, \mathcal{F}, P)$. Seien $A, B \in \mathcal{F}$ gegeben mit $A \cap B = \emptyset$ und $P(A) = P(B) = \frac{2}{3}\alpha$ für ein $\alpha \in \left(0, \frac{1}{2}\right)$. Betrachten Sie weiter die Wertänderungen $X = -1_A$ und $Y = -1_B$. Dann gilt für die zugehörigen Verteilungsfunktionen

$$F_X(x) = F_Y(x) = \begin{cases} 0 & \text{für } x < -1 \\ \frac{2}{3}\alpha & \text{für } -1 \leq x < 0 \\ 1 & \text{für } 0 \leq x \end{cases}$$

und damit $q^\alpha(X) = q^\alpha(Y) = 0$, also

$$\mathbf{VaR}^\alpha(X) = \mathbf{VaR}^\alpha(Y) = 0.$$

Weiter gilt $X + Y = -(1_A + 1_B) = -1_{A \cup B}$, $P(A \cup B) = \frac{4}{3}\alpha$ und

$$F_{X+Y}(x) = \begin{cases} 0 & \text{für } x < -1 \\ \frac{4}{3}\alpha & \text{für } -1 \leq x < 0 \\ 1 & \text{für } 0 \leq x, \end{cases}$$

also $q^\alpha(X + Y) = -1$ und damit

4.2 Der Value at Risk

$$\mathbf{VaR}^\alpha (X + Y) = 1.$$

Zusammengenommen folgt

$$\mathbf{VaR}^\alpha (X + Y) > \mathbf{VaR}^\alpha (X) + \mathbf{VaR}^\alpha (Y),$$

und daher ist der Value at Risk im Allgemeinen nicht subadditiv. $\square$

Dennoch gilt folgendes Resultat:

Lemma 4.8 *Angenommen, die Wertänderungen* $X_i = S_1^i - S_0^i$ *der Finanzinstrumente* $S^1, \ldots, S^N$ *bilden eine multivariate Normalverteilung. Sei weiter für ein Portfolio* $h \in \mathbb{R}^N$

$$X_h = V_1(h) - V_0(h).$$

Dann gilt für $h, h' \in \mathbb{R}^N$ *und für* $\alpha \leq 0{,}5$

$$\mathbf{VaR}^\alpha (X_h + X_{h'}) \leq \mathbf{VaR}^\alpha (X_h) + \mathbf{VaR}^\alpha (X_{h'}).$$

Der Value at Risk ist unter den Voraussetzungen des Lemmas also subadditiv.

Beweis Da X_h, $X_{h'}$ und $X_h + X_{h'} = X_{h+h'}$ nach Voraussetzung normalverteilt sind, gilt mit (3.33)

$$\mathbf{VaR}^\alpha (X_h) = -\Delta t \langle h, \mu \rangle + z_{1-\alpha} \sqrt{\Delta t} \sqrt{\langle h, Ch \rangle}$$
$$\mathbf{VaR}^\alpha (X_{h'}) = -\Delta t \langle h', \mu \rangle + z_{1-\alpha} \sqrt{\Delta t} \sqrt{\langle h', Ch' \rangle}$$
$$\mathbf{VaR}^\alpha (X_h + X_{h'}) = -\Delta t \langle h + h', \mu \rangle + z_{1-\alpha} \sqrt{\Delta t} \sqrt{\langle h + h', C(h + h') \rangle}.$$

Nun folgt durch Anwendung der Cauchy-Schwarzschen Ungleichung auf die positiv semidefinite symmetrische Bilinearform $g(h, h') = \langle h, Ch' \rangle$

$$\langle h + h', C(h + h') \rangle = \langle h, Ch \rangle + \langle h', Ch' \rangle + 2 \langle h, Ch' \rangle$$
$$\leq \langle h, Ch \rangle + \langle h', Ch' \rangle + 2\sqrt{\langle h, Ch \rangle}\sqrt{\langle h', Ch' \rangle}$$
$$= \left(\sqrt{\langle h, Ch \rangle} + \sqrt{\langle h', Ch' \rangle} \right)^2.$$

Für $\alpha \leq 0{,}5$ gilt $z_{1-\alpha} \geq 0$ und wir erhalten

$$\mathbf{VaR}^\alpha (X_h + X_{h'}) = -\Delta t \langle h + h', \mu \rangle + z_{1-\alpha} \sqrt{\Delta t} \sqrt{\langle h + h', C(h + h') \rangle}$$
$$\leq -\Delta t \langle h, \mu \rangle - \Delta t \langle h', \mu \rangle$$
$$\quad + z_{1-\alpha} \sqrt{\Delta t} \sqrt{\langle h, Ch \rangle} + z_{1-\alpha} \sqrt{\Delta t} \sqrt{\langle h', Ch' \rangle}$$
$$= \mathbf{VaR}^\alpha (X_h) + \mathbf{VaR}^\alpha (X_{h'}),$$

was zu zeigen war. □

Lemma 4.6 und 4.8 beinhalten folgende Aussage:

Satz 4.9 *Angenommen, die Wertänderungen $X_i = S_1^i - S_0^i$ der Finanzinstrumente $S^1, \ldots, S^N$ bilden eine multivariate Normalverteilung. Für beliebige Portfolios $h \in \mathbb{R}^N$ sei $X_h = V_1(h) - V_0(h)$. Dann definiert*

$$\rho(X_h) = \mathbf{VaR}^\alpha(X_h)$$

auf der Menge

$$V = \left\{ X_h \mid h \in \mathbb{R}^N \right\}$$

ein kohärentes Risikomaß. □

Analog zu Lemma 4.8 lässt sich zeigen, dass der Delta-Normal-Value at Risk für Konfidenzniveaus größer oder gleich 0,5 subadditiv ist. Da aber der Delta-Normal-Value at Risk nicht translationsinvariant ist, definiert er kein kohärentes Risikomaß.

4.3 Der Expected Shortfall

Ein für Theorie und Praxis wichtiges Risikomaß, das alle Kohärenzeigenschaften besitzt, ist der Expected Shortfall. In diesem Abschnitt seien wieder $(\Omega, \mathcal{F}, P)$ ein Wahrscheinlichkeitsraum und $X : \Omega \to \mathbb{R}$ eine Zufallsvariable. Für die Quantile einer Zufallsvariablen X wird abkürzend geschrieben

$$x_{(\alpha)} = q_\alpha(X), \quad x^{(\alpha)} = q^\alpha(X).$$

Definition 4.10 Angenommen, $\mathbf{E}\left[X^-\right] < \infty$. Für $\alpha \in (0, 1)$ heißt

$$\mathbf{TM}_\alpha(X) = \frac{1}{\alpha} \left(\mathbf{E}\left[X \cdot \mathbf{1}_{\{X \leq x_{(\alpha)}\}} \right] + x_{(\alpha)} \left(\alpha - P\left(X \leq x_{(\alpha)}\right) \right) \right) \quad (4.1)$$

der **α-Tail Mean** zum Niveau α von X. Der **Expected Shortfall** $\mathbf{ES}_\alpha(X)$ zum Niveau α von X ist definiert als

$$\mathbf{ES}_\alpha(X) = -\mathbf{TM}_\alpha(X). \quad (4.2)$$

Angenommen, es gilt

$$F\left(x_{(\alpha)}\right) = P\left(X \leq x_{(\alpha)}\right) = \alpha, \quad (4.3)$$

dann vereinfacht sich (4.1) zu

4.3 Der Expected Shortfall

$$\mathbf{TM}_\alpha(X) = \frac{1}{\alpha} \mathbf{E}\left[X \cdot \mathbf{1}_{\{X \leq x_{(\alpha)}\}}\right]$$
$$= \mathbf{E}\left[X \mid X \leq x_{(\alpha)}\right]$$

und es folgt

$$\mathbf{ES}_\alpha(X) = -\mathbf{E}\left[X \mid X \leq x_{(\alpha)}\right]. \quad (4.4)$$

In diesem Fall ist der Expected Shortfall also das Negative des bedingten Erwartungswerts der Werte von X, die kleiner als $x_{(\alpha)}$ sind. Gilt darüber hinaus

$$x_{(\alpha)} = x^{(\alpha)}, \quad (4.5)$$

dann folgt wegen $-x^{(\alpha)} = \mathbf{VaR}^\alpha(X)$ die Darstellung

$$\mathbf{ES}_\alpha(X) = -\mathbf{E}\left[X \mid X \leq -\mathbf{VaR}^\alpha(X)\right], \quad (4.6)$$

die mit $L = -X$ geschrieben werden kann als

$$\mathbf{ES}_\alpha(X) = \mathbf{E}\left[L \mid L \geq \mathbf{VaR}^\alpha(X)\right]. \quad (4.7)$$

Die Eigenschaft (4.3) ist dann nicht für alle $\alpha \in (0, 1)$ erfüllt, wenn F nicht stetig ist, und die Eigenschaft (4.5) ist dann nicht für alle $\alpha \in (0, 1)$ erfüllt, wenn F auf $F^{-1}(0, 1)$ nicht streng monoton wachsend ist, wie Abb. 4.1 veranschaulicht.

Ist die Verteilungsfunktion F von X dagegen in einer Umgebung von x mit $F(x) = \alpha$ für ein $\alpha \in (0, 1)$ streng monoton wachsend und stetig, dann ist F lokal invertierbar und es gilt $x_{(\alpha)} = x^{(\alpha)}$ sowie $F\left(x_{(\alpha)}\right) = F\left(x^{(\alpha)}\right) = \alpha$. In diesem Fall gilt (4.7) und der Expected Shortfall zum Niveau α ist der bedingte Erwartungswert von $L = -X$ für Werte von L, die größer sind als $\mathbf{VaR}^\alpha(X)$.

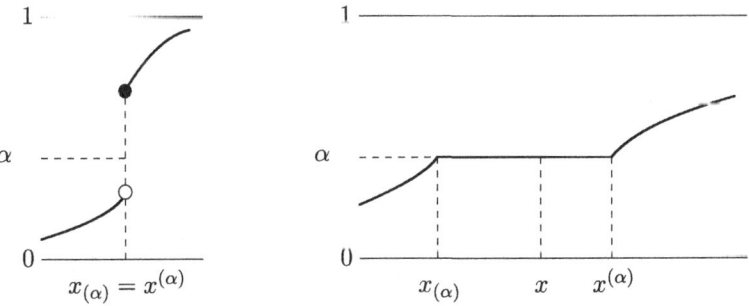

Abb. 4.1 Eigenschaften der Quantile $x_{(\alpha)}$ und $x^{(\alpha)}$

Der Nachweis der Kohärenz des Expected Shortfall

Zunächst wird die Subadditivität des Expected Shortfall nachgewiesen. Dazu und zum Nachweis der Monotonie benötigen wir folgendes Lemma.

Lemma 4.11 *Für jedes $\alpha \in (0, 1)$ gilt*

$$\mathrm{ES}_\alpha(X) = -\frac{1}{\alpha}\mathbf{E}\left[X \cdot \mathbf{1}^{(\alpha)}_{\{X \leq x_{(\alpha)}\}}\right], \tag{4.8}$$

wobei

$$\mathbf{1}^{(\alpha)}_{\{X \leq x\}} = \begin{cases} \mathbf{1}_{\{X \leq x\}} & (P(X=x) = 0) \\ \mathbf{1}_{\{X \leq x\}} + \frac{\alpha - P(X \leq x)}{P(X=x)}\mathbf{1}_{\{X=x\}} & (P(X=x) > 0) \end{cases} \tag{4.9}$$

definiert wird. Weiter gilt

$$\mathbf{1}^{(\alpha)}_{\{X \leq x_{(\alpha)}\}} \in [0, 1] \tag{4.10}$$

und

$$\mathbf{E}\left[\mathbf{1}^{(\alpha)}_{\{X \leq x_{(\alpha)}\}}\right] = \alpha. \tag{4.11}$$

Beweis Sei $\alpha \in (0, 1)$ fest gewählt. Wir erinnern zunächst an folgende Zusammenhänge aus Abschn. 3.2: Nach Definition des unteren α-Quantils gilt

$$x_{(\alpha)} = F_-^{-1}(\alpha) = \inf\{x \in \mathbb{R} \mid F(x) \geq \alpha\},$$

und damit aufgrund der Rechtsstetigkeit von F insbesondere

$$F\left(x_{(\alpha)}\right) \geq \alpha. \tag{4.12}$$

Für $x < x_{(\alpha)}$ gilt dagegen nach Definition

$$F(x) < \alpha. \tag{4.13}$$

Ist daher $(x_n)_{n \in \mathbb{N}}$ eine streng monoton wachsende Folge mit $\lim_{n \to \infty} x_n = x_{(\alpha)}$, dann folgt

$$P\left(X < x_{(\alpha)}\right) = \lim_{n \to \infty} F(x_n) \leq \alpha. \tag{4.14}$$

1. Wir betrachten zunächst den Fall $P\left(X = x_{(\alpha)}\right) = 0$. Dann gilt $F\left(x_{(\alpha)}\right) = P\left(X < x_{(\alpha)}\right) \leq \alpha$, und F ist an der Stelle $x_{(\alpha)}$ stetig mit $F\left(x_{(\alpha)}\right) = \alpha$. Nach (4.9) gilt $\mathbf{1}^{(\alpha)}_{\{X \leq x_{(\alpha)}\}} = \mathbf{1}_{\{X \leq x_{(\alpha)}\}}$, und damit erhalten wir (4.8) und (4.10). (4.11) folgt wegen $\mathbf{E}\left[\mathbf{1}_{\{X \leq x_{(\alpha)}\}}\right] = F\left(x_{(\alpha)}\right) = \alpha$.
2. Im Falle von $P\left(X = x_{(\alpha)}\right) > 0$ besitzt F an der Stelle $x_{(\alpha)}$ eine Sprungstelle mit Sprunghöhe $P\left(X = x_{(\alpha)}\right)$. Mit

4.3 Der Expected Shortfall

$$P\left(X < x_{(\alpha)}\right) + P\left(X = x_{(\alpha)}\right) = P\left(X \leq x_{(\alpha)}\right) = F\left(x_{(\alpha)}\right)$$

folgt wegen (4.12) und (4.14)

$$1 \geq P\left(X = x_{(\alpha)}\right) = F\left(x_{(\alpha)}\right) - P\left(X < x_{(\alpha)}\right) \geq F\left(x_{(\alpha)}\right) - \alpha \geq 0. \quad (4.15)$$

Im vorliegenden Fall spezialisiert sich (4.9) zu

$$\mathbf{1}^{(\alpha)}_{\{X \leq x_{(\alpha)}\}}(x) = \begin{cases} 1 & \left(x < x_{(\alpha)}\right) \\ 1 - \frac{F(x_{(\alpha)}) - \alpha}{P(X = x_{(\alpha)})} & \left(x = x_{(\alpha)}\right) \\ 0 & \left(x > x_{(\alpha)}\right) \end{cases} \quad (4.16)$$

Aus (4.15) und (4.16) folgt (4.10). Mit (4.16) berechnen wir

$$\mathbf{E}\left[\mathbf{1}^{(\alpha)}_{\{X \leq x_{(\alpha)}\}}\right] = \mathbf{E}\left[\mathbf{1}_{\{X \leq x_{(\alpha)}\}}\right] - \frac{P\left(X \leq x_{(\alpha)}\right) - \alpha}{P\left(X = x_{(\alpha)}\right)} \mathbf{E}\left[\mathbf{1}_{\{X = x_{(\alpha)}\}}\right]$$

$$= P\left(X \leq x_{(\alpha)}\right) - \frac{P\left(X \leq x_{(\alpha)}\right) - \alpha}{P\left(X = x_{(\alpha)}\right)} P\left(X = x_{(\alpha)}\right)$$

$$= \alpha,$$

und damit ist (4.11) nachgewiesen. Schließlich gilt

$$\mathbf{E}\left[X \cdot \mathbf{1}^{(\alpha)}_{\{X \leq x_{(\alpha)}\}}\right]$$

$$= \mathbf{E}\left[X \cdot \mathbf{1}_{\{X \leq x_{(\alpha)}\}}\right] - \frac{P\left(X \leq x_{(\alpha)}\right) - \alpha}{P\left(X = x_{(\alpha)}\right)} \mathbf{E}\left[X \cdot \mathbf{1}_{\{X = x_{(\alpha)}\}}\right]$$

$$= \mathbf{E}\left[X \cdot \mathbf{1}_{\{X \leq x_{(\alpha)}\}}\right] - x_{(\alpha)} \frac{P\left(X \leq x_{(\alpha)}\right) - \alpha}{P\left(X = x_{(\alpha)}\right)} P\left(X = x_{(\alpha)}\right),$$

und damit folgt (4.8) durch Vergleich mit (4.1) und (4.2). □

Lemma 4.12 *Sei $\alpha \in (0, 1)$ fest gewählt. Dann gilt für $X, Y \in V$*

$$\mathbf{ES}_\alpha\left(X + Y\right) \leq \mathbf{ES}_\alpha\left(X\right) + \mathbf{ES}_\alpha\left(Y\right).$$

Beweis Es seien $Z = X + Y$ sowie $z_{(\alpha)} = q_\alpha(Z)$, $x_{(\alpha)} = q_\alpha(X)$ und $y_{(\alpha)} = q_\alpha(Y)$. Mit (4.10) und (4.16) folgt

$$\mathbf{1}^{(\alpha)}_{\{Z \leq z_{(\alpha)}\}} - \mathbf{1}^{(\alpha)}_{\{X \leq x_{(\alpha)}\}} \begin{cases} \leq 0 & \left(X < x_{(\alpha)}\right) \\ \geq 0 & \left(X > x_{(\alpha)}\right), \end{cases} \quad (4.17)$$

und daher gilt

$$(X - x_{(\alpha)}) \cdot \left(\mathbf{1}^{(\alpha)}_{\{Z \leq z_{(\alpha)}\}} - \mathbf{1}^{(\alpha)}_{\{X \leq x_{(\alpha)}\}}\right) \geq 0. \tag{4.18}$$

Zusammen mit (4.8) und (4.11) folgt

$$\alpha \left(\mathbf{ES}_\alpha(X) + \mathbf{ES}_\alpha(Y) - \mathbf{ES}_\alpha(X+Y)\right)$$
$$= \mathbf{E}\left[Z \cdot \mathbf{1}^{(\alpha)}_{\{Z \leq z_{(\alpha)}\}} - X \cdot \mathbf{1}^{(\alpha)}_{\{X \leq x_{(\alpha)}\}} - Y \cdot \mathbf{1}^{(\alpha)}_{\{Y \leq y_{(\alpha)}\}}\right]$$
$$= \mathbf{E}\left[X \cdot \left(\mathbf{1}^{(\alpha)}_{\{Z \leq z_{(\alpha)}\}} - \mathbf{1}^{(\alpha)}_{\{X \leq x_{(\alpha)}\}}\right) + Y \cdot \left(\mathbf{1}^{(\alpha)}_{\{Z \leq z_{(\alpha)}\}} - \mathbf{1}^{(\alpha)}_{\{Y \leq y_{(\alpha)}\}}\right)\right]$$
$$\geq x_{(\alpha)} \mathbf{E}\left[\mathbf{1}^{(\alpha)}_{\{Z \leq z_{(\alpha)}\}} - \mathbf{1}^{(\alpha)}_{\{X \leq x_{(\alpha)}\}}\right] + y_{(\alpha)} \mathbf{E}\left[\mathbf{1}^{(\alpha)}_{\{Z \leq z_{(\alpha)}\}} - \mathbf{1}^{(\alpha)}_{\{Y \leq y_{(\alpha)}\}}\right]$$
$$= x_{(\alpha)}(\alpha - \alpha) + y_{(\alpha)}(\alpha - \alpha)$$
$$= 0,$$

was zu zeigen war. □

Satz 4.13 *Sei $\alpha \in (0, 1)$ fest gewählt. Dann ist der Expected Shortfall $\rho : V \to \mathbb{R}$,*

$$\rho(X) = \mathbf{ES}_\alpha(X) \quad (X \in V), \tag{4.19}$$

ein kohärentes Risikomaß.

Beweis Die definierenden Eigenschaften kohärenter Risikomaße werden für ρ der Reihe nach nachgewiesen.

1. (**Monotonie**) Für $X \geq 0$ gilt $\mathbf{E}\left[X \cdot \mathbf{1}^{(\alpha)}_{\{X \leq x_{(\alpha)}\}}\right] \geq 0$ wegen (4.10), und zusammen mit (4.8) folgt $\mathbf{ES}_\alpha(X) \leq 0$, also die Monotonie von ρ.
2. (**Subadditivität**) Dies folgt aus Lemma 4.12.
3. (**Positive Homogenität**) Für $\lambda > 0$ gilt nach Korollar 3.34

$$q_\alpha(\lambda X) = \lambda q_\alpha(X) = \lambda x_{(\alpha)},$$

also
$$P(\lambda X \leq q_\alpha(\lambda X)) = P(\lambda X \leq \lambda q_\alpha(X)) = P\left(X \leq x_{(\alpha)}\right).$$

Die positive Homogenität von ρ folgt nun aus der Definition (4.1) des Tail Mean.

4. (**Translationsinvarianz**) Sei $a \in \mathbb{R}$ beliebig. Dann gilt nach Lemma 3.34 $q_\alpha(X+a) = q_\alpha(X) + a$ und daher

$$\mathbf{E}\left[(X+a) \cdot \mathbf{1}_{\{X+a \leq q_\alpha(X+a)\}}\right] = \mathbf{E}\left[X \cdot \mathbf{1}_{\{X \leq x_{(\alpha)}\}}\right] + a\mathbf{E}\left[\mathbf{1}_{\{X \leq x_{(\alpha)}\}}\right]$$
$$= \mathbf{E}\left[X \cdot \mathbf{1}_{\{X \leq x_{(\alpha)}\}}\right] + aP\left(X \leq x_{(\alpha)}\right).$$

Weiter gilt

4.3 Der Expected Shortfall

$$q_\alpha (X + a) (\alpha - P (X + a \le q_\alpha (X + a)))$$
$$= \left(x_{(\alpha)} + a\right) \left(\alpha - P \left(X \le x_{(\alpha)}\right)\right)$$
$$= x_{(\alpha)} \left(\alpha - P \left(X \le x_{(\alpha)}\right)\right) + \alpha a - a P \left(X \le x_{(\alpha)}\right).$$

Werden diese Ergebnisse in (4.1) eingesetzt, dann folgt

$$\mathbf{TM}_\alpha (X + a) = \mathbf{TM}_\alpha (X) + a,$$

also die Translationsinvarianz von ρ. □

Weitere Eigenschaften und die Schätzung des Expected Shortfall

Das Sicherungskapital $\mathbf{ES}_\alpha (X)$ einer Wertänderung X nimmt bei steigendem Konfidenzniveau $1 - \alpha$, d. h. bei sinkendem Niveau α, tendenziell zu, wie der folgende Satz zeigt:

Satz 4.14 *Für $X \in V$ und für alle $0 < \alpha \le \beta < 1$ gilt*

$$\mathbf{ES}_\alpha (X) \ge \mathbf{ES}_\beta (X).$$

Beweis Für $\alpha \le \beta$ gilt nach Lemma 3.14 die Abschätzung $x_{(\alpha)} \le x_{(\beta)}$. Daraus folgt $\{X \le x_{(\alpha)}\} \subset \{X \le x_{(\beta)}\}$ und

$$\alpha \mathbf{1}^{(\beta)}_{\{X \le x_{(\beta)}\}} - \beta \mathbf{1}^{(\alpha)}_{\{X \le x_{(\alpha)}\}} = \begin{cases} \alpha - \beta \le 0 & (X < x_{(\alpha)}) \\ \alpha \mathbf{1}^{(\beta)}_{\{X \le x_{(\beta)}\}} \ge 0 & (X > x_{(\alpha)}) \end{cases}.$$

Mit diesem Ergebnis erhalten wir

$$\left(X - x_{(\alpha)}\right) \cdot \left(\alpha \mathbf{1}^{(\beta)}_{\{X \le x_{(\beta)}\}} - \beta \mathbf{1}^{(\alpha)}_{\{X \le x_{(\alpha)}\}}\right) \ge 0,$$

und daher gilt mit Lemma 4.11

$$\mathbf{TM}_\beta (X) - \mathbf{TM}_\alpha (X) = \mathbf{E}\left[X \cdot \left(\beta^{-1} \mathbf{1}^{(\beta)}_{\{X \le x_{(\beta)}\}} - \alpha^{-1} \mathbf{1}^{(\alpha)}_{\{X \le x_{(\alpha)}\}}\right)\right]$$
$$= \frac{1}{\alpha \beta} \mathbf{E}\left[X \cdot \left(\alpha \mathbf{1}^{(\beta)}_{\{X \le x_{(\beta)}\}} - \beta \mathbf{1}^{(\alpha)}_{\{X \le x_{(\alpha)}\}}\right)\right]$$
$$\ge \frac{1}{\alpha \beta} x_{(\alpha)} \mathbf{E}\left[\left(\alpha \mathbf{1}^{(\beta)}_{\{X \le x_{(\beta)}\}} - \beta \mathbf{1}^{(\alpha)}_{\{X \le x_{(\alpha)}\}}\right)\right]$$
$$= \frac{1}{\alpha \beta} x_{(\alpha)} (\alpha \beta - \beta \alpha)$$
$$= 0.$$
□

Für den Expected Shortfall einer Auszahlung lässt sich mithilfe des folgenden Satzes eine Darstellung als Integral über die unteren Quantile der zugehörigen Zufallsvariablen ableiten.

Satz 4.15 *Für $X \in V$ und für alle $\alpha \in (0, 1)$ gilt*

$$\mathbf{ES}_\alpha(X) = -\frac{1}{\alpha} \int_0^\alpha x_{(u)} \, du. \tag{4.20}$$

Beweis Sei $U : (0, 1) \to (0, 1)$ gleichverteilt. Nach Satz 3.22 besitzt die Zufallsvariable

$$Z = F_-^{-1} \circ U,$$

auf dem Wahrscheinlichkeitsraum $((0, 1), \mathcal{B}(0, 1), \lambda)$ dieselbe Verteilung wie X. Zunächst gilt

$$\{U \leq \alpha\} \subset \{Z \leq x_{(\alpha)}\}, \tag{4.21}$$

denn wenn für $\omega \in (0, 1)$ und eine Realisierung $u = U(\omega)$ gilt $u \leq \alpha$, dann folgt $Z(\omega) = F_-^{-1}(U(\omega)) = F_-^{-1}(u) \leq F_-^{-1}(\alpha) = x_{(\alpha)}$ aufgrund der Monotonie der verallgemeinerten Inversen $u \mapsto F_-^{-1}(u)$.

Entsprechend folgt aus der Monotonie von F_-^{-1} auch, dass für $\omega \in (0, 1)$ mit $u = U(\omega) > \alpha$ gilt $Z(\omega) = F_-^{-1}(u) \geq F_-^{-1}(\alpha) = x_{(\alpha)}$, also

$$\{U > \alpha\} \subset \{Z \geq x_{(\alpha)}\}$$

und daher

$$A = \{U > \alpha\} \cap \{Z \leq x_{(\alpha)}\} \subset \{Z = x_{(\alpha)}\}, \tag{4.22}$$

Aus (4.21) und (4.22) erhalten wir

$$\{Z \leq x_{(\alpha)}\} = (\{U \leq \alpha\} \cap \{Z \leq x_{(\alpha)}\}) \cup (\{U > \alpha\} \cap \{Z \leq x_{(\alpha)}\})$$
$$= \{U \leq \alpha\} \cup A$$

und

$$\{U \leq \alpha\} \cap A = \emptyset.$$

Daraus und weil Z dieselbe Verteilung wie X besitzt folgt

$$P(X \leq x_{(\alpha)}) = \lambda(Z \leq x_{(\alpha)}) = \alpha + \lambda(A)$$

und daher

$$\int_0^\alpha x_{(u)} \, du = \int_0^\alpha F_-^{-1}(u) \, du$$
$$= \mathbf{E}\left[Z \cdot \mathbf{1}_{\{U \leq \alpha\}}\right]$$
$$= \mathbf{E}\left[Z \cdot \mathbf{1}_{\{Z \leq x_{(\alpha)}\}}\right] - \mathbf{E}[Z \cdot \mathbf{1}_A]$$

4.3 Der Expected Shortfall

$$= \mathbf{E}\left[X \cdot \mathbf{1}_{\{X \leq x_{(\alpha)}\}}\right] - x_{(\alpha)}\lambda(A)$$
$$= \mathbf{E}\left[X \cdot \mathbf{1}_{\{X \leq x_{(\alpha)}\}}\right] + x_{(\alpha)}\left(\alpha - P\left(X \leq x_{(\alpha)}\right)\right).$$

Die Behauptung folgt nun mit (4.1) und (4.2). □

Korollar 4.16 *Für jedes $\alpha \in (0, 1)$ und für alle $X \in V$ gilt*

$$\mathbf{ES}_\alpha(X) \geq \mathbf{VaR}^\alpha(X).$$
□

Beweis Mit Lemma 3.14 gilt

$$\frac{1}{\alpha}\int_0^\alpha x_{(u)}\,du \leq x_{(\alpha)} \leq x^{(\alpha)},$$

also folgt mit (4.20)

$$\mathbf{ES}_\alpha(X) = -\frac{1}{\alpha}\int_0^\alpha x_{(u)}\,du \geq -x^{(\alpha)} = \mathbf{VaR}^\alpha(X).$$
□

Korollar 4.17 *Die Abbildung*

$$\alpha \mapsto \mathbf{ES}_\alpha(X) \quad \alpha \in (0, 1)$$

ist für jedes $X \in V$ stetig. □

Beweis Sei $\alpha \in (0, 1)$ fest gewählt und sei $\varepsilon > 0$ so klein, dass $0 < \alpha < \alpha + \varepsilon < 1$ gilt. Mit Satz 4.15 folgt

$$|\mathbf{ES}_{\alpha+\varepsilon}(X) - \mathbf{ES}_\alpha(X)|$$
$$\leq \left|\frac{1}{\alpha+\varepsilon}\int_0^{\alpha+\varepsilon} x_{(u)}\,du - \frac{1}{\alpha+\varepsilon}\int_0^\alpha x_{(u)}\,du\right| + \left|\frac{1}{\alpha+\varepsilon}\int_0^\alpha x_{(u)}\,du - \frac{1}{\alpha}\int_0^\alpha x_{(u)}\,du\right|$$
$$= \frac{1}{\alpha+\varepsilon}\left|\int_\alpha^{\alpha+\varepsilon} x_{(u)}\,du\right| + \frac{\varepsilon}{\alpha(\alpha+\varepsilon)}\left|\int_0^\alpha x_{(u)}\,du\right|.$$

Der zweite Summand der vorherigen Zeile konvergiert für $\varepsilon \to 0$ gegen null. Für den ersten Summanden gilt

$$\frac{1}{\alpha+\varepsilon}\left|\int_\alpha^{\alpha+\varepsilon} x_{(u)}\,du\right| \leq \frac{\varepsilon}{\alpha}\sup_{\alpha \leq u \leq \alpha+\varepsilon}|x_{(u)}| \leq \frac{\varepsilon}{\alpha}\left(|x_{(\alpha)}| + |x_{(\alpha+\varepsilon)}|\right) \to 0$$

für $\varepsilon \to 0$ aufgrund der Monotonie von $x_{(u)}$. □

Sei X_1, X_2, ... eine Folge unabhängiger Kopien einer Zufallsvariablen $X \in V$. Für eine gegebene Zahl $n \in \mathbb{N}$, die als Stichprobenumfang interpretiert wird, sei

$$X_{(1:n)} \leq \cdots \leq X_{(n:n)}$$

die Sortierung der ersten n Elemente der Folge. Dies bedeutet, dass für jedes $\omega \in \Omega$ die Sortierung $X_{(1:n)}(\omega) \leq \cdots \leq X_{(n:n)}(\omega)$ betrachtet wird.

Bezeichnet $\lfloor x \rfloor = \max\{k \mid k \leq x\}$ die größte ganze Zahl kleiner gleich x, dann ist $X_{(\lfloor n\alpha \rfloor:n)}$ der natürliche Schätzer für $x_{(\alpha)}$ und

$$\widehat{\mathrm{ES}_\alpha(X)} = -\frac{\sum_{i=1}^{\lfloor n\alpha \rfloor} X_{(i:n)}}{\lfloor n\alpha \rfloor}$$

ist der natürliche Schätzer für den Expected Shortfall.

Satz 4.18 *Seien $\alpha \in (0, 1)$ fest gewählt und X eine Zufallsvariable mit $\mathbf{E}[X^-] < \infty$. Sei weiter $(X_1, X_2, \ldots)$ eine Folge unabhängiger Kopien von X. Dann gilt mit Wahrscheinlichkeit 1*

$$-\lim_{n \to \infty} \frac{\sum_{i=1}^{\lfloor n\alpha \rfloor} X_{(i:n)}}{\lfloor n\alpha \rfloor} = \mathrm{ES}_\alpha(X). \tag{4.23}$$

Wenn X integrierbar ist, dann liegt in (4.23) auch Konvergenz in L^1 vor.

Beweis Siehe Acerbi/Tasche [1], Satz 4.1. □

4.4 Der Expected Shortfall spezieller Verteilungen

Normalverteilte Auszahlungen

Sei $c: \Omega \to \mathbb{R}$ eine zu einem zukünftigen Zeitpunkt $T > 0$ stattfindende zustandsabhängige Auszahlung mit aktuellem Wert c_0. c ist genau dann normalverteilt, wenn auch die Wertänderung $X = c - c_0$ von c normalverteilt ist, und für $X \sim \mathcal{N}(\mu, \sigma^2)$ gilt nach (3.27)

$$\mathbf{VaR}^\alpha(X) = -\mu + \sigma z_{1-\alpha}.$$

Auch für den Expected Shortfall einer normalverteilten Wertänderung existiert ein geschlossener Ausdruck, wie der folgende Satz zeigt. Im Folgenden bezeichnen

$$\varphi(x) = \frac{1}{\sqrt{2\pi}} e^{-\frac{1}{2}x^2}$$

die Dichtefunktion der Standard-Normalverteilung und

4.4 Der Expected Shortfall spezieller Verteilungen

$$\Phi(x) = \int_{-\infty}^{x} \varphi(s)\, ds$$

die Verteilungsfunktion der Standard-Normalverteilung.

Satz 4.19 *Seien $\alpha \in (0, 1)$ und $X \sim \mathcal{N}(\mu, \sigma^2)$, dann gilt*

$$\mathbf{ES}_\alpha(X) = -\mu + \sigma \frac{\varphi(z_{1-\alpha})}{\alpha}.$$

Beweis Mit $q_\alpha(X) = \mu + \sigma z_\alpha$ und der Integraldarstellung (4.20) des Expected Shortfall folgt

$$\mathbf{ES}_\alpha(X) = -\frac{1}{\alpha} \int_0^\alpha (\mu + \sigma z_u)\, du$$

$$= -\mu - \frac{\sigma}{\alpha} \int_0^\alpha \Phi^{-1}(u)\, du,$$

wobei Φ die Verteilungsfunktion der Standardnormalverteilung bezeichnet. Der Variablenwechsel $u = \Phi(x)$ im Integral der vorherigen Zeile führt zu

$$\int_0^\alpha \Phi^{-1}(u)\, du = \int_{-\infty}^{z_\alpha} x \Phi'(x)\, dx$$

$$= \frac{1}{\sqrt{2\pi}} \int_{-\infty}^{z_\alpha} x e^{-\frac{1}{2}x^2}\, dx$$

$$= -\frac{1}{\sqrt{2\pi}} \int_{-\infty}^{z_\alpha} \frac{d}{dx} e^{-\frac{1}{2}x^2}\, dx$$

$$= -\frac{1}{\sqrt{2\pi}} e^{-\frac{1}{2}x^2} \Big|_{-\infty}^{z_\alpha}$$

$$= -\frac{1}{\sqrt{2\pi}} e^{-\frac{1}{2}z_\alpha^2}$$

$$= -\varphi(z_\alpha),$$

wobei $\Phi'(x) = \varphi(x)$ verwendet wurde. Insgesamt erhalten wir also

$$\mathbf{ES}_\alpha(X) = -\mu + \frac{\sigma}{\alpha} \varphi(z_\alpha),$$

und die Behauptung folgt mit $z_\alpha = -z_{1-\alpha}$ und $\varphi(-z_{1-\alpha}) = \varphi(z_{1-\alpha})$. □

Lognormalverteilte Auszahlungen

Sei $c: \Omega \to \mathbb{R}$, $c > 0$, eine zu einem zukünftigen Zeitpunkt $T > 0$ stattfindende zustandsabhängige Auszahlung mit aktuellem Wert $c_0 > 0$. Wir sagen, dass c **lognormalverteilt** ist, wenn $c = e^Y$ für eine normalverteilte Zufallsvariable $Y \sim \mathcal{N}(\mu, \sigma^2)$ gilt, und dies wird notiert als $c \sim \mathcal{LN}(\mu, \sigma^2)$.

Sei $R_c^{\log} = \ln \frac{c}{c_0}$ die **logarithmische Rendite** von c[1]. Dann ist c genau dann lognormalverteilt, wenn c/c_0 lognormalverteilt ist, und dies ist genau dann der Fall, wenn die logarithmische Rendite $R_c^{\log}$ von c normalverteilt ist. Angenommen, es gilt

$$R_c^{\log} \sim \mathcal{N}(\mu, \sigma^2).$$

Dann gilt $R_c^{\log} = \mu + \sigma Z$, wenn Z die Standardnormalverteilung bezeichnet, und

$$X = c - c_0 = c_0 \left(e^{R_c^{\log}} - 1 \right).$$

Der Value at Risk von $X = c - c_0$ ist mit Satz 3.33 gegeben durch

$$\begin{aligned}
\mathbf{VaR}^\alpha(X) &= -q^\alpha(X) \\
&= -q^\alpha \left(c_0 \left(e^{R_c^{\log}} - 1 \right) \right) \\
&= c_0 \left(1 - q^\alpha \left(e^{R_c^{\log}} \right) \right) \\
&= c_0 \left(1 - e^{q^\alpha \left(R_c^{\log} \right)} \right) \\
&= c_0 \left(1 - e^{q^\alpha (\mu + \sigma Z)} \right) \\
&= c_0 \left(1 - e^{\mu + \sigma z_\alpha} \right).
\end{aligned}$$

Auch für den Expected Shortfall von X lässt sich ein geschlossener Ausdruck ableiten, wie der folgende Satz zeigt.

Satz 4.20 *Sei $\alpha \in (0, 1)$ und sei $c > 0$ eine zukünftige, unsichere Auszahlung mit aktuellem Wert $c_0 > 0$. Angenommen, die logarithmische Rendite von c ist normalverteilt, $R_c^{\log} = \ln \frac{c}{c_0} \sim \mathcal{N}(\mu, \sigma^2)$, dann gilt mit $X = c - c_0$*

$$\mathbf{ES}_\alpha(X) = c_0 \left(1 - e^{\mu + \frac{1}{2}\sigma^2} \frac{\Phi(z_\alpha - \sigma)}{\alpha} \right).$$

---

[1] Zum Konzept logarithmischer Renditen und seiner Bedeutung für die Modellierung der Verteilung von Aktienkursen siehe Aufgabe 3.11

4.4 Der Expected Shortfall spezieller Verteilungen

Beweis Mit der Translationsinvarianz und der positiven Homogenität des Expected Shortfall sowie mit (4.20) folgt

$$\mathbf{ES}_\alpha(X) = \mathbf{ES}_\alpha(c) + c_0 \tag{4.24}$$
$$= \mathbf{ES}_\alpha\left(c_0 e^{R_c^{\log}}\right) + c_0$$
$$= c_0\left(1 + \mathbf{ES}_\alpha\left(e^{R_c^{\log}}\right)\right)$$
$$= c_0\left(1 - \frac{1}{\alpha}\int_0^\alpha q_u\left(e^{R_c^{\log}}\right)\,\mathrm{d}u\right).$$

Nach Satz 3.33 gilt

$$q_u\left(e^{R_c^{\log}}\right) = e^{q_u\left(R_c^{\log}\right)} = e^{\mu + \sigma z_u}$$

und das Integral der letzten Zeile von (4.24) kann geschrieben werden als

$$\int_0^\alpha q_u\left(e^{R_c^{\log}}\right)\,\mathrm{d}u = \int_0^\alpha e^{\mu + \sigma z_u}\,\mathrm{d}u$$
$$= e^\mu \int_0^\alpha e^{\sigma \Phi^{-1}(u)}\,\mathrm{d}u.$$

Die Variablentransformation $u = \Phi(x)$ führt zu

$$e^\mu \int_0^\alpha e^{\sigma \Phi^{-1}(u)}\,\mathrm{d}u = e^\mu \int_{-\infty}^{z_\alpha} e^{\sigma x} \Phi'(x)\,\mathrm{d}x$$
$$= e^\mu \frac{1}{\sqrt{2\pi}} \int_{-\infty}^{z_\alpha} e^{-\frac{1}{2}x^2 + \sigma x}\,\mathrm{d}x.$$

Wird der Exponent des Integranden zu einem Quadrat ergänzt,

$$-\frac{1}{2}x^2 + \sigma x = -\frac{1}{2}(x - \sigma)^2 + \frac{1}{2}\sigma^2,$$

dann folgt

$$e^\mu \frac{1}{\sqrt{2\pi}} \int_{-\infty}^{z_\alpha} e^{-\frac{1}{2}x^2 + \sigma x}\,\mathrm{d}x = e^{\mu + \frac{1}{2}\sigma^2} \frac{1}{\sqrt{2\pi}} \int_{-\infty}^{z_\alpha} e^{-\frac{1}{2}(x - \sigma)^2}\,\mathrm{d}x$$
$$= e^{\mu + \frac{1}{2}\sigma^2} \frac{1}{\sqrt{2\pi}} \int_{-\infty}^{z_\alpha - \sigma} e^{-\frac{1}{2}y^2}\,\mathrm{d}y$$
$$= e^{\mu + \frac{1}{2}\sigma^2} \Phi(z_\alpha - \sigma).$$

Insgesamt erhalten wir

$$\mathrm{ES}_\alpha(X) = c_0 \left(1 - e^{\mu + \frac{1}{2}\sigma^2} \frac{\Phi(z_\alpha - \sigma)}{\alpha}\right),$$

was zu zeigen war. □

4.5 Vergleich von Value at Risk und Expected Shortfall

In Abschn. 4.4 wurden geschlossene Ausdrücke für den Value at Risk und für den Expected Shortfall spezieller Wertänderungen abgeleitet. Dennoch lässt sich anhand der erhaltenen Formeln nicht unmittelbar abschätzen, wie sich diese Größen voneinander unterscheiden. Nach Korollar 4.16 gilt jedenfalls

$$\mathrm{ES}_\alpha(X) \geq \mathrm{VaR}^\alpha(X)$$

für $X \in V$. Der folgende Satz ermöglicht weitergehende Schlussfolgerungen:

Satz 4.21 *Angenommen, die Verteilungsfunktion F einer Zufallsvariablen $X \in V$ kann mithilfe einer stetig differenzierbaren Dichtefunktion $f \geq 0$ dargestellt werden als*

$$F(x) = \int_{-\infty}^{x} f(u)\, \mathrm{d}u.$$

Weiter sei angenommen, dass F auf der Menge $F^{-1}(0, 1)$ streng monoton wachsend und stetig, also invertierbar, ist und dass mit $x_{(\alpha)} = x^{(\alpha)} = F^{-1}(\alpha)$ gilt

$$\lim_{\alpha \downarrow 0} x_{(\alpha)} \cdot f\left(x_{(\alpha)}\right) = 0. \tag{4.25}$$

Dann folgt

$$\lim_{\alpha \downarrow 0} \frac{\mathrm{VaR}^\alpha(X)}{\mathrm{ES}_\alpha(X)} = 1 + \lim_{\alpha \downarrow 0} \frac{1}{1 + x_{(\alpha)} \cdot (\ln f)'\left(x_{(\alpha)}\right)}. \tag{4.26}$$

Beweis Mit Satz 4.15 gilt

$$\frac{\mathrm{VaR}^\alpha(X)}{\mathrm{ES}_\alpha(X)} = \frac{\alpha F^{-1}(\alpha)}{\int_0^\alpha F^{-1}(u)\, \mathrm{d}u}. \tag{4.27}$$

Wir weisen nun nach, dass sowohl der Zähler als auch der Nenner der rechten Seite von (4.27) für $\alpha \downarrow 0$ gegen null konvergiert.

Fall 1: Wir nehmen zunächst $F^{-1}(\alpha) \geq c$ an für ein $c \in \mathbb{R}$ und für alle $\alpha \in (0, 1)$. Aufgrund der Monotonie von F^{-1} folgt

$$0 \leq \left|\int_0^\alpha F^{-1}(u)\, \mathrm{d}u\right| \leq \alpha \left|F^{-1}(\alpha) - c\right| \to 0$$

4.5 Vergleich von Value at Risk und Expected Shortfall

für $\alpha \downarrow 0$.

Fall 2: Nun nehmen wir an, dass

$$\lim_{\alpha \downarrow 0} F^{-1}(\alpha) = \lim_{\alpha \downarrow 0} x_{(\alpha)} = -\infty$$

gilt. Da F nach Voraussetzung stetig ist, gilt $P\left(X = x_{(\alpha)}\right) = 0$, und mit Lemma 4.11 erhalten wir für $x_{(\alpha)} < 0$

$$\mathbf{ES}_\alpha(X) = -\frac{1}{\alpha}\mathbf{E}\left[X \cdot \mathbf{1}_{\{X \leq x_{(\alpha)}\}}\right] = \frac{1}{\alpha}\mathbf{E}\left[X^- \cdot \mathbf{1}_{\{X^- \geq -x_{(\alpha)}\}}\right] \leq \frac{1}{\alpha}\mathbf{E}\left[X^-\right].$$

Daraus schließen wir

$$0 \leq \mathbf{ES}_\alpha(X) \leq \frac{1}{\alpha}\mathbf{E}\left[X^-\right]$$

für alle $\alpha \in (0, 1)$ genügend nahe bei 0. Weiter folgt mithilfe des Lebesgueschen Konvergenzsatzes

$$\lim_{\alpha \downarrow 0} \mathbf{E}\left[X^- \cdot \mathbf{1}_{\{X^- \geq -x_{(\alpha)}\}}\right] = 0,$$

und unter Verwendung von $\mathbf{ES}_\alpha(X) \geq \mathbf{VaR}^\alpha(X) > 0$ erhalten wir daher

$$\lim_{\alpha \downarrow 0}(\alpha \mathbf{ES}_\alpha(X)) = \lim_{\alpha \downarrow 0}\left(\alpha \mathbf{VaR}^\alpha(X)\right) = 0.$$

Zweimalige Anwendung der Regel von de l'Hospital liefert nun (4.26):

$$\lim_{\alpha \downarrow 0} \frac{\alpha F^{-1}(\alpha)}{\int_0^\alpha F^{-1}(u)\,du} = \lim_{\alpha \downarrow 0} \frac{F^{-1}(\alpha) + \frac{\alpha}{f(F^{-1}(\alpha))}}{F^{-1}(\alpha)}$$

$$= 1 + \lim_{\alpha \downarrow 0} \frac{\alpha}{F^{-1}(\alpha)\,f\left(F^{-1}(\alpha)\right)}$$

$$= 1 + \lim_{\alpha \downarrow 0} \frac{1}{\frac{1}{f(F^{-1}(\alpha))}f\left(F^{-1}(\alpha)\right) + F^{-1}(\alpha)\frac{f'(F^{-1}(\alpha))}{f(F^{-1}(\alpha))}}$$

$$= 1 + \lim_{\alpha \downarrow 0} \frac{1}{1 + F^{-1}(\alpha) \cdot (\ln f)'\left(F^{-1}(\alpha)\right)}.$$

□

Entscheidend für das asymptotische Verhältnis $\mathbf{VaR}^\alpha(X)/\mathbf{ES}_\alpha(X)$ ist nach (4.26) also das Verhalten von $x_{(\alpha)} \cdot (\ln f)'\left(x_{(\alpha)}\right)$ für $\alpha \downarrow 0$. Daher ist die genaue Kenntnis des Value at Risk oder des Expected Shortfall nicht notwendigerweise erforderlich, wie anhand der beiden folgenden Ergebnisse demonstriert wird.

Korollar 4.22 *Für eine normalverteilte Zufallsvariable $X \sim \mathcal{N}\left(\mu, \sigma^2\right)$ gilt*

$$\lim_{\alpha \downarrow 0} \frac{\mathbf{VaR}^\alpha(X)}{\mathbf{ES}_\alpha(X)} = 1.$$

Beweis Mit der Dichte

$$f(x) = \frac{1}{\sqrt{2\pi}\sigma} \exp\left(-\frac{1}{2}\left(\frac{x-\mu}{\sigma}\right)^2\right)$$

der Normalverteilung und mit $\lim_{\alpha \downarrow 0} x_{(\alpha)} = -\infty$ folgt zunächst (4.25). Weiter gilt

$$\ln f(x) = \ln\left(\frac{1}{\sqrt{2\pi}\sigma}\right) - \frac{1}{2}\left(\frac{x-\mu}{\sigma}\right)^2,$$

also

$$(\ln f)'(x) = -\frac{x-\mu}{\sigma^2}.$$

Daraus folgt

$$x_{(\alpha)} \cdot (\ln f)'\left(x_{(\alpha)}\right) = -x_{(\alpha)} \cdot \frac{x_{(\alpha)} - \mu}{\sigma^2} \to -\infty$$

für $\alpha \downarrow 0$, also

$$\lim_{\alpha \downarrow 0} \frac{1}{1 + x_{(\alpha)} \cdot (\ln f)'\left(x_{(\alpha)}\right)} = 0,$$

und die Behauptung folgt aus (4.26). □

Korollar 4.23 *Für eine lognormalverteilte Zufallsvariable $X \sim \mathcal{LN}\left(\mu, \sigma^2\right)$ gilt*

$$\lim_{\alpha \downarrow 0} \frac{\mathbf{VaR}^\alpha(X)}{\mathbf{ES}_\alpha(X)} = 1.$$

Beweis Mit der Dichte

$$f(x) = \begin{cases} \frac{1}{\sqrt{2\pi}\sigma x} \exp\left(-\frac{(\ln x - \mu)^2}{2\sigma^2}\right) & (x > 0) \\ 0 & (x \leq 0) \end{cases}$$

der Lognormalverteilung gilt zunächst $\lim_{\alpha \downarrow 0} x_{(\alpha)} = 0$, und damit folgt (4.25). Weiter gilt für $x > 0$

$$\ln f(x) = \ln \frac{1}{\sqrt{2\pi}\sigma} - \ln x - \frac{(\ln x - \mu)^2}{2\sigma^2}$$

$$= \ln \frac{1}{\sqrt{2\pi}\sigma} - \frac{\mu^2}{2\sigma^2} + \ln x \left(\frac{\mu}{\sigma^2} - 1\right) - \frac{1}{2\sigma^2} \ln^2 x.$$

Die Ableitung lautet

Dies bedeutet
$$(\ln f)'(x) = \frac{1}{x}\left(\frac{\mu}{\sigma^2} - 1\right) - \frac{1}{x}\frac{1}{\sigma^2}\ln x.$$

$$x(\ln f)'(x) = \left(\frac{\mu}{\sigma^2} - 1\right) - \frac{1}{\sigma^2}\ln x.$$

Nun gilt für die Lognormalverteilung
$$x_{(\alpha)} = e^{\mu + \sigma z_\alpha},$$

also
$$x_{(\alpha)} \cdot (\ln f)'\left(x_{(\alpha)}\right) = -\frac{\mu + \sigma z_\alpha}{\sigma^2} + \left(\frac{\mu}{\sigma^2} - 1\right)$$
$$= -\frac{z_\alpha}{\sigma} - 1.$$

Daraus folgt wegen $\lim_{\alpha \downarrow 0} z_\alpha = -\infty$
$$\lim_{\alpha \downarrow 0} \frac{1}{1 + x_{(\alpha)} \cdot (\ln f)'\left(x_{(\alpha)}\right)} = 0,$$

und damit die Behauptung wegen (4.26). □

Bei normalverteilten und bei lognormalverteilten Zufallsvariablen stimmen also asymptotisch für $\alpha \downarrow 0$ der Value at Risk und der Expected Shortfall überein.

4.6 Das Wichtigste im Überblick

Nach [2] sollten „gute" Risikomaße monoton, subadditiv, positiv homogen und translationsinvariant sein. Ein Risikomaß, das diese Eigenschaften besitzt, wird kohärent genannt.

Der Value at Risk ist als Quantil monoton, positiv homogen und translationsinvariant, allerdings im Allgemeinen nicht subadditiv und damit nicht kohärent. Ein Risikomaß, das über alle Kohärenzeigenschaften verfügt und das für die Praxis tauglich ist, ist der Expected Shortfall, der in Abschn. 4.3 definiert und untersucht wird. Unter milden Annahmen besitzt der Expected Shortfall einer Wertänderung X die Darstellung (4.7),

$$\mathbf{ES}_\alpha(X) = \mathbf{E}\left[L \mid L \geq \mathbf{VaR}^\alpha(X)\right],$$

als bedingter Erwartungswert der Verluste $L = -X$, die größer gleich dem Value at Risk sind.

In Abschn. 4.5 wird gezeigt, dass der Expected Shortfall mit dem Value at Risk für normalverteilte und für lognormalverteilte Wertänderungen asymptotisch für $\alpha \downarrow 0$ übereinstimmt.

4.7 Aufgaben

Aufgabe 4.1 Sei $(\Omega, \mathcal{F}, P)$ ein Wahrscheinlichkeitsraum. Für $X \in V$ werde definiert

$$\rho(X) = -\mathbf{E}[X].$$

Weisen Sie nach, dass ρ ein kohärentes Risikomaß ist.

Aufgabe 4.2 Sei $(\Omega, \mathcal{F}, P)$ ein Wahrscheinlichkeitsraum. Für $X \in V$ werde definiert

$$\rho(X) = \mathbf{E}[X^-].$$

Prüfen Sie dieses Risikomaß ρ auf Kohärenz.

Aufgabe 4.3 Sei $(\Omega, \mathcal{F}, P)$ ein Wahrscheinlichkeitsraum und sei $\mathcal{B}$ der Vektorraum der beschränkten Zufallsvariablen auf Ω. Zeigen Sie: Jedes kohärente Risikomaß $\rho : \mathcal{B} \to \mathbb{R}$ ist Lipschitz-stetig bezüglich der Supremumsnorm $\|\cdot\|$, d. h., für alle $X, Y \in \mathcal{B}$ gilt

$$|\rho(X) - \rho(Y)| \leq \|X - Y\|.$$

Aufgabe 4.4 Sei c ein Finanzinstrument mit Anfangswert $c_0 > 0$ und sei $X = c - c_0$ normalverteilt, $X \sim \mathcal{N}(\mu, \sigma^2)$.

1. Bestimmen Sie für $\mu = \frac{10\%}{25} = 0{,}004$ und $\sigma = \frac{25\%}{5} = 0{,}05$ die Quotienten

$$\frac{\mathbf{ES}^\alpha(X)}{\mathbf{VaR}^\alpha(X)} = \frac{\mu - \sigma \frac{\varphi(z_\alpha)}{\alpha}}{\mu + \sigma z_\alpha}$$

   für $\alpha = 0{,}05, \alpha = 0{,}01, \alpha = 0{,}005$ und $\alpha = 0{,}001$ und interpretieren Sie die Ergebnisse.

2. Wird die erwartete Rendite μ vernachlässigt, dann unterscheiden sich der Expected Shortfall und der Value at Risk nur um den Faktor

$$\frac{\mathbf{ES}^\alpha(X)}{\mathbf{VaR}^\alpha(X)} = -\frac{\varphi(z_\alpha)}{\alpha z_\alpha}.$$

   Bestimmen Sie wie in 1. die Quotienten

$$-\frac{\varphi(z_\alpha)}{\alpha z_\alpha}$$

   für $\alpha = 0{,}05, \alpha = 0{,}01, \alpha = 0{,}005$ und $\alpha = 0{,}001$.

Aufgabe 4.5 Sei $c > 0$ eine zukünftige Auszahlung mit Anfangswert $c_0 > 0$ und sei $X = c - c_0$. Angenommen, die logarithmische Rendite von c ist normalverteilt, $R_c^{\log} =$

4.7 Aufgaben

$\ln \frac{c}{c_0} \sim \mathcal{N}(\mu, \sigma^2)$. Bestimmen Sie für $\mu = \frac{10\%}{25} = 0{,}004$ und $\sigma = \frac{25\%}{5} = 0{,}05$ die Quotienten

$$\frac{\mathbf{ES}^\alpha(X)}{\mathbf{VaR}^\alpha(X)} = \frac{1 - e^{\mu + \frac{1}{2}\sigma^2} \frac{\Phi(z_\alpha - \sigma)}{\alpha}}{1 - e^{\mu + \sigma z_\alpha}}$$

für $\alpha = 0{,}05$, $\alpha = 0{,}01$, $\alpha = 0{,}005$ und $\alpha = 0{,}001$ und interpretieren Sie die Ergebnisse.

Aufgabe 4.6 Es soll der Expected Shortfall für eine zukünftige Auszahlung c mit aktuellem Wert c_0 für ein Konfidenzniveau von 99 % geschätzt werden. Dazu wird wie folgt vorgegangen:

- Für eine große Zahl n von Szenarien, beispielsweise $n = 100\,000$, wird $X_i = c_i - c_0$ berechnet.
- Dann werden die Ergebnisse sortiert, sodass gilt $X_{(1)} \leq X_{(2)} \leq \cdots \leq X_{(n)}$.
- Anschließend werden die unteren $\alpha = 1\,\%$ der sortierten Daten gemittelt, für $n = 100\,000$ also die ersten 1000 Werte. Das auf diese Weise berechnete arithmetische Mittel

$$\widehat{\mathbf{ES}_\alpha(X)} = -\frac{1}{1000}\left(X_{(1)} + \cdots + X_{(1000)}\right)$$

ist eine Schätzung des **Expected Shortfall** zum Konfidenzniveau 99 %.

Zeigen Sie, dass dieses Schätzverfahren zu Ergebnissen für den Expected Shortfall führt, die mindestens so groß sind, wie die entsprechenden Schätzungen für den Value at Risk.

Aufgabe 4.7 Die Dichte der **Gammaverteilung** ist gegeben durch

$$f(x) = \begin{cases} cx^{a-1}e^{-bx} & (x > 0) \\ 0 & (x \leq 0) \end{cases}$$

für Konstanten $a, b > 0$ und $c = b^a / \Gamma(a)$. Zeigen Sie:

$$\lim_{\alpha \downarrow 0} \frac{\mathbf{VaR}^\alpha(X)}{\mathbf{ES}_\alpha(X)} = 1 + \frac{1}{a}.$$

Bemerkung: Da alle Quantile $x_{(\alpha)}$ einer gammaverteilten Zufallsvariablen X für $\alpha > 0$ positiv sind, sind sowohl der Value at Risk $\mathbf{VaR}^\alpha(X)$ als auch der Expected Shortfall $\mathbf{ES}_\alpha(X)$ negativ. Aus der Eigenschaft $\mathbf{VaR}^\alpha(X) \leq \mathbf{ES}_\alpha(X)$ folgt mit $-\mathbf{VaR}^\alpha(X) \geq -\mathbf{ES}_\alpha(X) \geq 0$

$$\frac{\mathbf{VaR}^\alpha(X)}{\mathbf{ES}_\alpha(X)} = \frac{-\mathbf{VaR}^\alpha(X)}{-\mathbf{ES}_\alpha(X)} \geq 1,$$

das behauptete Ergebnis ist also nicht widersprüchlich.

Aufgabe 4.8 Die Dichte einer *t*-Verteilung mit n Freiheitsgraden ist gegeben durch

$$f_n(x) = c_n \left(1 + \frac{x^2}{n}\right)^{-\frac{n+1}{2}} \quad (4.28)$$

wobei $c_n = \frac{\Gamma\left(\frac{n+1}{2}\right)}{\sqrt{n\pi}\,\Gamma\left(\frac{n}{2}\right)}$ für $n \in \mathbb{N}$ gilt.

1. Zeigen Sie, dass $\lim_{\alpha \downarrow 0} x_{(\alpha)} \cdot f_n\left(x_{(\alpha)}\right) = 0$ gilt.
2. Bestimmen Sie nun

$$\lim_{\alpha \downarrow 0} \frac{\mathbf{VaR}^\alpha(X)}{\mathbf{ES}_\alpha(X)}.$$

Aufgabe 4.9 Eine Zufallsvariable X ist nach Definition **paretoverteilt**, wenn es $a > 0$ und $b > 1$ gibt, sodass X die Verteilungsfunktion

$$F(x) = \begin{cases} 1 & (x \geq 0) \\ \left(\frac{a}{a-x}\right)^b & (x < 0) \end{cases}$$

besitzt.

1. Berechnen Sie die Dichte f der Paretoverteilung.
2. Berechnen Sie den Value at Risk einer paretoverteilten Zufallsvariablen X.
3. Berechnen Sie den Expected Shortfall einer paretoverteilten Zufallsvariablen X.
4. Bestimmen Sie mit den Ergebnissen aus 2. und 3.

$$\lim_{\alpha \downarrow 0} \frac{\mathbf{ES}_\alpha(X)}{\mathbf{VaR}^\alpha(X)}$$

und interpretieren Sie das Ergebnis.

5. Bestimmen Sie

$$\lim_{\alpha \downarrow 0} \frac{\mathbf{ES}_\alpha(X)}{\mathbf{VaR}^\alpha(X)}$$

mit Hilfe von

$$\lim_{\alpha \downarrow 0} \frac{\mathbf{VaR}^\alpha(X)}{\mathbf{ES}_\alpha(X)} = 1 + \lim_{\alpha \downarrow 0} \frac{1}{1 + x_{(\alpha)} \cdot (\ln f)'\left(x_{(\alpha)}\right)}.$$

Lösungen der Aufgaben

Lösung 1.1

1. Bezeichnet R_1 die Rendite von S^1, R_2 die Rendite von S^2 und R die Portfoliorendite, dann gilt mit $w = 0{,}2$
$$R = w \cdot R_1 + (1-w) \cdot R_2.$$

   Damit folgt für die erwartete Portfoliorendite μ
$$\begin{aligned}\mu &= w \cdot \mu_1 + (1-w) \cdot \mu_2 \\ &= 0{,}2 \cdot 5\,\% + 0{,}8 \cdot 8\,\% \\ &= 7{,}4\,\%,\end{aligned}$$

   und für die Portfoliovarianz σ^2 gilt mit $\rho = 0{,}3$
$$\begin{aligned}\sigma^2 &= (w\sigma_1)^2 + ((1-w)\,\sigma_2)^2 + 2w\,(1-w)\,\sigma_1\sigma_2\rho \\ &= (0{,}2 \cdot 0{,}18)^2 + (0{,}8 \cdot 0{,}25)^2 + 2 \cdot 0{,}2 \cdot 0{,}8 \cdot 0{,}18 \cdot 0{,}25 \cdot 0{,}3 \\ &= 0{,}0456,\end{aligned}$$

   also
$$\sigma = 21{,}4\,\%.$$

2. Es gilt
$$\sigma^2 = w^2\sigma_1^2 + (1-w)^2\,\sigma_2^2 + 2w\,(1-w)\,\sigma_1\sigma_2\rho.$$

   Damit folgt
$$\frac{d\sigma^2}{dw} = 2w\sigma_1^2 - 2\,(1-w)\,\sigma_2^2 + 2\,(1-2w)\,\sigma_1\sigma_2\rho.$$

© Springer-Verlag GmbH Deutschland, ein Teil von Springer Nature 2023
J. Kremer, *Marktrisiken*, https://doi.org/10.1007/978-3-662-67146-7_5

Die Ableitung verschwindet, falls

$$w\left(\sigma_1^2 + \sigma_2^2 - 2\sigma_1\sigma_2\rho\right) = \sigma_2^2 - \sigma_1\sigma_2\rho$$

gilt, also für

$$w = \frac{\sigma_2^2 - \sigma_1\sigma_2\rho}{\sigma_1^2 + \sigma_2^2 - 2\sigma_1\sigma_2\rho}.$$

Mit den Daten des Beispiels gilt

$$w = \frac{25^2 - 18 \cdot 25 \cdot 0{,}03}{18^2 + 25^2 - 18 \cdot 25 \cdot 0{,}03} = 0{,}72$$
$$1 - w = 0{,}28.$$

Das bedeutet, dass 72 % des eingesetzten Kapitals in S^1 und 28 % in S^2 investiert werden müssen.

3. Für diese Portfoliozusammensetzung folgt

$$\mu = 0{,}72 \cdot 5\,\% + 0{,}28 \cdot 8\,\% = 5{,}8\,\%$$

sowie

$$\sigma^2 = (0{,}72 \cdot 0{,}18)^2 + (0{,}28 \cdot 0{,}25)^2 + 2 \cdot 0{,}72 \cdot 0{,}28 \cdot 0{,}18 \cdot 0{,}25 \cdot 0{,}3 = 0{,}02714,$$

also

$$\sigma = 16{,}5\,\%.$$

Der minimale Risiko, das mit aus S^1 und S^2 bestehenden Portfolios möglich ist, lautet 16,5 %, der zugehörige Ertrag des Portfolios mit minimalem Risiko beträgt 5,8 %.

4. Die Gewichte w des globalen Minimum-Varianz-Portfolios sind gegeben durch

$$w = \frac{C^{-1}e}{\langle e, C^{-1}e \rangle}.$$

Mit $C = \begin{pmatrix} \sigma_1^2 & \sigma_1\sigma_2\rho \\ \sigma_1\sigma_2\rho & \sigma_2^2 \end{pmatrix}$ gilt

$$C^{-1} = \frac{1}{\sigma_1^2 \sigma_2^2 (1 - \rho^2)} \begin{pmatrix} \sigma_2^2 & -\sigma_1\sigma_2\rho \\ -\sigma_1\sigma_2\rho & \sigma_1^2 \end{pmatrix}.$$

Damit folgen die Beziehungen

$$C^{-1}e = \frac{1}{\sigma_1^2 \sigma_2^2 (1-\rho^2)} \begin{pmatrix} \sigma_2^2 & -\sigma_1\sigma_2\rho \\ -\sigma_1\sigma_2\rho & \sigma_1^2 \end{pmatrix} \begin{pmatrix} 1 \\ 1 \end{pmatrix}$$

$$= \frac{1}{\sigma_1^2 \sigma_2^2 (1-\rho^2)} \begin{pmatrix} \sigma_2^2 - \sigma_1\sigma_2\rho \\ \sigma_1^2 - \sigma_1\sigma_2\rho \end{pmatrix}$$

und

$$\langle e, C^{-1}e \rangle = \frac{\sigma_1^2 + \sigma_2^2 - 2\sigma_1\sigma_2\rho}{\sigma_1^2 \sigma_2^2 (1-\rho^2)},$$

also

$$w = \frac{C^{-1}e}{\langle e, C^{-1}e \rangle} = \frac{1}{\sigma_1^2 + \sigma_2^2 - 2\sigma_1\sigma_2\rho} \begin{pmatrix} \sigma_2^2 - \sigma_1\sigma_2\rho \\ \sigma_1^2 - \sigma_1\sigma_2\rho \end{pmatrix},$$

und das stimmt mit dem unter 2. erhaltenen Ergebnis überein.

Lösung 1.2

1. Wir betrachten ein Portfolio h, das aus n Wertpapieren besteht, die alle mit gleichem Gewicht $1/n$ im Portfolio vertreten sind und die alle über dieselbe erwartete Rendite μ und über dasselbe Risiko $\sigma > 0$ verfügen. Dann gilt mit

$$R_h = \frac{1}{n} \sum_{i=1}^{n} R_i$$

für die Portfoliorendite μ_h

$$\mu_h = \mathbf{E}[R_h] = \frac{1}{n} \sum_{i=1}^{n} \mathbf{E}[R_i] = \mu.$$

Angenommen, die Wertpapiere sind paarweise unkorreliert. Dann gilt für die Portfoliovarianz σ_h^2

$$\sigma_h^2 = \mathbf{V}[R_h] = \frac{1}{n^2} \sum_{i=1}^{n} \mathbf{V}[R_i] = \frac{\sigma^2}{n}.$$

Also folgt

$$\lim_{n \to \infty} \sigma_h^2 = 0,$$

das Portfoliorisiko lässt sich also bei paarweise unkorrelierten Wertpapieren durch Portfoliobildung beliebig reduzieren.

2. Angenommen, die Korrelation hat für alle Paare von Wertpapieren einen festen Wert $0 < \rho \leq 1$, dann gilt

$$\sigma_h^2 = \mathbf{V}[R_h] = \frac{1}{n^2} \sum_{i=1}^{n} \mathbf{V}[R_i] + \frac{1}{n^2} \sum_{\substack{i,j=1 \\ i \neq j}}^{n} \mathbf{Cov}(R_i, R_j)$$

$$= \frac{\sigma^2}{n} + \frac{1}{n^2} \sum_{\substack{i,j=1 \\ i \neq j}}^{n} \sigma^2 \rho$$

$$= \frac{\sigma^2}{n} + \frac{1}{n^2} \left(n^2 - n \right) \sigma^2 \rho$$

$$= \sigma^2 \rho + \frac{\sigma^2}{n} (1 - \rho).$$

Daraus folgt

$$\lim_{n \to \infty} \sigma_h^2 = \sigma^2 \rho,$$

also lässt sich bei paarweise positiv korrelierten Portfoliorenditen das Risiko durch Diversifikation nicht beliebig reduzieren.

Lösung 1.3 Mit

$$u = \frac{1}{ac - b^2} \left(a C^{-1} \mu - b C^{-1} e \right), \quad v = \frac{1}{ac - b^2} \left(c C^{-1} e - b C^{-1} \mu \right)$$

und

$$a = \langle e, C^{-1} e \rangle, \quad b = \langle \mu, C^{-1} e \rangle, \quad c = \langle \mu, C^{-1} \mu \rangle$$

gilt

$$\langle u, e \rangle = \frac{1}{ac - b^2} \left(a \langle C^{-1} \mu, e \rangle - b \langle C^{-1} e, e \rangle \right) = \frac{1}{ac - b^2} (ab - ba) = 0$$

$$\langle v, e \rangle = \frac{1}{ac - b^2} \left(c \langle C^{-1} e, e \rangle - b \langle C^{-1} \mu, e \rangle \right) = \frac{1}{ac - b^2} (ca - bb) = 1$$

$$\langle u, \mu \rangle = \frac{1}{ac - b^2} \left(a \langle \mu, C^{-1} \mu \rangle - b \langle \mu, C^{-1} e \rangle \right) = \frac{1}{ac - b^2} (ac - b^2) = 1$$

$$\langle v, \mu \rangle = \frac{1}{ac - b^2} \left(c \langle \mu, C^{-1} e \rangle - b \langle \mu, C^{-1} \mu \rangle \right) = \frac{1}{ac - b^2} (cb - bc) = 0,$$

und daraus folgt

$$\langle w(m), e \rangle = \langle u, e \rangle m + \langle v, e \rangle = 1$$

und

$$\langle w(m), \mu \rangle = \langle u, \mu \rangle m + \langle v, \mu \rangle = m,$$

was zu zeigen war.

5 Lösungen der Aufgaben

Lösung 1.4

1. Wir wissen, dass unter der Voraussetzung $ac - b^2 \neq 0$

$$s^2(m) = \frac{c - 2mb + m^2 a}{ac - b^2}$$

gilt. Aufgrund der Voraussetzung, dass C positiv definit ist, folgt $a > 0$, und damit gilt $c - 2mb + m^2 a > 0$ für genügend großes $|m|$. Da die Varianz $s^2(m)$ für jedes m positiv ist, folgt die Behauptung $ac - b^2 > 0$.

2. Es gilt

$$\frac{d}{dm} s^2 = \frac{-2b + 2ma}{ac - b^2}$$

und damit

$$\frac{d}{dm} s^2 = 0 \Leftrightarrow m = \frac{b}{a}.$$

Daraus folgt

$$s^2(m) \geq \frac{c - 2\frac{b}{a}b + \left(\frac{b}{a}\right)^2 a}{ac - b^2}$$
$$= \frac{c - \frac{b^2}{a}}{ac - b^2}$$
$$= \frac{1}{a},$$

was zu zeigen war. Alternativ kann wie folgt argumentiert werden: Es gilt

$$s^2(m) = \frac{a}{ac - b^2}\left(m^2 - 2m\frac{b}{a} + \frac{c}{a}\right)$$
$$= \frac{a}{ac - b^2}\left(\left(m - \frac{b}{a}\right)^2 - \left(\frac{b}{a}\right)^2 + \frac{ca}{a^2}\right)$$
$$= \frac{a}{ac - b^2}\left(m - \frac{b}{a}\right)^2 + \frac{1}{a}$$
$$\geq \frac{1}{a},$$

wegen $a > 0$ und $ac - b^2 > 0$.

Lösung 1.5 Die Kovarianzmatrix C der Renditen der Wertpapiere wird hier mithilfe der vorgegebenen Korrelationsmatrix

$$\rho = \begin{pmatrix} 1 & \rho_{12} & \rho_{13} \\ \rho_{21} & 1 & \rho_{23} \\ \rho_{31} & \rho_{32} & 1 \end{pmatrix}$$

$$= \begin{pmatrix} 1 & 0,2 & 0,1 \\ 0,2 & 1 & -0,1 \\ 0,1 & -0,1 & 1 \end{pmatrix}$$

berechnet durch

$$C = \begin{pmatrix} \sigma_1^2 & \sigma_1\sigma_2\rho_{12} & \sigma_1\sigma_3\rho_{13} \\ \sigma_2\sigma_1\rho_{21} & \sigma_2^2 & \sigma_2\sigma_3\rho_{23} \\ \sigma_3\sigma_1\rho_{31} & \sigma_3\sigma_2\rho_{32} & \sigma_3^2 \end{pmatrix}$$

$$= \begin{pmatrix} \sigma_1 & & 0 \\ & \sigma_2 & \\ 0 & & \sigma_3 \end{pmatrix} \rho \begin{pmatrix} \sigma_1 & & 0 \\ & \sigma_2 & \\ 0 & & \sigma_3 \end{pmatrix}$$

$$= \begin{pmatrix} 0,0169 & 0,0042 & 0,0012 \\ 0,0042 & 0,0256 & -0,0014 \\ 0,0012 & -0,0014 & 0,0081 \end{pmatrix}.$$

Damit folgt

$$a = \langle e, C^{-1}e \rangle = 204,84,$$
$$b = \langle \mu, C^{-1}e \rangle = 17,14,$$
$$c = \langle \mu, C^{-1}\mu \rangle = 1,49.$$

1. Für das globale Minimum-Varianz-Portfolio gilt

$$\mu_g = \frac{b}{a} = 8,37\,\%$$
$$\sigma_g = \frac{1}{\sqrt{a}} = 6,99\,\%.$$

2. Für das Marktportfolio gilt

$$\mu_M = \frac{\langle \mu, C^{-1}(\mu - r) \rangle}{\langle e, C^{-1}(\mu - r) \rangle} = 9,21\,\%$$

$$\sigma_M = \frac{\sqrt{\langle \mu - r, C^{-1}(\mu - r) \rangle}}{|\langle e, C^{-1}(\mu - r) \rangle|} = 7,81\,\%.$$

3. Abb. 5.1 stellt das globale Minimum-Varianz-Portfolio, das Marktportfolio, die Kapitalmarktlinie sowie die die Effizienzlinie enthaltende Markowitz-Kurve dar:

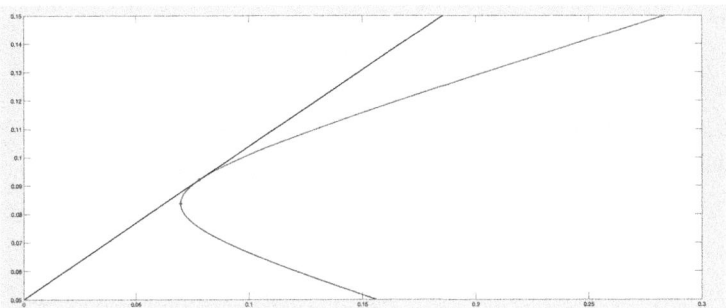

Abb. 5.1 Globales Minimum-Varianz-Portfolio, Marktportfolio, Kapitalmarktlinie und die die Effizienzlinie enthaltende Markowitz-Kurve

Lösung 1.6 Mit

$$\alpha = \mathbf{E}[Y] - \beta \mathbf{E}[X]$$
$$\beta = \frac{\mathbf{Cov}(X, Y)}{\mathbf{V}[X]}$$

folgt

$$\begin{aligned}
\mathbf{E}\left[\varepsilon^2\right] &= \mathbf{E}\left[(Y - \alpha - \beta X)^2\right] \\
&= \mathbf{E}\left[\left(Y - \mathbf{E}[Y] - \frac{\mathbf{Cov}(X, Y)}{\mathbf{V}[X]}(X - \mathbf{E}[X])\right)^2\right] \\
&= \mathbf{E}\left[(Y - \mathbf{E}[Y])^2\right] - 2\frac{\mathbf{Cov}(X, Y)}{\mathbf{V}[X]}\mathbf{E}\left[(X - \mathbf{E}[X])(Y - \mathbf{E}[Y])\right] \\
&\quad + \left(\frac{\mathbf{Cov}(X, Y)}{\mathbf{V}[X]}\right)^2 \mathbf{E}\left[(X - \mathbf{E}[X])^2\right] \\
&= \mathbf{V}[Y] - 2\frac{\mathbf{Cov}^2(X, Y)}{\mathbf{V}[X]} + \frac{\mathbf{Cov}^2(X, Y)}{\mathbf{V}[X]} \\
&= \mathbf{V}[Y]\left(1 - \frac{\mathbf{Cov}^2(X, Y)}{\mathbf{V}[Y]\mathbf{V}[X]}\right).
\end{aligned}$$

Lösung 1.7

1. Für den Betafaktor β_S von S gilt

$$\beta_S = \rho(R_S, R_M)\frac{\sigma_S}{\sigma_M} = 0{,}4 \cdot \frac{30}{20} = 0{,}6.$$

2. Mit dem Betafaktor

$$\beta_S = \frac{\mathrm{Cov}(R_S, R_M)}{\sigma_M^2} = \frac{\mathrm{Cov}(R_S, R_M)}{\sigma_M \sigma_S} \frac{\sigma_S}{\sigma_M} = \rho(R_S, R_M) \frac{\sigma_S}{\sigma_M}$$

lautet die CAPM-Renditegleichung für S

$$\mu_S = r + \beta_S (\mu_M - r)$$
$$= r + \frac{\mu_M - r}{\sigma_M} \rho(R_S, R_M) \sigma_S,$$

wobei M das Marktportfolio bezeichnet. Mit

$$\mu_M = 8\%$$
$$\sigma_M = 20\%$$
$$\sigma_S = 30\%$$
$$r = 2\%$$
$$\rho(R_S, R_M) = 0{,}4$$

folgt also

$$\mu_S = 2\% + 0{,}6 \cdot 6\% = 2\% + \frac{8\% - 2\%}{20\%} \cdot 0{,}4 \cdot 30\% = 5{,}6\%.$$

Nach dem CAPM sollte die Investition also eine erwartete Rendite von $\mu_S = 5{,}6\%$ besitzen.

3. Nach dem vorherigen Punkt 2. ist die erwartete Rendite von S gegeben durch

$$\mu_S = r + \frac{\mu_M - r}{\sigma_M} \rho(R_S, R_M) \sigma_S = 5{,}6\%.$$

Würde ein Investor mit dem Risiko σ_S auf der Kapitalmarktlinie investieren, dann ließe sich die Rendite

$$\mu_S = r + \frac{\mu_M - r}{\sigma_M} \sigma_S = 11\%$$

erzielen. Eine Investition in S auf Basis des CAPM ist also nicht rational. Alternativ könnte argumentiert werden, dass eine Investition in das Marktportfolio M mit 8% eine höhere erwartete Rendite als S bei einem geringeren Risiko von 20% verspricht, und dass daher eher in M als in S investiert werden sollte.

4. Die erwartete Rendite der Investition S beträgt nach 1. $\mu_S = 5{,}6\%$. Hätte die Investition zum Zeitpunkt 1 den Wert $S_1 = 10.000$, dann wäre

$$5{,}6\% = \mu_S = \frac{S_1 - S_0}{S_0},$$

oder
$$S_0 = \frac{1}{1+\mu_S} S_1 = \frac{1}{1+5{,}6\,\%} \cdot 10.000 = 9470.$$

Der zukünftige Wert S_1 von S wird also mit dem Faktor $\frac{1}{1+\mu_S}$ abdiskontiert.

Lösung 1.8 Nach der CAPM-Renditegleichung gilt
$$\mu_Q = r + (\mu_M - r)\beta_Q$$

mit
$$\beta_Q = \frac{\mathbf{Cov}(R_Q, R_M)}{\sigma_M^2}.$$

Einsetzen von $R_Q = wR_P + (1-w)r$ in $\mathbf{Cov}(R_Q, R_M)$ liefert
$$\mathbf{Cov}(R_Q, R_M) = \mathbf{Cov}(wR_P + (1-w)r, R_M) = w\mathbf{Cov}(R_P, R_M),$$

also
$$\beta_Q = w\beta_P.$$

Lösung 1.9 Der Investor setzt das Kapital $K = 35.000$ EUR ein und ist bereit, dabei das Risiko $\sigma_I = 15\,\%$ einzugehen. Die risikolose Rendite beträgt laut Aufgabenstellung $r = 2\,\%$, und für den DAX, der mit dem Marktportfolio identifiziert wird, werden $\mu_M = 24\,\%$ und $\sigma_M = 19\,\%$ angenommen. Dann gilt
$$w_M = \frac{\sigma_I}{\sigma_M} = \frac{15}{19} = 0{,}79.$$

Wegen
$$R_I = w_M R_M + (1-w_M)r$$

folgt
$$\mu_I = w_M \mu_M + (1-w_M)r$$
$$= 0{,}79 \cdot 0{,}24 + 0{,}21 \cdot 0{,}02$$
$$= 19{,}3\,\%.$$

und
$$\sigma_I = w_M \sigma_M = 15\,\%.$$

Aus
$$w_M K = h_M M_0$$

und
$$(1 - w_M) K = h_B B_0$$

folgen für die Stückzahlen h_M von M und h_B von B die Beziehungen

$$h_M = \frac{w_M}{M_0} K, \quad h_B = \frac{1 - w_M}{B_0} K.$$

Mit $M_0 = 9380$ und $B_0 = 900$ folgt

$$h_M = 2{,}95, \quad h_B = 8{,}19.$$

Die gerundeten Stückzahlen lauten

$$\bar{h}_M = 3, \quad \bar{h}_B = 8,$$

und das in diesem Fall eingesetzte Kapital lautet

$$\bar{K} = \bar{h}_M M_0 + \bar{h}_B B_0 = 35.340.$$

Damit ändert sich das Gewicht des Marktportfolios zu

$$\bar{w}_M = \frac{\bar{h}_M M_0}{\bar{K}} = 0{,}8.$$

Die erwartete Rendite und das Risikos des zugehörigen Portfolios lauten

$$\bar{\mu}_I = \bar{w}_M \mu_M + (1 - \bar{w}_M) r = 19{,}52\,\%$$
$$\bar{\sigma}_I = \bar{w}_M \sigma_M = 15{,}13\,\%.$$

Lösung 1.10 Die geschätzten und die aufgrund des CAPM mit

$$\mu_i = r + (\mu_M - r) \beta_i$$

ermittelten Renditen lauten:

Jahr	geschätzte Rendite $\hat{\mu}_i$ [%]	Rendite μ_i nach CAPM [%]
S^1	$\frac{125-100}{100} = 25$	$2 + (20 - 2) \cdot 1 = 20$
S^2	$\frac{17-15}{15} = 13{,}3$	$2 + (20 - 2) \cdot 0{,}8 = 16{,}4$
S^3	$\frac{31-25}{31} = 24$	$2 + (20 - 2) \cdot 1{,}2 = 23{,}6$

Für S^1 gilt also $\hat{\mu}_1 > \mu_1$, also wird das Unternehmen vom Markt unterbewertet. Der Preis des Unternehmens ist daher zu gering, und S^1 sollte gekauft werden. Dagegen gilt $\hat{\mu}_2 < \mu_2$, sodass das zweite Unternehmen vom Markt überbewertet wird. Daher sollte S^2, wenn es sich im Portfolio des Investors befindet, verkauft werden. Sollte sich S^2 nicht im Portfolio des Investors befinden, dann könnte ein Leerverkauf erwogen werden. Beim dritten

Unternehmen stimmen $\hat{\mu}_3$ und μ_3 ungefähr überein, und mithilfe des CAPM kann weder eine Kauf- noch eine Verkaufsempfehlung ausgesprochen werden.

Die Zahl $J = \hat{\mu}_i - \mu_i$ wird der **Jensen-Index** von S^i genannt. Investitionen mit **positivem** Jensen-Index charakterisieren also **unterbewertete** Anlagealternativen, für die im Rahmen der vorliegenden Analyse eine **Kaufempfehlung** ausgesprochen wird.

Lösung 1.11 Vorgegeben sind die Daten $\mu_M = 9\%$ und $\sigma_M = 20\%$ für das Marktportfolio. Der risikolose Zinssatz beträgt $r = 1\%$.

1. Die systematischen und die spezifischen Risiken der jeweiligen Kapitalanlagen sind gegeben durch $|\beta_{P_i}|\sigma_M = \beta_{P_i}\sigma_M$ und

$$\sigma_{\varepsilon_i} = \sqrt{\sigma_{P_i}^2 - \beta_{P_i}^2 \sigma_M^2} \quad (1 \leq i \leq 4).$$

   Die berechneten Werte wurden in die folgende Tabelle eingetragen.

2. Die erwarteten Renditen der gegebenen Kapitalanlagen sind durch die CAPM-Renditegleichung gegeben,

$$\mu_{P_i} = r + \beta_{P_i}(\mu_M - r).$$

   Die berechneten Werte für μ_{P_i} wurden in die folgende Tabelle eingetragen.

3. Würde mit den angegebenen Risiken in Portfolios auf der Kapitalmarktlinie investiert, dann erzielte man die Renditen

$$\mu_i = r + \frac{\mu_M - r}{\sigma_M}\sigma_{P_i}.$$

   Mit den angegebenen Daten lautet der Marktpreis des Risikos

$$\frac{\mu_M - r}{\sigma_M} = \frac{9-1}{20} = 0{,}4,$$

   und die berechneten Werte für μ_i wurden in die folgende Tabelle eingetragen.

4. Möchte man die erwarteten Renditen der einzelnen Kapitalanlagen erzielen, aber in Portfolios auf der Kapitalmarktlinie investieren, dann müsste auf der Kapitalmarktlinie mit den systematischen Risiken der gegebenen Kapitalanlagen investiert werden. Die dabei eingesparten Risiken lauten $\Delta_i = \sigma_{P_i} - \beta_{P_i}\sigma_M$, und die entsprechenden Werte wurden in nachfolgende Tabelle eingetragen.

In folgende Tabelle wurden alle berechneten Werte für die Kapitalanlagen $P_1, \ldots, P_4$ eingetragen; Risiken und Renditen sind als Prozentwerte angegeben:

P	σ_{P_i}	β_{P_i}	$\beta_{P_i}\sigma_M$	σ_{ε_i}	μ_{P_i}	μ_i	Δ_i
P_1	20	0,4	8	18,3	4,2	9,0	12
P_2	17	0,8	16	5,7	7,4	7,8	1
P_3	23	1,1	22	6,7	9,8	10,2	1
P_4	24	1,2	24	0	10,6	10,6	0

Lösung 2.1 Mit
$$1 = \sum_{j=1}^{K} q_j = \sum_{j=1}^{K} p_j$$
und $p_j > 0$ für alle j folgt
$$1 = \sum_{j=1}^{K} q_j = \sum_{j=1}^{K} \sqrt{p_j} \frac{q_j}{\sqrt{p_j}} \leq \left(\sum_{j=1}^{K} p_j\right)\left(\sum_{j=1}^{K} \frac{q_j^2}{p_j}\right) = \mathbf{E}^Q[\mathcal{L}],$$
was zu zeigen war.

Lösung 2.2 Wir verwenden, dass die Steigung der Kapitalmarktlinie, also der Marktpreis des Risikos, gegeben ist durch
$$\frac{\mu_M - r}{\sigma_M} = \sqrt{\mathbf{V}[\mathcal{L}]}.$$
Zu zeigen ist also, dass die theoretisch möglichen Werte für $\sqrt{\mathbf{V}[\mathcal{L}]}$ mit dem Intervall $[0, \infty)$ übereinstimmen. Dazu verwenden wir, dass
$$\mathbf{V}[\mathcal{L}] = \mathbf{E}^Q[\mathcal{L}] - 1$$
gilt und definieren mit $q_j = Q(\omega_j)$ und $p_j = P(\omega_j)$
$$p_1 = (q_1 + q_2)\varepsilon, \quad p_2 = (q_1 + q_2)(1 - \varepsilon), \quad p_j = q_j \quad (j = 3, \ldots, K).$$
Dann gilt
$$\mathbf{V}[\mathcal{L}] = \mathbf{E}^Q[\mathcal{L}] - 1$$
$$= \sum_{j=1}^{K} \frac{q_j^2}{p_j} - 1$$
$$= \frac{1}{\varepsilon}\frac{q_1^2}{q_1 + q_2} + \frac{1}{1-\varepsilon}\frac{q_2^2}{q_1 + q_2} + \sum_{j=3}^{K} q_j - 1$$
$$= \frac{1}{\varepsilon}\frac{q_1^2}{q_1 + q_2} + \frac{1}{1-\varepsilon}\frac{q_2^2}{q_1 + q_2} - (q_1 + q_2).$$

5 Lösungen der Aufgaben   175

Für $\varepsilon = \frac{q_1}{q_1+q_2}$ gilt $1-\varepsilon = \frac{q_2}{q_1+q_2}$ sowie $p_1 = q_1$, $p_2 = q_2$ und

$$\frac{1}{\varepsilon}\frac{q_1^2}{q_1+q_2} + \frac{1}{1-\varepsilon}\frac{q_2^2}{q_1+q_2} - (q_1+q_2) = 0,$$

also $\mathbf{V}[\mathcal{L}] = 0$. Weiter ist $\frac{1}{\varepsilon}\frac{q_1^2}{q_1+q_2} + \frac{1}{1-\varepsilon}\frac{q_2^2}{q_1+q_2} - (q_1+q_2)$ stetig in ε, und der Ausdruck konvergiert für $\varepsilon \downarrow 0$ (und auch für $\varepsilon \uparrow 1$) gegen ∞, und das war zu zeigen.

Lösung 2.3 Unter den angegebenen Voraussetzungen ist

$$c = c_0\left(1 + \mu + \frac{\mu - r}{\mathbf{V}[\mathcal{L}]}(1-\mathcal{L})\right) \tag{5.1}$$

die Auszahlung mit erwarteter Rendite μ und mit minimalem Risiko.

Auf der Kapitalmarktlinie hängen die erwartete Rendite μ und das Risiko σ über den Marktpreis des Risikos miteinander zusammen. Es gilt

$$\sqrt{\mathbf{V}[\mathcal{L}]} = \frac{\mu - r}{\sigma},$$

also lautet für gegebenes Risiko σ die maximale erwartete Rendite

$$\mu = \sigma\sqrt{\mathbf{V}[\mathcal{L}]} + r.$$

Wird diese Rendite in (5.1) eingesetzt, dann folgt die optimale Auszahlung für das gegebene Anfangskapital c_0

$$c = c_0\left(1 + r + \sigma\left(\sqrt{\mathbf{V}[\mathcal{L}]} + \frac{1}{\sqrt{\mathbf{V}[\mathcal{L}]}}(1-\mathcal{L})\right)\right).$$

Lösung 2.4 Wäre ein Marktmodell nicht arbitragefrei, dann wären optimale Portfolios nicht solche, die bei gegebenem Risiko einen möglichst hohen Ertrag bieten, sondern Arbitragegelegenheiten, also Portfolios, die ohne eigenen Kapitaleinsatz und ohne zukünftige Zahlungsverpflichtungen die Chance auf positive Gewinne versprechen.

Lösung 2.5

1. Das Modell ist arbitragefrei und vollständig, denn D ist regulär und die eindeutig bestimmte Lösung ψ von $D\psi = b$ lautet

$$\psi = \begin{pmatrix} 0,15 \\ 0,38 \\ 0,36 \end{pmatrix} \gg 0.$$

2. Aus dem Diskontvektor ψ ergibt sich der Diskontfaktor

$$d = \psi_1 + \psi_2 + \psi_3 = 0{,}88,$$

und das risikoneutrale Preismaß Q besitzt die Werte

$$Q = \frac{\psi}{d} = \begin{pmatrix} 0{,}17 \\ 0{,}43 \\ 0{,}40 \end{pmatrix}.$$

Daher lautet der Wahrscheinlichkeitsquotient

$$\mathcal{L} = \frac{Q}{P} = \begin{pmatrix} 0{,}85 \\ 0{,}86 \\ 1{,}34 \end{pmatrix}.$$

3. Die risikolose Rendite $r = \frac{1}{d} - 1$ des Modells lautet

$$r = \frac{31}{236} = 13{,}14\,\%.$$

4. Da die Auszahlungsmatrix D regulär ist, ist $\mathcal{L}$ replizierbar. Der Marktpreis des Risikos lautet

$$\sqrt{\mathbf{V}[\mathcal{L}]} = \sqrt{\mathbf{E}^Q[\mathcal{L}] - 1} = 0{,}2238.$$

Die optimale Auszahlung bei vorgegebenem Anfangskapital $c_0 = 100$ und gegebenem Risiko $\sigma = 0{,}2$ lautet

$$c = c_0 \left(1 + r + \sigma \left(\sqrt{\mathbf{V}[\mathcal{L}]} + \frac{1}{\sqrt{\mathbf{V}[\mathcal{L}]}} (1 - \mathcal{L})\right)\right) = \begin{pmatrix} 131{,}244 \\ 130{,}487 \\ 87{,}064 \end{pmatrix}.$$

Zur Berechnung des optimalen Portfolios h wird das Gleichungssystem $D^t h = c$ betrachtet. Es besitzt die eindeutig bestimmte Lösung

$$h = \begin{pmatrix} 0{,}007 \\ -0{,}061 \\ 0{,}039 \end{pmatrix}.$$

Das Portfolio h besitzt den Anfangswert $c_0 = h \cdot b = 100$ und die Rendite

$$R_h = \frac{c - c_0}{c_0} = \begin{pmatrix} 0{,}3124 \\ 0{,}3049 \\ -0{,}1294 \end{pmatrix}.$$

Die erwartete Rendite beträgt

$$\mu = \mathbf{E}^P[R_h] = 17{,}61\,\%.$$

Dieser Wert stimmt mit der erwarteten Rendite überein, die mithilfe des Marktpreises des Risikos bestimmt werden kann,

$$\mu = \sigma\sqrt{\mathbf{V}[\mathcal{L}]} + r = 17{,}61\,\%.$$

Lösung 2.6 Im Falle $\mathcal{L}_\perp = \mathcal{L}$ gilt $\mathcal{L}_\| = 0$ und

$$\mathbf{Cov}\left(D^t h,\ \mathcal{L}\right) = 0$$

für alle $h \in \mathbb{R}^N$. Mit $\mathbf{Cov}(\mathcal{L}, c) = \mathbf{E}^Q[c] - \mathbf{E}^P[c]$ und $dQ = \psi \gg 0$ folgt

$$\mathbf{E}^P[D^t h] = \mathbf{E}^Q[D^t h] = \frac{1}{d}\langle \psi, D^t h\rangle = \frac{1}{d} b \cdot h,$$

also

$$b \cdot h = d\mathbf{E}^P[D^t h]$$

für alle $h \in \mathbb{R}^N$. Damit ist aber P ein Preismaß, bzw. $dP = \psi' \gg 0$ ein Diskontvektor. Daher gilt

$$\psi' = \psi + f$$

für ein $f \in \operatorname{Ker} D$. Nun gilt $\mathbf{E}^Q[R_c] = r$ für jede replizierbare Auszahlung $c \in \mathbb{R}^K$ mit $c_0 = d\mathbf{E}^Q[c] > 0$, also $\mu_c = \mathbf{E}^P[R_c] = r$. Damit löst das risikolose Portfolio das Minimum-Varianz-Optimierungsproblem.

Lösung 2.7

1. Zunächst ist $D^t : \mathbb{R}^{N+1} \to \mathbb{R}^{N+1}$ surjektiv, da das Modell nach Voraussetzung vollständig ist. Also ist D^t, und damit auch D, sogar ein Isomorphismus. Angenommen, C ist nicht positiv definit. Dann gibt es ein $x \in \mathbb{R}^N$ mit $x \neq 0$ und $\langle x, Cx\rangle = 0$.
   a) Angenommen, es gilt $\sum_{j=1}^N x_i \neq 0$. In diesem Fall gibt es ein $\lambda \neq 0$ mit $\sum_{i=1}^N w_i = 1$ für $w_i = \lambda x_i$, und

   $$R = w_1 R_1 + \cdots + w_n R_n$$

   ist die Rendite eines Portfolios, das nur aus risikobehafteten Wertpapieren besteht mit

   $$\mathbf{V}[R] = \langle w, Cw\rangle = \lambda^2 \langle x, Cx\rangle = 0,$$

   also ist R konstant. Für $R \neq r$ gäbe es im Marktmodell Arbitragegelegenheiten, im Widerspruch zur Voraussetzung. Für $R = r$ gäbe es zwei verschiedene

Replikationsportfolios für konstante Auszahlungen, im Widerspruch zur Injektivität von D^t.

b) Angenommen, es gilt $\sum_{j=1}^{N} x_i = 0$. Wird $w_0 = 1, w_1 = x_1, \ldots, w_n = x_n$ definiert, dann ist

$$R_P = w_0 r + w_1 R_1 + \cdots + w_n R_n$$

die Rendite eines Portfolios. Wieder gilt

$$\mathbf{V}[R_P] = \langle w, Cw \rangle = 0$$

mit $w = (w_1, \ldots, w_N)$, also ist R_P und damit auch $R = w_1 R_1 + \cdots + w_n R_n$ konstant. Im Falle von $R \neq 0$ existierten Arbitragegelegenheiten, im Widerspruch zur Voraussetzung, und im Falle von $R = 0$ gäbe es zwei verschiedene Replikationsportfolios für konstante Auszahlungen, im Widerspruch zur Injektivität von D^t.

2. Die Rendite eines Portfolios auf der Kapitalmarktlinie mit erwarteter Rendite $\mu > r$ lautet

$$R = \mu + \frac{\mu - r}{\mathbf{V}[\mathcal{L}]} (1 - \mathcal{L}),$$

also folgt

$$\mathcal{L} = 1 + \mathbf{V}[\mathcal{L}] \frac{\mu - R}{\mu - r}.$$

Weiter gilt

$$\sigma^2 = \mathbf{V}[R]$$
$$= \mathbf{V}\left[\mu + \frac{\mu - r}{\mathbf{V}[\mathcal{L}]} (1 - \mathcal{L})\right]$$
$$= \mathbf{V}\left[\frac{\mu - r}{\mathbf{V}[\mathcal{L}]} (1 - \mathcal{L})\right]$$
$$= \left(\frac{\mu - r}{\mathbf{V}[\mathcal{L}]}\right)^2 \mathbf{V}[1 - \mathcal{L}]$$
$$= \left(\frac{\mu - r}{\mathbf{V}[\mathcal{L}]}\right)^2 \mathbf{V}[\mathcal{L}]$$
$$= \frac{(\mu - r)^2}{\mathbf{V}[\mathcal{L}]},$$

also

$$\sqrt{\mathbf{V}[\mathcal{L}]} = \frac{\mu - r}{\sigma}.$$

Damit erhalten wir

$$\mathcal{L} = 1 + \mathbf{V}[\mathcal{L}]\frac{\mu - R}{\mu - r}$$
$$= 1 + \frac{(\mu - r)^2}{\sigma^2}\frac{\mu - R}{\mu - r}$$
$$= 1 + \frac{\mu - r}{\sigma}\frac{\mu - R}{\sigma},$$

also
$$Q = \mathcal{L}P = \left(1 + \frac{\mu - r}{\sigma}\frac{\mu - R}{\sigma}\right)P$$

wie behauptet.

3. Da das Marktmodell arbitragefrei ist, besitzt das Gleichungssystem $D\psi = b$ nach dem Fundamentalsatz der Preistheorie eine strikt positive Lösung $\psi \gg 0$. Da das Marktmodell vollständig ist, ist ψ eindeutig bestimmt. Weiter gilt

$$Q = \frac{1}{d}\psi,$$

also folgt $Q(\{\omega_j\}) > 0$ für alle $j = 1, \ldots, K$. Weiter gilt

$$\sum_{j=1}^{K} Q(\omega_j) = \sum_{j=1}^{K} P(\omega_j) + \frac{\mu - r}{\sigma^2} \sum_{j=1}^{K} (\mu - R(\omega_j)) P(\omega_j)$$
$$= 1 + \frac{\mu - r}{\sigma^2} \left(\mu \sum_{j=1}^{K} P(\omega_j) - \sum_{j=1}^{K} R(\omega_j) P(\omega_j)\right)$$
$$= 1 + \frac{\mu - r}{\sigma^2} (\mu - \mu)$$
$$= 1.$$

Lösung 3.1 Es sei Σ eine nicht-leere Menge von σ-Algebren in einer Menge Ω. Dann ist

$$\mathcal{D} = \bigcap_{\mathcal{A} \in \Sigma} \mathcal{A}$$

eine σ-Algebra in Ω:

1. Zunächst gilt $\Omega \in \mathcal{A}$ für jedes $\mathcal{A} \in \Sigma$, da jedes $\mathcal{A}$ nach Voraussetzung eine σ-Algebra in Ω ist. Also folgt $\Omega \in \bigcap_{\mathcal{A} \in \Sigma} \mathcal{A} = \mathcal{D}$.
2. Sei $A \in \mathcal{D}$, dann gilt $A \in \mathcal{A}$ für jedes $\mathcal{A} \in \Sigma$. Da jedes $\mathcal{A}$ eine σ-Algebra ist, folgt $A^c \in \mathcal{A}$ für alle $\mathcal{A} \in \Sigma$, also $A^c \in \mathcal{D}$.
3. Sei $A_n \in \mathcal{D}$ für alle $n \in \mathbb{N}$. Für alle n gilt dann $A_n \in \mathcal{A}$ für jedes $\mathcal{A} \in \Sigma$. Da jedes $\mathcal{A}$ eine σ-Algebra ist, folgt $\bigcup_{n \in \mathbb{N}} A_n \in \mathcal{A}$ für jedes $\mathcal{A} \in \Sigma$, also $\bigcup_{n \in \mathbb{N}} A_n \in \mathcal{D}$.

Sei nun $\mathcal{C}$ ein System von Teilmengen einer Menge Ω. Sei weiter Σ die Menge aller σ-Algebren in Ω, die $\mathcal{C}$ enthalten. Dann ist Σ nicht leer, denn die Potenzmenge von Ω ist eine σ-Algebra in Ω, die jedes System von Teilmengen von Ω enthält, also insbesondere $\mathcal{C}$. Die Behauptung, dass $\sigma(\mathcal{C})$ eine σ-Algebra in Ω ist, folgt nun aus den vorherigen Überlegungen.

Lösung 3.2

1. Mit $A_0 = \emptyset$ sei $B_n = A_n \setminus A_{n-1}$ für jedes n. Dann sind die B_n paarweise disjunkt mit $A = \bigcup_{n \in \mathbb{N}} B_n$ und $A_n = B_1 \cup \cdots \cup B_n$. Aus der σ-Additivität von μ folgt

$$\mu(A) = \sum_{n=1}^{\infty} \mu(B_n) = \lim_{n \to \infty} \sum_{i=1}^{n} \mu(B_i) = \lim_{n \to \infty} \mu(A_n).$$

2. Betrachte die Mengen $B_n = A_1 \setminus A_n$. Aus der Darstellung von A_1 als disjunkte Vereinigung $A_1 = A_n \cup (A_1 \setminus A_n)$ folgt $\mu(A_1) = \mu(A_n) + \mu(B_n)$. Da nach Voraussetzung A_1 und damit alle A_n ein endliches Maß besitzen, folgt $\mu(B_n) = \mu(A_1) - \mu(A_n)$. Nun folgt $B_n \uparrow B = A_1 \setminus \bigcap_{n \in \mathbb{N}} A_n$, also $\mu(B_n) \to \mu(B)$ nach 1., und das bedeutet

$$\mu(A_1) - \mu(A_n) = \mu(B_n) \to \mu(B) = \mu(A_1) - \mu\left(\bigcap_{n \in \mathbb{N}} A_n\right),$$

also

$$\lim_{n \to \infty} \mu(A_n) = \mu\left(\bigcap_{n \in \mathbb{N}} A_n\right).$$

Lösung 3.3

1. Die Daten $x_1, \ldots, x_n$ werden zunächst aufsteigend sortiert, was durch in runde Klammern gesetzte Indices angezeigt wird. Da die Datenpunkte nach Voraussetzung paarweise verschieden sind, entsteht nach Sortierung eine streng monoton wachsende, endliche Folge reeller Zahlen

$$x_{(1)} < x_{(2)} < \cdots < x_{(n)},$$

und für die empirische Verteilungsfunktion folgt

$$F_n(x) = \begin{cases} 0 & (x < x_{(1)}) \\ 1/n & (x_{(1)} \leq x < x_{(2)}) \\ \vdots & \vdots \\ (n-1)/n & (x_{(n-1)} \leq x < x_{(n)}) \\ 1 & (x_{(n)} \leq x). \end{cases}$$

F_n ist also eine Treppenfunktion mit Sprungstellen der Höhe $1/n$, und für $k = 1, \ldots, n$ gilt
$$F_n\left(x_{(k)}\right) = \frac{k}{n}.$$

2. Nun betrachten wir den allgemeinen Fall $x_{(1)} \leq x_{(2)} \leq \cdots \leq x_{(n)}$. Bezeichnen wir die in dieser Anordnung auftretenden paarweise verschiedenen Daten mit $y_1 < \cdots < y_m$ für ein $m \leq n$, dann tritt der Wert y_i n_i-mal auf und es gilt $n_1 + \cdots + n_m = n$. Nach Definition gilt $y_1 = x_{(1)}$, $y_m = x_{(n)}$ und $y_k \geq x_{(k)}$. Definieren wir
$$\alpha_k = \frac{n_1 + \cdots + n_k}{n} \quad (1 \leq k \leq m),$$
dann lautet die empirische Verteilungsfunktion
$$F_n(x) = \begin{cases} 0 & (x < y_1) \\ \alpha_1 & (y_1 \leq x < y_2) \\ \vdots & \vdots \\ \alpha_{m-1} & (y_{m-1} \leq x < y_m) \\ 1 & (y_m \leq x). \end{cases}$$

In diesem Fall können also unterschiedliche Sprunghöhen auftreten, und für $k = 1, \ldots, m$ gilt
$$F_n(y_k) = \alpha_k.$$

Lösung 3.4 Es gilt
$$\left(\int_{-\infty}^{\infty} \varphi(x)\,dx\right)^2 = \left(\int_{-\infty}^{\infty} \varphi(x)\,dx\right)\left(\int_{-\infty}^{\infty} \varphi(y)\,dy\right)$$
$$= \int_{-\infty}^{\infty}\int_{-\infty}^{\infty} \varphi(x)\varphi(y)\,dx\,dy$$
$$= \frac{1}{2\pi}\int_{-\infty}^{\infty}\int_{-\infty}^{\infty} \exp\left(-\frac{1}{2}(x^2 + y^2)\right)\,dx\,dy$$
$$= \frac{1}{2\pi}\int_{0}^{2\pi}\int_{0}^{\infty} \exp\left(-\frac{1}{2}r^2\right)r\,dr\,d\alpha$$
$$= \int_{0}^{\infty} \exp\left(-\frac{1}{2}r^2\right)r\,dr$$
$$= -\int_{0}^{\infty} \frac{d}{dr}\exp\left(-\frac{1}{2}r^2\right)\,dr$$
$$= -\exp\left(-\frac{1}{2}r^2\right)\Big|_0^{\infty}$$
$$= 1.$$

Alle in dieser Rechnung auftretenden Grenzwertprozesse sind zulässig: Mit $I(R) = \int_0^R \exp\left(-\frac{1}{2}x^2\right) dx$ gilt $\int_{-\infty}^\infty \varphi(x)\, dx = \frac{2}{\sqrt{2\pi}} \lim_{R \to \infty} I(R)$ sowie

$$\int_0^{\pi/2} \int_0^R \exp\left(-\frac{1}{2}r^2\right) r\, dr\, d\alpha \leq \int_0^R \int_0^R \exp\left(-\frac{1}{2}(x^2 + y^2)\right) dx\, dy$$
$$\leq \int_0^{\pi/2} \int_0^{2R} \exp\left(-\frac{1}{2}r^2\right) r\, dr\, d\alpha,$$

also

$$\frac{\pi}{2}\left(1 - e^{-R^2}\right) \leq I(R)^2 \leq \frac{\pi}{2}\left(1 - e^{-2R^2}\right).$$

Für $R \to \infty$ folgt damit

$$\frac{2}{\pi} I(R)^2 \to 1.$$

Lösung 3.5

1. Für die Standardnormalverteilung gilt

$$M(t) = \frac{1}{\sqrt{2\pi}} \int_{-\infty}^\infty e^{tx} e^{-\frac{1}{2}x^2}\, dx.$$

Zur Berechnung dieses Integrals wird der Exponent des Integranden zu einem Quadrat ergänzt,

$$\frac{1}{2}x^2 - tx = \frac{1}{2}\left(x^2 - 2tx\right) = \frac{1}{2}\left(x^2 - 2tx + t^2\right) - \frac{1}{2}t^2 = \frac{1}{2}(x-t)^2 - \frac{1}{2}t^2.$$

Mit dem Ergebnis von Aufgabe 3.1 folgt

$$M(t) = e^{\frac{1}{2}t^2} \left(\frac{1}{\sqrt{2\pi}} \int_{-\infty}^\infty e^{-\frac{1}{2}(x-t)^2}\, dx\right) = e^{\frac{1}{2}t^2}.$$

2. Mit der Potenzreihendarstellung der Exponentialfunktion folgt

$$M(t) = \sum_{k=0}^\infty \frac{\left(\frac{1}{2}t^2\right)^k}{k!} = \sum_{k=0}^\infty \frac{t^{2k}}{2^k k!} = \sum_{\substack{n \in \mathbb{N} \\ n \text{ gerade}}} \frac{t^n}{\sqrt{2^n} \left(\frac{n}{2}\right)!}.$$

Daraus folgt, dass alle ungeraden Ableitungen von M an der Stelle 0 verschwinden, und für $n \in \mathbb{N}$, n gerade, gilt

$$M^{(n)}(0) = \frac{1}{\sqrt{2^n} \left(\frac{n}{2}\right)!} n!.$$

3. Aus der Formel für die Ableitungen von M an der Stelle 0 folgt

$$\mathbf{E}[X] = M'(0) = 0,$$
$$\mathbf{E}[X^2] = M''(0) = 1,$$
$$\mathbf{E}[X^3] = M'''(0) = 0,$$
$$\mathbf{E}[X^4] = M^{(4)}(0) = 3.$$

Lösung 3.6

1. Die Definition der momenterzeugenden Funktion der Zufallsvariablen $Y = a+bX$ lautet

$$\begin{aligned} M_Y(t) &= \mathbf{E}\left[e^{tY}\right] \\ &= \mathbf{E}\left[e^{t(a+bX)}\right] \\ &= e^{at}\mathbf{E}\left[e^{tbX}\right] \\ &= e^{at}M_X(tb). \end{aligned}$$

2. Damit gilt für $Y \sim \mathcal{N}(\mu, \sigma^2)$, $Y = \mu + \sigma X$, $X \sim \mathcal{N}(0, 1)$. Mit den Ergebnissen der Aufgabe 3.2 folgt für die momenterzeugende Funktion M von Y

$$M(t) = e^{\mu t + \frac{1}{2}\sigma^2 t^2}.$$

Daraus folgt

$$\begin{aligned} M'(t) &= \left(\mu + \sigma^2 t\right) M \\ M''(t) &= \sigma^2 M + \left(\mu + \sigma^2 t\right)^2 M \\ M'''(t) &= 3\sigma^2 \left(\mu + \sigma^2 t\right) M + \left(\mu + \sigma^2 t\right)^3 M \\ M^{(4)}(t) &= 3\sigma^4 M + 6\sigma^2 \left(\mu + \sigma^2 t\right)^2 M + \left(\mu + \sigma^2 t\right)^4 M, \end{aligned}$$

also

$$\begin{aligned} \mathbf{E}[Y] &= M'(0) = \mu, \\ \mathbf{E}[Y^2] &= M''(0) = \mu^2 + \sigma^2, \\ \mathbf{E}[Y^3] &= M'''(0) = \mu^3 + 3\mu\sigma^2, \\ \mathbf{E}[Y^4] &= M^{(4)}(0) = \mu^4 + 6\mu^2\sigma^2 + 3\sigma^4. \end{aligned}$$

3. Aus 2. folgt $\mathbf{E}[Y] = \mu$ und $\mathbf{E}[Y^2] = \mu^2 + \sigma^2$, also $\mathbf{V}[Y] = \mathbf{E}[Y^2] - (\mathbf{E}[Y])^2 = \sigma^2$.

Lösung 3.7

1. Unter Verwendung des Hinweises gilt

$$\mathbf{E}\left[X^k\right] = \mathbf{E}\left[e^{k\mu + k\sigma Z}\right]$$
$$= e^{k\mu + \frac{(k\sigma)^2}{2}} \mathbf{E}\left[e^{k\sigma Z - \frac{(k\sigma)^2}{2}}\right].$$

Nun gilt

$$\mathbf{E}\left[e^{k\sigma Z - \frac{(k\sigma)^2}{2}}\right] = \frac{1}{\sqrt{2\pi}} \int_{-\infty}^{\infty} e^{k\sigma x - \frac{(k\sigma)^2}{2}} e^{-\frac{x^2}{2}} \, dx$$
$$= \frac{1}{\sqrt{2\pi}} \int_{-\infty}^{\infty} e^{\frac{1}{2}(k\sigma - x)^2} \, dx$$
$$= 1.$$

Also folgt für $k \in \mathbb{N}$

$$\mathbf{E}\left[X^k\right] = e^{k\mu + \frac{(k\sigma)^2}{2}}.$$

2. Für $k = 1$ erhalten wir

$$\mathbf{E}[X] = e^{\mu + \frac{\sigma^2}{2}}.$$

Weiter gilt

$$\mathbf{V}[X] = \left(\mathbf{E}\left[X^2\right]\right) - (\mathbf{E}[X])^2$$
$$= e^{2\mu + 2\sigma^2} - e^{2\mu + \sigma^2}$$
$$= e^{2\mu + \sigma^2} \left(e^{\sigma^2} - 1\right).$$

Lösung 3.8 Die Black-Scholes-Formeln für Call- und Put-Optionen lauten mit $F = \exp(rT) S$

$$c_0 = e^{-rT} (F\Phi(d_+) - K\Phi(d_-)) \tag{5.2}$$
$$p_0 = e^{-rT} (K\Phi(-d_-) - F\Phi(-d_+)).$$

Berechnung von Δ: Zunächst gilt $d_\pm = \frac{\ln\left(\frac{F}{K}\right)}{\sigma\sqrt{T}} \pm \frac{1}{2}\sigma\sqrt{T}$ und

$$d_+ = d_- + \sigma\sqrt{T}.$$

Daher folgt
$$d_+^2 = d_-^2 + 2d_-\sigma\sqrt{T} + \sigma^2 T$$
$$= d_-^2 + 2\ln\left(\frac{F}{K}\right).$$

Weiter gilt
$$\Phi'(d_+) = \frac{1}{\sqrt{2\pi}}\exp\left(-\frac{1}{2}d_+^2\right)$$
$$= \frac{1}{\sqrt{2\pi}}\exp\left(-\frac{1}{2}d_-^2 - \ln\frac{F}{K}\right)$$
$$= \frac{K}{F}\Phi'(d_-),$$

also
$$F\Phi'(d_+) = K\Phi'(d_-). \tag{5.3}$$

Wegen $\frac{\partial}{\partial S}\ln\left(\frac{F}{K}\right) = \frac{\partial}{\partial S}\ln\left(\frac{e^{rT}S}{K}\right) = \frac{1}{S}$ erhalten wir weiter

$$\frac{\partial}{\partial S}d_\pm = \frac{1}{\sigma\sqrt{T}}\frac{\partial}{\partial S}\ln\left(\frac{F}{K}\right) = \frac{1}{S\sigma\sqrt{T}}$$

und berechnen damit

$$\frac{\partial}{\partial S}c_0 = \Phi(d_+) + e^{-rT}\left(F\Phi'(d_+)\frac{\partial d_+}{\partial S} - K\Phi'(d_-)\frac{\partial d_-}{\partial S}\right)$$
$$= \Phi(d_+) + \frac{e^{-rT}}{S\sigma\sqrt{T}}\left(F\Phi'(d_+) - K\Phi'(d_-)\right)$$
$$= \Phi(d_+).$$

Aus der Put-Call-Parität $p_0 = c_0 + Ke^{-rT} - S$ folgt

$$\frac{\partial}{\partial S}p_0 = \frac{\partial}{\partial S}c_0 - 1 = \Phi(d_+) - 1 = -\Phi(-d_+),$$

wobei in der letzten Gleichheit der Zusammenhang $\Phi(x) = 1 - \Phi(-x)$ verwendet wurde.

Berechnung von ρ: Aus $d_\pm = \frac{\ln\left(\frac{S}{K}\right) \pm \frac{1}{2}\sigma^2 T}{\sigma\sqrt{T}} + r\frac{\sqrt{T}}{\sigma}$ folgt

$$\frac{\partial}{\partial r}d_\pm = \frac{\sqrt{T}}{\sigma}.$$

Damit erhalten wir

$$\frac{\partial}{\partial r}c_0 = \frac{\partial}{\partial r}\left(S\Phi(d_+) - e^{-rT}K\Phi(d_-)\right)$$
$$= S\frac{\partial\Phi(d_+)}{\partial r} - e^{-rT}K\frac{\partial\Phi(d_-)}{\partial r} + e^{-rT}TK\Phi(d_-)$$
$$= e^{-rT}\left(F\Phi'(d_+) - K\Phi'(d_-)\right)\frac{\sqrt{T}}{\sigma} + e^{-rT}TK\Phi(d_-)$$
$$= e^{-rT}TK\Phi(d_-),$$

wobei (5.3) verwendet wurde. Mit der Put-Call-Parität $p_0 = c_0 + Ke^{-rT} - S$ und wegen $\Phi(x) = 1 - \Phi(-x)$ folgt

$$\frac{\partial}{\partial r}p_0 = \frac{\partial}{\partial r}c_0 - TKe^{-rT}$$
$$= e^{-rT}TK(\Phi(d_-) - 1)$$
$$= -e^{-rT}TK\Phi(-d_-).$$

Berechnung von ν: Wir berechnen

$$\frac{\partial d_\pm}{\partial \sigma} = \frac{\partial}{\partial \sigma}\left(\frac{\ln\left(\frac{F}{K}\right)}{\sigma\sqrt{T}} \pm \frac{1}{2}\sigma\sqrt{T}\right)$$
$$= -\frac{1}{\sigma}\left(\frac{\ln\left(\frac{F}{K}\right)}{\sigma\sqrt{T}} \mp \frac{1}{2}\sigma\sqrt{T}\right)$$
$$= -\frac{1}{\sigma}d_\mp.$$

Daraus folgt mit $d_+ = d_- + \sigma\sqrt{T}$ und mit (5.3)

$$c_0 = e^{-rT}\left(F\Phi'(d_+)\frac{\partial d_+}{\partial \sigma} - K\Phi'(d_-)\frac{\partial d_-}{\partial \sigma}\right)$$
$$= -\frac{1}{\sigma}e^{-rT}\left(F\Phi'(d_+)d_- - K\Phi'(d_-)d_+\right)$$
$$= -\frac{1}{\sigma}e^{-rT}\left(F\Phi'(d_+)d_+ - F\Phi'(d_+)\sigma\sqrt{T} - K\Phi'(d_-)d_+\right)$$
$$= e^{-rT}\sqrt{T}F\Phi'(d_+)$$
$$= S\sqrt{T}\Phi'(d_+).$$

Aus der Put-Call-Parität folgt unmittelbar

$$\frac{\partial}{\partial \sigma}p_0 = \frac{\partial}{\partial \sigma}c_0.$$

Lösung 3.9

1. Zunächst gilt mit $X = V_1(h) - V_0(h)$

$$R_h = \frac{X}{V_0(h)},$$

also

$$\mathbf{E}[X] = V_0(h) \, \mathbf{E}[R_h] = V_0(h) \, \mu$$

und

$$\sqrt{\mathbf{V}[X]} = V_0(h) \sqrt{\mathbf{V}[R_h]} = V_0(h) \, \sigma.$$

Mit $z_{0,99} = 2{,}326$, $\mu = 10\,\%$, $\sigma = 25\,\%$ und $\Delta t = \frac{10}{250}$ gilt

$$\begin{aligned}\mathbf{VaR}^\alpha(h) &= V_0(h) \cdot \left(-\Delta t \mu + z_{0,99} \sqrt{\Delta t} \sigma\right) \\ &= 1.000.000 \cdot \left(-\frac{1}{25} 10\,\% + \frac{2{,}326}{5} 25\,\%\right) \\ &= 112.320.\end{aligned}$$

Mit einer Wahrscheinlichkeit von 99 % verliert das Portfolio h nach 10 Tagen also nicht mehr als 112.320 EUR.

2. Wird die erwartete Rendite bei der Berechnung des Value at Risk vernachlässigt, dann folgt

$$\mathbf{VaR}^\alpha(h) \approx 1.000.000 \cdot \frac{2{,}326}{5} \cdot 25\,\% = 116.320.$$

Der Fehler, der durch diese Vernachlässigung entsteht, liegt also in der Größenordnung von 3,5 %.

Lösung 3.10 Das 99 %-Quantil der Standardnormalverteilung lautet $z_{99\%} = 2{,}326$.

1. Lautet die Zeiteinheit *Tag*, dann gilt $\Delta t = 10$ und $2{,}326 \cdot \sqrt{\Delta t} = 2{,}326 \cdot \sqrt{10} = 7{,}35$. Wird 7,35 durch 8 abgeschätzt, dann folgt

$$\mathbf{VaR}^{1\%}(S) \approx 8 \sigma S_0.$$

2. Lautet die zugrundeliegende Zeiteinheit *Jahr*, dann gilt unter der Annahme von 250 Handelstagen pro Jahr $\Delta t = \frac{10}{250} = \frac{1}{25}$, also $2{,}326 \cdot \sqrt{\Delta t} = 2{,}326/5 = 0{,}47 \approx 0{,}5$. Daraus folgt

$$\mathbf{VaR}^{1\%}(S) \approx \frac{1}{2} \sigma S_0.$$

Lösung 3.11

1. Bezeichnet $R_{s,t} = \frac{S_t - S_s}{S_s}$ die gewöhnliche Rendite und gilt $|R_{s,t}| \ll 1$, dann stimmen die logarithmischen Renditen mit den gewöhnlichen Renditen näherungsweise überein, denn wegen $\ln(1+x) = x + o(x)$ gilt

$$R_{s,t}^{\log} = \ln \frac{S_t}{S_s} = \ln(1 + R_{s,t}) \approx R_{s,t}.$$

2. Angenommen, die Zeitintervalle $[t_{i-1}, t_i]$ besitzen paarweise dieselbe Länge $t_i - t_{i-1}$ für $i = 1, \ldots, n$. Sei weiter angenommen, dass die $R_{t_{i-1}, t_i}^{\log}$ identisch verteilt und unabhängig sind,

$$R_{t_{i-1}, t_i}^{\log} \sim R,$$

mit

$$\mathbf{E}[R] = \mu, \quad \mathbf{V}[R] = \sigma^2,$$

dann folgt

$$\mathbf{E}\left[R_{t_0, t_n}^{\log}\right] = \sum_{i=1}^{n} \mathbf{E}\left[R_{t_{i-1}, t_i}^{\log}\right] = n \, \mathbf{E}[R] = n\mu$$

$$\mathbf{V}\left[R_{t_0, t_n}^{\log}\right] = \sum_{i=1}^{n} \mathbf{V}\left[R_{t_{i-1}, t_i}^{\log}\right] = n \, \mathbf{V}[R] = n\sigma^2.$$

3. Aufgrund des zentralen Grenzwertsatzes erwarten wir, dass

$$R_{t_0, t_n}^{\log} = R_{t_0, t_1}^{\log} + \cdots + R_{t_{n-1}, t_n}^{\log}$$

als Summe unabhängiger identisch verteilter Zufallsvariablen näherungsweise normalverteilt ist, jedenfalls für eine genügend große Anzahl von Summanden.

4. Für die Aktienkurse gilt

$$S_t = S_0 e^{R_{0,t}^{\log}}$$

mit

$$\mathbf{E}\left[R_{s,t}^{\log}\right] = \mu(t-s)$$
$$\mathbf{V}\left[R_{s,t}^{\log}\right] = \sigma^2(t-s).$$

Da die Exponentialfunktion stetig und streng monoton wachsend ist, vertauscht sie mit den Quantilfunktionen, und damit folgt

$$q^\alpha(S_T) = q^\alpha\left(S_0 e^{R_{0,T}^{\log}}\right) = S_0 q^\alpha\left(e^{R_{0,T}^{\log}}\right) = S_0 e^{q^\alpha\left(R_{0,T}^{\log}\right)} = S_0 e^{\mu \Delta t + z_\alpha \sigma \sqrt{\Delta t}},$$

wenn der Faktor Δt die gegebene Zeiteinheit auf die Länge der Liquidationsperiode skaliert.

5. Der Value at Risk der Aktie ist damit gegeben durch

$$\begin{aligned}\mathbf{VaR}^\alpha(S) &= -q^\alpha(S_T - S_0) \\ &= -q^\alpha(S_T) + S_0 \\ &= S_0\left(1 - e^{\mu\Delta t + z_\alpha \sigma \sqrt{\Delta t}}\right).\end{aligned}$$

6. Da die Exponentialfunktion stets positiv ist, folgt

$$\mathbf{VaR}^\alpha(S) < S_0.$$

7. Wegen $e^x \approx 1 + x$ für $|x| \ll 1$ ist der Value at Risk einer Aktie unter der Voraussetzung $\left|\mu\Delta t + z_\alpha \sigma \sqrt{\Delta t}\right| \ll 1$ näherungsweise gegeben durch

$$\mathbf{VaR}^\alpha(S) \approx -S_0\left(\mu\Delta t + z_\alpha \sigma \sqrt{\Delta t}\right).$$

Lösung 3.12

1. Mit
$$h = (h^1, h^2) = (5, 67)$$
und
$$\mu = (\mu_1, \mu_2) = (4{,}8,\ 0{,}6)$$
lautet der Value at Risk des Portfolios h für $\alpha = 1\,\%$, $z_{0{,}99} = 2{,}326$ und $\Delta t = \frac{10}{250} = \frac{1}{25}$ nach der Varianz-Kovarianz-Methode:

$$\begin{aligned}\mathbf{VaR}^\alpha(h) &= -\frac{1}{25}\cdot \langle h, \mu\rangle + \frac{1}{5} z_{99\%} \sqrt{\langle h, Ch\rangle} \\ &= 46{,}49.\end{aligned}$$

2. Das Portfolio in 1. wird nun um 2 Stücke eines Derivats mit der Preisfunktion $f(S^1, S^2) = S^1 S^2$ ergänzt. Mit $h^3 = 2$ und $V(h) = h^1 S^1 + h^2 S^2 + h^3 S^1 S^2 = c(S^1, S^2)$ gilt

$$\begin{aligned}\pi_1 &= \frac{\partial c}{\partial S}(S_0, T_0) = h^1 + h^3 S_0^2 = 5 + 2\cdot 6 = 17 \\ \pi_2 &= \frac{\partial c}{\partial T}(S_0, T_0) = h^2 + h^3 S_0^1 = 67 + 2\cdot 120 = 307.\end{aligned}$$

Damit erhalten wir den Delta-Normal-Value at Risk des Portfolios,

$$\mathbf{VaR}_{\mathrm{DN}}^{\alpha}(h) = -\frac{1}{25} \cdot \langle \pi, \mu \rangle + \frac{1}{5} z_{99\%} \sqrt{\langle \pi, C\pi \rangle}$$
$$= 195{,}61.$$

Lösung 3.13

1. Für die Sensitivitäten gilt

$$\pi_1 = \partial c/\partial S^1 = h^1 = 20,$$
$$\pi_2 = \partial c/\partial S^2 = h^2 = 120,$$
$$\pi_3 = \partial c/\partial r = -nh^3 N (1+r_0)^{-n-1} = -471.160.$$

Damit folgt der Delta-Normal-Value at Risk für $\alpha = 1\%$, $z_{0,99} = 2{,}326$ und $\Delta t = \frac{10}{250} = \frac{1}{25}$:

$$\mathbf{VaR}_{\mathrm{DN}}^{\alpha}(h) = -\Delta t \langle \pi, \mu \rangle - z_\alpha \sqrt{\Delta t} \sqrt{\langle \pi, C\pi \rangle}$$
$$= 351{,}16.$$

2. Die beiden Risikofaktorgruppen Aktien und Zinsen sind definiert durch

$$\text{Aktien}: I = \{1, 2\}$$
$$\text{Zinsen}: J = \{3\}.$$

Damit gilt

$$P_I \pi = (20, 120, 0)$$
$$P_J \pi = (0, 0, -471160).$$

Mit

$$\mathbf{VaR}_I^{\alpha}(h) = -\Delta t \langle P_I \pi, \mu \rangle + z_{1-\alpha} \sqrt{\Delta t} \sqrt{\langle P_I \pi, C P_I \pi \rangle}$$

erhalten wir für die Teilrisiken die Werte

$$\mathbf{VaR}_I^{\alpha}(h) = 237{,}19, \quad \mathbf{VaR}_J^{\alpha}(h) = 226{,}76.$$

Mit

$$\mathbf{cVaR}_I^{\alpha}(h) = -\Delta t \langle P_I \pi, \mu \rangle + z_{1-\alpha} \sqrt{\Delta t} \left\langle P_I \pi, \frac{C\pi}{\sqrt{\langle \pi, C\pi \rangle}} \right\rangle$$

erhalten wir für die Component-Value at Risks die Werte

$$\mathbf{cVaR}_I^{\alpha}(h) = 186{,}24, \quad \mathbf{cVaR}_J^{\alpha}(h) = 164{,}92.$$

Im ersten Fall ist die Summe der berechneten Teilrisiken mit 463,94 ist größer als das Delta-Normal-Risiko des Portfolios in Höhe von 351,16. Dagegen ergibt die Summe der Teilrisiken beim Component Value at Risk-Verfahren genau den Delta-Normal-Value at Risk des Portfolios. Dies ist darauf zurückzuführen, dass beim Component Value at Risk in die Berechnung des Risikos einer Risikofaktorgruppe alle Risikofaktoren einbezogen werden, sodass Diversifikationseffekte, im Gegensatz zur Berechnung im vorherigen Fall, berücksichtigt werden.

Lösung 4.1 Für den Nachweis der Kohärenz ist das Risikomaß $\rho(X) = -\mathbf{E}[X]$ auf die Eigenschaften Monotonie, Subadditivität, positive Homogenität und Translationsinvarianz hin zu untersuchen. Es gilt

1. Für $X \geq 0$ gilt $\mathbf{E}[X] \geq 0$, also $\rho(X) = -\mathbf{E}[X] \leq 0$.
2. Es gilt $\mathbf{E}[X + Y] = \mathbf{E}[X] + \mathbf{E}[Y]$, und damit folgt sogar $\rho(X + Y) = \rho(X) + \rho(Y)$.
3. Es gilt für beliebige $\lambda \in \mathbb{R}$ die Eigenschaft $\mathbf{E}[\lambda X] = \lambda \mathbf{E}[X]$, also insbesondere für $\lambda > 0$.
4. Es gilt $\rho(X + a) = -\mathbf{E}[X + a] = -\mathbf{E}[X] - \mathbf{E}[a] = \rho(X) - a$, denn der Erwartungswert einer Konstanten ist die Konstante selbst: $\mathbf{E}[a] = a$.

Lösung 4.2 Für $X \geq 0$ gilt zunächst $X^- = 0$ und damit $\mathbf{E}[X^-] = 0$, also ist ρ monoton. Seien $X, Y \in V$ und $\omega \in \Omega$ beliebig. Wir betrachten folgende Fallunterscheidungen:

$X(\omega)$	$Y(\omega)$	$(X+Y)^-(\omega)$	$X^-(\omega)$	$Y^-(\omega)$
≤ 0	≤ 0	$-X(\omega) - Y(\omega)$	$-X(\omega)$	$-Y(\omega)$
≤ 0	≥ 0	$0 \leq (X+Y)^-(\omega) \leq -X(\omega)$	$-X(\omega)$	0
≥ 0	≤ 0	$0 \leq (X+Y)^-(\omega) \leq -Y(\omega)$	0	$-Y(\omega)$
≥ 0	≥ 0	0	0	0

In jedem Fall gilt also $(X+Y)^-(\omega) \leq X^-(\omega) + Y^-(\omega)$. Daraus folgt aber

$$\mathbf{E}\left[(X+Y)^-\right] \leq \mathbf{E}\left[X^-\right] + \mathbf{E}\left[Y^-\right],$$

also ist ρ subadditiv. Für $\lambda > 0$ gilt $(\lambda X)^- = \lambda X^-$, sodass aus der Linearität des Erwartungswerts die positive Homogenität von ρ folgt. Für $a > 0$ betrachten wir schließlich $X(\omega) = a$ für alle $\omega \in \Omega$. Dann gilt $X \in V$ sowie $\rho(X) = 0$ aufgrund der Monotonie von ρ. Damit folgt

$$\rho(X + a) = \mathbf{E}\left[(X + a)^-\right] = 0 \neq -a = \mathbf{E}\left[X^-\right] - a = \rho(X) - a,$$

und ρ ist nicht translationsinvariant, also nicht kohärent.

Lösung 4.3 Die Behauptung basiert auf der Abschätzung

$$X \leq Y + \|X - Y\|.$$

Aus der Translationsinvarianz und aus der Monotonie von ρ folgt

$$\rho(Y) - \|X - Y\| = \rho(Y + \|X - Y\|) \leq \rho(X),$$

und damit erhalten wir

$$\rho(Y) - \rho(X) \leq \|X - Y\|.$$

Die Vertauschung der Rollen von X und Y liefert die Behauptung

$$|\rho(Y) - \rho(X)| \leq \|X - Y\|.$$

Lösung 4.4

1. Der Expected Shortfall der normalverteilten Zufallsvariablen $X = c - c_0$ ist gegeben durch

$$\mathbf{ES}^\alpha(X) = -c_0 \left(\mu - \sigma \frac{\varphi(z_\alpha)}{\alpha} \right),$$

der Value at Risk durch

$$\mathbf{VaR}^\alpha(c) = -c_0 (\mu + \sigma z_\alpha).$$

Dann gilt mit $\mu = \frac{10\%}{25} = 0{,}004$ und $\sigma = \frac{25\%}{5} = 0{,}05$:

α	$\frac{\mathbf{ES}^\alpha(X)}{c_0}$	$\frac{\mathbf{VaR}^\alpha(X)}{c_0}$	$\frac{\mathbf{ES}^\alpha(X)}{\mathbf{VaR}^\alpha(X)}$
0,05	0,0991	0,0782	1,27
0,01	0,1293	0,1123	1,15
0,005	0,1406	0,1248	1,13
0,001	0,1644	0,1505	1,09

Je näher α bei null liegt, desto näher liegen die Quotienten von Expected Shortfall und Value at Risk bei 1. Dies bestätigt das Ergebnis

$$\lim_{\alpha \downarrow 0} \frac{\mathbf{VaR}^\alpha(X)}{\mathbf{ES}_\alpha(X)} = 1$$

für $X \sim \mathcal{N}(\mu, \sigma^2)$ in Abschn. 4.5 des Buchs.

2. Werden in beiden Ausdrücken die erwarteten Renditen vernachlässigt, dann gilt

$$\frac{\mathbf{ES}^\alpha(X)}{\mathbf{VaR}^\alpha(X)} = -\frac{\varphi(z_\alpha)}{\alpha z_\alpha}$$

und in diesem Fall folgt die Tabelle:

5 Lösungen der Aufgaben   193

α	$-z_\alpha$	$\varphi(z_\alpha)$	$\frac{\varphi(z_\alpha)}{\alpha}$	$-\frac{\varphi(z_\alpha)}{\alpha \cdot z_\alpha}$
0,05	1,6449	0,1031	2,063	1,25
0,01	2,3263	0,0267	2,666	1,15
0,005	2,5758	0,0145	2,892	1,12
0,001	3,0902	0,0034	3,367	1,09

Lösung 4.5 Für $\mu = \frac{10\%}{25} = 0{,}004$ und $\sigma = \frac{25\%}{5} = 0{,}05$ erhalten wir mit

$$\frac{\mathbf{ES}^\alpha(X)}{c_0} = 1 - e^{\mu + \frac{1}{2}\sigma^2} \frac{\Phi(z_\alpha - \sigma)}{\alpha}$$

$$\frac{\mathbf{VaR}^\alpha(X)}{c_0} = 1 - e^{\mu + \sigma z_\alpha}$$

die Tabelle:

α	$\frac{\mathbf{ES}^\alpha(X)}{c_0}$	$\frac{\mathbf{VaR}^\alpha(X)}{c_0}$	$\frac{\mathbf{ES}^\alpha(X)}{\mathbf{VaR}^\alpha(X)}$
0,05	0,0943	0,0753	1,25
0,01	0,1210	0,1062	1,14
0,005	0,1310	0,1173	1,12
0,001	0,1513	0,1397	1,08

Die berechneten Quotienten

$$\frac{\mathbf{ES}^\alpha(X)}{\mathbf{VaR}^\alpha(X)}$$

für lognormalverteilte Daten stimmen mit den entsprechenden Quotienten für normalverteilte Daten fast überein und die Quotienten nähern sich für kleine α auch im Falle lognormalverteilter Daten dem Wert 1. Dies bestätigt das Ergebnis

$$\lim_{\alpha \downarrow 0} \frac{\mathbf{VaR}^\alpha(X)}{\mathbf{ES}_\alpha(X)} = 1$$

in Abschn. 4.5 des Buchs.

Lösung 4.6 Zunächst gilt

$$i_0 = \lfloor n \cdot \alpha \rfloor + 1 = \lfloor 100.000 \cdot 1\% \rfloor + 1 = 1001.$$

Wegen $X_{(1)} \leq X_{(2)} \leq \cdots \leq X_{(1000)} \leq X_{(1001)} \leq \cdots$ gilt $X_{(1)} + \cdots + X_{(1000)} \leq 1000 \cdot X_{(1001)}$, also

$$\widehat{\mathbf{ES}_\alpha(X)} = -\frac{1}{1000}\left(X_{(1)} + \cdots + X_{(1000)}\right) \geq -X_{(1001)} = \widehat{\mathbf{VaR}^\alpha(X)},$$

der geschätzte Expected Shortfall ist also mindestens so hoch wie der geschätzte Value at Risk.

Lösung 4.7 Es ist zu prüfen dass mit $x_{(\alpha)} = F^{-1}(\alpha)$ gilt

$$\lim_{\alpha \downarrow 0} x_{(\alpha)} \cdot f\left(x_{(\alpha)}\right) = 0.$$

Nun gilt für $x \downarrow 0$

$$\int_0^x f(t) \, dt \downarrow 0,$$

also $x_{(\alpha)} \to 0$ für $\alpha \downarrow 0$. Daraus folgt

$$\lim_{\alpha \downarrow 0} x_{(\alpha)} \cdot f\left(x_{(\alpha)}\right) = \lim_{x \downarrow 0} x f(x)$$
$$= c \lim_{x \downarrow 0} x^a e^{-bx}$$
$$= 0.$$

Weiter gilt

$$\ln f(x) = \ln c + (a-1) \ln x - bx,$$

also

$$(\ln f)'(x) = \frac{a-1}{x} - b$$

und daher

$$x \cdot (\ln f)'(x) = a - 1 - bx.$$

Aus $x_{(\alpha)} \to 0$ für $\alpha \downarrow 0$ und aus

$$\lim_{x \to 0} (a - 1 - bx) = a - 1$$

folgt

$$\lim_{\alpha \downarrow 0} \frac{\mathbf{VaR}^\alpha(X)}{\mathbf{ES}_\alpha(X)} = 1 + \lim_{\alpha \downarrow 0} \frac{1}{1 + x_{(\alpha)} \cdot (\ln f)'\left(x_{(\alpha)}\right)} = 1 + \frac{1}{a}.$$

Lösung 4.8

1. Wir betrachten für $x > 0$

$$xf_n(x) = c_n x \left(1 + \frac{x^2}{n}\right)^{-\frac{n+1}{2}}$$

$$= c_n \frac{x}{\left(1 + \frac{x^2}{n}\right)^{\frac{n+1}{2}}}$$

$$< \frac{c_n}{n^{\frac{n+1}{2}}} \frac{1}{x^n}$$

$$\to 0$$

für $x \to \infty$. Für $\alpha \downarrow 0$ gilt aber $x_\alpha \to -\infty$, also folgt

$$x_{(\alpha)} \cdot f\left(x_{(\alpha)}\right) = c_n x_{(\alpha)} \left(1 + \frac{x_{(\alpha)}^2}{n}\right)^{-\frac{n+1}{2}} \to 0 \quad (\alpha \downarrow 0).$$

2. Aus (4.28) folgt

$$\ln f_n(x) = \ln c_n - \frac{n+1}{2} \ln\left(1 + \frac{x^2}{n}\right)$$

und

$$(\ln f_n)'(x) = -\frac{n+1}{2} \frac{2x}{1 + \frac{x^2}{n}} = -n(n+1) \frac{x}{n+x^2}$$

sowie

$$x(\ln f_n)'(x) = -n(n+1) \frac{x^2}{n+x^2} = -n(n+1) \frac{1}{\frac{n}{x^2}+1}.$$

Für $\alpha \downarrow 0$ konvergieren die Quantile der t-Verteilung nach $-\infty$, $x_{(\alpha)} \to -\infty$, also folgt

$$\lim_{\alpha \downarrow 0} \frac{1}{1 + x_{(\alpha)} \cdot (\ln f_n)'\left(x_{(\alpha)}\right)} = \frac{1}{1 + (-n(n+1))} = \frac{1}{-n^2 - n + 1}$$

und damit

$$\lim_{\alpha \downarrow 0} \frac{\mathbf{VaR}^\alpha(X)}{\mathbf{ES}_\alpha(X)} = 1 - \frac{1}{n^2 + n - 1} = \frac{n^2 + n - 2}{n^2 + n - 1}.$$

Für $n = 1$ gilt $\lim_{\alpha \downarrow 0} \frac{\mathbf{VaR}^\alpha(X)}{\mathbf{ES}_\alpha(X)} = 0$. Für wachsende n konvergiert $\frac{n^2+n-2}{n^2+n-1}$ jedoch rasch gegen 1.

Lösung 4.9

1. Es gilt für $x < 0$

$$f(x) = F'(x)$$
$$= b\left(\frac{a}{a-x}\right)^{b-1} \frac{a}{(a-x)^2}$$
$$= \frac{b}{a}\left(\frac{a}{a-x}\right)^{b+1}.$$

und $f(x) = 0$ für $x \geq 0$.

2. Sei $\alpha \in (0, 1)$ gegeben, dann folgt aus $F(x) = \alpha$ zunächst $\alpha^{\frac{1}{b}} = \frac{a}{a-x}$, also

$$a\alpha^{-\frac{1}{b}} = a - x$$

oder

$$x = a\left(1 - \alpha^{-\frac{1}{b}}\right).$$

Das bedeutet

$$\mathbf{VaR}^\alpha(X) = -x_{(\alpha)} = -a\left(1 - \alpha^{-\frac{1}{b}}\right) = a\left(\alpha^{-\frac{1}{b}} - 1\right).$$

3. Für die Berechnung des Expected Shortfall einer paretoverteilten Zufallsvariablen verwenden wir die Integraldarstellung

$$\mathbf{ES}^\alpha(X) = -\frac{1}{\alpha}\int_0^\alpha x_{(u)}du$$
$$= \frac{a}{\alpha}\int_0^\alpha \left(\alpha^{-\frac{1}{b}} - 1\right)du$$
$$= \frac{a}{\alpha}\left(\frac{1}{-\frac{1}{b}+1}u^{-\frac{1}{b}+1}\right)\Big|_0^\alpha - a$$
$$= a\left(\frac{b}{b-1}\alpha^{-\frac{1}{b}} - 1\right).$$

4. Daraus folgt

$$\frac{\mathbf{ES}^\alpha(X)}{\mathbf{VaR}^\alpha(X)} = \frac{\frac{b}{b-1}\alpha^{-\frac{1}{b}} - 1}{\alpha^{-\frac{1}{b}} - 1}$$
$$= \frac{\frac{b}{b-1} - \alpha^{\frac{1}{b}}}{1 - \alpha^{\frac{1}{b}}}$$
$$\to \frac{b}{b-1}.$$

für $\alpha \downarrow 0$. Für $b = 1 + \varepsilon$, $\varepsilon > 0$, gilt also $\lim_{\alpha \downarrow 0} \frac{\mathbf{ES}^\alpha(X)}{\mathbf{VaR}^\alpha(X)} = \frac{1+\varepsilon}{\varepsilon} > \frac{1}{\varepsilon}$. Für kleine $\varepsilon > 0$ kann das Verhältnis von Expected Shortfall zu Value at Risk also groß werden.

Für $b \gg 1$ folgt dagegen $\lim_{\alpha \downarrow 0} \frac{\mathbf{ES}^\alpha(X)}{\mathbf{VaR}^\alpha(X)} \approx 1$, und Expected Shortfall und Value at Risk unterscheiden sich dann nicht wesentlich voneinander.

5. Wir verwenden
$$f(x) = \frac{b}{a} \left(\frac{a}{a-x}\right)^{b+1} \quad (x < a)$$

und
$$x_{(\alpha)} = -a\left(\alpha^{-\frac{1}{b}} - 1\right).$$

Daraus folgt
$$x_{(\alpha)} f\left(x_{(\alpha)}\right) = -b\left(\alpha^{-\frac{1}{b}} - 1\right) \left(\frac{a}{a + a\left(\alpha^{-\frac{1}{b}} - 1\right)}\right)^{b+1}$$
$$= -b\left(\alpha^{-\frac{1}{b}} - 1\right) \alpha^{\frac{b+1}{b}}$$
$$= -b\left(\alpha - \alpha^{\frac{b+1}{b}}\right),$$

und dies konvergiert gegen null für $\alpha \downarrow 0$. Also ist
$$\lim_{\alpha \downarrow 0} x_{(\alpha)} \cdot f\left(x_{(\alpha)}\right) = 0$$

erfüllt. Weiter gilt für $x < 0$
$$\ln f(x) = \ln \frac{b}{a} + (b+1)(\ln a - \ln(a-x)),$$

also
$$(\ln f)'(x) = \frac{b+1}{a-x}.$$

Daraus folgt
$$x \cdot (\ln f)'(x) = (b+1)\frac{x}{a-x} = (b+1)\frac{1}{a/x - 1}$$

und damit
$$\lim_{x \to -\infty} x \cdot (\ln f)'(x) = -(b+1).$$

Damit erhalten wir
$$\lim_{\alpha \downarrow 0} \frac{\mathbf{VaR}^\alpha(X)}{\mathbf{ES}_\alpha(X)} = 1 + \lim_{\alpha \downarrow 0} \frac{1}{1 + x_{(\alpha)} \cdot (\ln f)'\left(x_{(\alpha)}\right)}$$
$$= 1 - \frac{1}{b},$$

und dies stimmt mit dem Ergebnis in 4. überein.

Literatur

1. Acerbi, C., & Tasche, D. (2002). *On the coherence of expected shortfall*. Deutsche Bundesbank.
2. Artzner, P., Delbaen, F., Eber, J. M., & Heath, D. (1998). *Coherent measures of risk*. Mathematical Finance, 9(3), 203–228.
3. Bäuerle, N., & Rieder, U. (2017). *Finanzmathematik in diskreter Zeit*. Springer.
4. Bauer, H. (1992). *Maß- und Integrationstheorie* (2. Aufl.). de Gruyter.
5. Bauer, H. (1991). *Wahrscheinlichkeitstheorie* (4. Aufl.). de Gruyter.
6. Campolieti, G., & Makarov, R. N. (2012). *Financial mathematics*. Taylor & Francis.
7. Capiński, M., & Zastawniak, T. (2003). *Mathematics for finance – An introduction to financial engineering*. Springer.
8. Deutsch, H.-P., & Beinker, M. (2014). *Derivate und Interne Modelle – Modernes Risikomanagement* (5. Aufl.). Schäffer-Poeschel.
9. Embrechts, P., Klüppelberg, C., & Mikosch, T. (2012). *Modelling extremal events: For insurance and finance* (Corr. 10th printing). Springer.
10. Föllmer, H., & Schied, A. (2004). *Stochastic finance: An introduction in discrete time* (2. Aufl.). de Gruyter.
11. Garman, M. (1996). Improving on VaR. *RISK, 9*, 61–63.
12. Garman, M. (1997). Taking VaR to pieces. *RISK, 10*, 70–71.
13. Gourieroux, C., Laurent, J. P., & Scaillet, O. (2000). Sensitivity analysis of value at risk. *Journal of Empirical Finance, 7*(3–4), 225–245.
14. Huang, C., & Litzenberger, R. H. (1988). *Foundations for financial economics*. Prentice Hall.
15. Jacod, J., & Protter, P. (2004). *Probability essentials* (2. Aufl.). Springer.
16. Jaschke, S. R. (2001). *The cornish-fisher-expansion in the context of delta-gamma-normal approximations*. Weierstraß-Institut für Angewandte Analysis und Stochastik.
17. Kremer, J. (2022). *Preise in Finanzmärkten – Replikation und verallgemeinerte Diskontierung* (2. Aufl.). Springer.
18. Kriele, M., & Wolf, J. (2016). *Wertorientiertes Risikomanagement von Versicherungsunternehmen* (2. Aufl.). Springer.
19. Luenberger, D. G. (1998). *Investment science*. Oxford University Press.
20. Marsden, J. E., & Tromba, A. (1995). *Vektoranalysis*. Spektrum Akademischer Verlag.
21. McNeil, A. J., Frey, R., & Embrechts, P. (2005). *Quantitative risk management*. Princeton University Press.

22. Roman, S. (2004). *Introduction to the mathematics of finance – From risk management to options pricing* (1. Aufl.). Springer.
23. Pliska, S. (1997). *Introduction to mathematical finance*. Blackwell.
24. Rice, J. A. (2006). *Mathematical statistics and data analysis* (3. Aufl.). Duxbury Press.
25. Rouvinez, C. (1997). Going greek with VaR. *Risk, 10*(2), 11.
26. Schmidt, K. D. (2011). *Maß und Wahrscheinlichkeit* (2. Aufl.). Springer.
27. Steele, M. (2001). *Stochastic calculus and financial applications*. Springer.
28. Williams, D. (1991). *Probability with martingals*. Cambridge University Press.

Stichwortverzeichnis

A
Aktienkurs
    Verteilungsannahme, 133
α-Quantil
    oberes, 104
    unteres, 104
arbitragefrei, 54
Arbitragegelegenheit, 54
Auszahlungsmatrix, 4

B
Beta, 17, 39, 41
Beta-Faktor, 41
Betafaktor, 17, 41, 117
Borelmenge, 91
Borelsche σ-Algebra, 91

C
Capital Asset Pricing Model
    Grundgleichung, 69, 71
    Grundgleichung, allgemeiner Fall, 83
    in arbitragefreien Ein-Perioden-Modellen, 65
    Klassische Darstellung des CAPM, 33
    Renditegleichung, 39
Cauchy-Schwarzsche Ungleichung, 18
Component VaR, 124
Credit Spreads, 117

D
Dichte, 128
Diskontierung, verallgemeinerte, 54, 58
Diskontvektor, 58
Diversifikation, 13, 21, 24

E
Effizienzlinie, 30
Ein-Perioden-Modell, 2, 4
Ereignis, 91
Ergebnis, 91
Ergebnisraum, 91
Erwartungswert, 8
Expected Shortfall, 144

F
Fundamentalsatz der Preistheorie, 55

H
Homogenität, Positive , 138

I
Inverse, verallgemeinerte
    obere, 96
    untere, 96

J
Jensen-Index, 173

K

Kapitalanlage, risikolose, 34
Kapitalmarktlinie, 34, 35, 71
Konfidenzniveau, 110
Korrelation, 20
Kovarianz, 14
Kovarianzanteil, 16
Kovarianzmatrix, 15

L

Law of One Price, 53
Liquidationsperiode, 110
Long-Position, 5

M

Markowitz-Kurve, 27
Marktmodell, 2
    vollständiges, 53
Marktportfolio, 35
Marktpreis des Risikos, 35, 71
Maß, 127
    Stetigkeitseigenschaften, 92
messbar, 92
Minimum-Varianz-Optimierungsproblem, 72
    allgemeiner Fall, 83
Minimum-Varianz-Portfolio, globales, 25
Monotonie, 138
Monotonieeigenschaft
    von Maßen, 90
multivariat standardnormalverteilt, 108

N

Nichtsättigung, 10
Nullkupon-Anleihe, 119

O

Opportunitätsbereich, 28
Option
    Delta, 120
    Rho, 120
    Vega, 120

P

Portfolio, 4
    festverzinsliches, 59

Portfolio-Optimierungsproblem, 71
Position
    Portfolio Position, 5
Preismaß risikoneutrales, 62
Preisvektor, 4
Projektion, 78

R

Regressionsgerade, 42
Rendite, 7
    erwartete, 9
    logarithmische, 132, 154
Replikationsstrategie, 52
replizierbar, 53
Risiko, 9
    eines Portfolios, 15
    spezifisches, 40, 43
    systematisches, 40, 43
Risikoaversion, 10
Risikoeinstellung eines Investors, 11
Risikofaktor, 117
Risikofaktorgruppe, 123
Risikomaß, 138
    kohärentes, 138
Risikomaße
    kohärente, 137
Risikoprämie
    relative, 35
Risikoprämie, 34

S

Schätzer, bester linearer, 41
Sensitivität, 118
Short-Position, 5
σ-Additivität, 90, 128
σ-Algebra, 89
    die von einem Mengensystem erzeugte, 91, 127
Signum-Funktion, 67
Standardabweichung, 9
Stetigkeitseigenschaft von Maßen, 92
Subadditivität, 138
Szenario, 2

T

Tail Mean, 144

Teilmenge, messbare, 90
Teilrisiko, 123
Translationsinvarianz, 138
Two Fund Theorem, 35, 72, 74, 83, 84

V
Value at Risk, 110
    Component Value at Risk, 124
    Delta-Normal, 118
VARdelta, 122
Varianz, 9
Varianz-Kovarianz-Methode, 116
Varianzanteil, 16
Verlustverteilung, 110
Verteilungsfunktion, 92
    empirische, 101
    verallgemeinerte Inverse, 94
Volatilität, 9
    implizite, 117
Vorzeichenfunktion, 67

W
Wahrscheinlichkeitsmaß, 7, 90
    risikoneutrales, 60
Wahrscheinlichkeitsquotient, 60
Wahrscheinlichkeitsraum, 7, 91
Wechselkurs, 117
Wert eines Portfolios
    zum Zeitpunkt 0, 5
    zum Zeitpunkt 1, 5
Wertänderung, 110
Wertpapierlinie, 39

Z
Zins, 117
    risikoloser, 34
Zinssatz, risikoloser, 59
Zufallsvariable, 8, 92
    entartete normalverteilte, 107
    Gaußsche, 108
    lognormalverteilte, 130, 154
    multivariat normalverteilte, 108
    normalverteilte, 107
    standardnormalverteilte, 107
    univariat normalverteilte, 107
    unkorrelierte, 20
Zustand, 2

The manufacturer's authorised representative in the EU is Springer Nature Customer Service Centre GmbH, Europaplatz 3, 69115 Heidelberg, Germany. If you have any concerns regarding our products, please contact ProductSafety@springernature.com

Printed and bound by CPI Group (UK) Ltd, Croydon, CR0 4YY

23/03/2026

02076747-0016